식품안전 및 수출활성화를 위한

국제식품인증실무

HACCP·HALAL·KOSHER Certification Practice

International Food Certification Practice

김종승·최경주·연윤열 저

에이드북

International Food Certification Practice
HACCP · HALAL · KOSHER Certification Practice

Copy Right ⓒ2020 by Aidbook Publishing Co.
6, Sadang-ro 9 ga-gil, Dongjak-gu,
Seoul, KOREA

머리말

　현대사회는 복잡·다양한 시대로 소비자들의 높은 수준과 다양한 요구사항을 수용하고 소비자를 중심으로 접근을 해야만 경쟁에서 이길 수 있다. 이제 베이비붐 세대의 노령인구 증가와 저출산 및 다문화가정의 확산으로 인하여 소비자들은 사회·문화적, 의료·보건적 측면에서의 욕구는 확연히 달라지고 있다. 따라서 욕구와 요구사항 더욱 복잡·다양해지고 있는 지금 식품산업, 외식산업, 서비스산업 등의 모든 분야에서는 글로벌 경쟁력을 확보해야만 살아남을 수 있다.

　특히, 건강을 위한 식품산업에서는 안전한 품질이 요구되고 있는 오늘날 경쟁력 확보를 위해 HACCP 도입·적용으로 안전한 먹거리를 소비자에게 제공할 수 있도록 해야만 한다. 이에 품질경영시스템을 구축하는 기업이 증가하고 있으며, 소비자들의 다양한 요구사항을 제3자에 의한 인증으로 검증하게 되었다. FTA, TTP와 같이 국가간, 권역별 거래과정에서 비관세 장벽을 헤쳐 나가야 할 것이다.

　또한, 거대 시장인 이슬람(Islam)권 진출에도 관심을 가져야 할 것이다. 이슬람에 교역을 하기 위해서는 그들의 문화와 삶의 가치를 이해하고, 그들이 요구하는 할랄(halal)방식으로 제품을 생산해야만 그들과의 교역이 가능하다. 따라서 할랄(halal)인증 취득 기업이 점차 늘어나고 있으며, 지금 식품업계 최대 화두가 할랄(halal)이다.

　이슬람권 진출을 위해서는 할랄(halal)방식에 의해 무슬림(muslim)들이 먹고 사용할 수 있도록 허용되는 식품·의약품·화장품 등을 가공·생산해야 하는데, 그들로부터 할랄인증을 받아야만 한다.

　식품의 경우, 무슬림들은 할랄방식으로 도축된 소·양·닭고기만을 할랄식품으로 인정하여 이슬람교도들이 먹을 수 있다는 것이다. 즉, 돼지고기와 알코올 성분이 함유되어 있으면 할랄식품으로 인정받지 못한다.

　할랄식품 시장은 전세계에 분포되어 있는 무슬림들이 세계인구의 약 20%를 차지하고 있는 거대 시장이다. 농림식품부에 따르면 할랄 시장은 2018년

1조 6,260억 달러까지 성장할 것이라고 전망했을 정도로 떠오르는 어마마한 시장임에는 틀림없다. 통계청 조사에 의하면 전세계 무슬림 인구는 2020년에 약 19억 명 정도로 증가할 것으로 추산하였으며, 이는 전 세계 인구의 26%에 해당하는 것으로, 현재보다 앞으로 더욱 더 증가하여 세계에서 가장 큰 시장으로 형성된다는 것이다. 이러한 무슬림 시장과 함께 유대인들의 코셔 시장이야 말로 블루오션 시장이라 말할 수 있다.

우리나라는 2015년 3월 이미 아랍에미리트(UAE)와의 양국 간에 할랄식품산업 MOU를 체결한 바 있고, 정부에서도 할랄식품산업을 전략 산업으로 육성지원하고 있다. 여기에 국내 내수시장이 저 성장기에 돌입함에 따라 동남아시아는 물론, 전세계에 분포되어 있는 무슬림 지역에 수출을 위한 할랄인증 취득의 필요성이 증대되고 있다. 뿐만 아니라 유대인들의 유대교 율법에 따른 식재료 선택과 조리에 대한 코셔를 요약으로 추가 수록했으므로 국제사회에서 이슬람국가들의 문화와 전통적 가치관과 생활관습 등을 이해하고, 또한 유대인들의 식사문화에 대한 코셔에 대해서도 이해를 하여 문화적으로 다양한 특성이 있는 그들과 공유하여 교역확대는 물론, 그들의 가치에 의한 방식으로 가공한 식품을 그들의 분포지역으로 수출촉진을 위한 자료가 되었으면 한다. 끝으로 이 책이 출간되기까지 많은 도움을 주신 에이드북 양준석 사장님에게 깊은 감사를 드린다.

저자

Contents

Part 1. 해썹인증실무

Chap. 1 ◆ 해썹(HACCP)의 개념 ········ 15

1. 해썹(HACCP) 개요 ········ 15
2. 해썹(HACCP) 시스템 ········ 16
3. FedEx의 법칙 ········ 17
4. 해썹(HACCP) 도입의 효과 ········ 18
    (1) 식품업체 측면 ········ 19
    (2) 정부 측면 ········ 19
    (3) 소비자 측면 ········ 20
5. 해썹(HACCP)의 역사 ········ 20
6. 국내 해썹(HACCP) 현황 ········ 23
7. 외국의 해썹(HACCP) 현황 ········ 25
    (1) CODEX(국제식품규격위원회) 해썹 제도 ········ 25
    (2) 미국의 해썹 제도 ········ 26
    (3) 캐나다의 해썹 제도 ········ 26
    (4) 호주의 해썹 제도 ········ 27
    (5) EU의 해썹 제도 ········ 28
    (6) 일본의 해썹 제도 ········ 28
8. 해썹(HACCP) 지정제품 심벌마크 ········ 29
    (1) 해썹 적용품목 심벌마크/현판 ········ 29

Chap. 2 ◆ 해썹(HACCP) 시스템 ·· 30

1. 선행요건 프로그램 ·· 30
   (1) 영업장 관리 ·· 32
   (2) 작업장 관리 ·· 34
   (3) 부대시설 관리 ·· 38
   (4) 외부환경 관리 ·· 40
   (5) 제조·가공시설·설비 관리 ···································· 41
   (6) 위생관리 ··· 44
   (7) 용수관리 ··· 55
   (8) 입고·보관·운송 관리 ··· 57
   (9) 검사관리 ··· 59
   (10) 회수관리 ·· 62

2. 해썹(HACCP) 관리 ·· 63
   (1) HACCP 팀구성 ··· 65
   (2) 제품설명서 및 (3) 제품용도 확인 ····························· 66
   (4) 제조공정도 및 (5) 공정 및 평면도 현장 확인 ················· 70
   (6) 위해요소 분석 ·· 76
   (7) 중요관리점(CCP) 결정 ······································· 100
   (8) 중요관리점(CCP) 한계기준 설정 ····························· 105
   (9) 한계기준 모니터링 체계 확립 ································· 107
   (10) 개선조치 방법수립 ·· 110
   (11) 검증절차 및 방법수립 ······································· 113

(12) 문서화 및 기록유지 ··· 121

(13) 교육·훈련 ·· 129

Chap. 3 ◆ 해썹(HACCP) 제정고시 ······································· 131

1. 해썹(HACCP) 제도 ·· 131

2. 해썹(HACCP) 적용현황 ··· 132

3. 해썹(HACCP) 제도의 정책방향 ·· 133

  (1) 해썹(HACCP)의 의무적용 확대 ································· 133

  (2) 자율적 적용품목 지정 확대 ······································ 133

4. 해썹(HACCP) 관리실태의 점검과 결과 ······························ 134

5. 해썹(HACCP) 제도의 홍보정책 ·· 134

6. 해썹(HACCP) 위생안전시설 개선자금 지원 ························ 135

7. 제1조, 3조 목적 및 적용대상 영업자 ································ 136

8. 제4조 적용품목 및 시기 등 ·· 137

9. 제5조 선행요건 관리 ·· 139

10. 제6조 안전관리인증 기준관리 ·· 141

11. 제9조 안전관리인증 기준 팀구성 및 팀장의 책무 ················ 147

12. 제10조 HACCP 적용업소 인증신청 등 ····························· 147

  (1) HACCP 적용업소 인증신청 ······································ 149

13. 제11조 안전관리인증기준 적용업소 인증 등 ······················ 152

14. 제12조 적용업소 인증사항 변경 ····································· 154

  (1) HACCP 적용업소 인증사항 변경신청 ························· 154

15. 제14조 인증서의 반납 ··· 156
    (1) 인증취소 등의 기준 ··· 156
16. 제15조 조사·평가의 범위와 주기 등 ···························· 157
    (1) 정기평가 ··· 159
17. 제20조 교육·훈련 등 ··· 160

Part 2. 아랍·이슬람의 이해

Chap. 1 ◆ 아랍 문화의 이해 ·· 165

1. 아랍의 가정과 사회 및 오른손 문화 ································· 165
2. 청결 문화와 화장실 문화 ·· 166
3. 음식 문화와 초대 문화 ·· 168
4. 존댓말과 인사말 ··· 170
5. 금기사항과 선물 ··· 171
6. 이웃관계와 친구관계 ·· 172
7. 제스처(gesture) ·· 174
8. 아기의 출생 ··· 175
9. 희생제와 일부다처제 ·· 176
10. 결혼 ··· 180

Chap. 2 ◆ 이슬람(Islam)의 이해 ··· 181

1. 이슬람의 시작 ··· 181
2. 이슬람교 신앙 ··· 183
3. 이슬람의 생활 ··· 189

4. 수니파·시아파 ·· 194

Chap. 3 ◆ 중동·이슬람 경제의 이해 ································ 196
　1. 중동 경제 ··· 196
　2. 이슬람 경제 ··· 203
　　(1) 경제활동은 무슬림의 의무 ································· 206
　　(2) 이자는 비생산적, 착취 ······································ 206
　　(3) 이윤 획득은 합법적 수단 ··································· 207
　　(4) 부(富)의 합법적인 사용 ····································· 207
　3. 이슬람 경전에 나타난 경제관 ····································· 208
　　(1) 신은 모든 재산의 주인 ······································ 208
　　(2) 부(富)에 대한 긍정적 입장 ································· 208
　　(3) 재화(財貨)는 신의 하사품 ·································· 208
　　(4) 경제적 실용주의 ·· 210
　　(5) 상업활동의 장려 ·· 210
　　(6) 상업활동은 합법적 경제행위 ······························ 211
　　(7) 공정한 상업행위 ·· 211
　　(8) 재화의 도덕적 효용성 ······································· 211
　4. 이슬람 경제의 이해 ·· 212
　　(1) 자카트(zakhat) ··· 212
　　(2) 이자의 금지 ·· 213
　5. 이슬람 경제권의 부상 ··· 216
　　쉬어가는 코너 ·· 221

Part 3. 할랄식품인증실무

Chap. 1 ◆ 할랄(HALAL)인증의 이해 ····· 227

1. 인증이란? ····· 227
   (1) 인증의 유형 ····· 227
2. 외국의 인증제도 ····· 230
3. 할랄(Halal)의 정의 ····· 233
   (1) 할랄(Halal)과 하람(Haram)의 구분 ····· 233
   (2) 할랄식품과 하람식품 ····· 234
   (3) 육상동물과 수생동물의 할랄 구분 ····· 236

Chap. 2 ◆ 할랄식품 시장규모와 인증조건 ····· 238

1. 할랄식품 시장규모 ····· 238
2. 할랄식품 인증조건 ····· 239
   (1) 경영시스템 ····· 239
   (2) 작업장 ····· 239
   (3) 장치, 도구, 용구, 설비 및 장비 ····· 240
   (4) 위생관리, 위생설비 및 식품안전 ····· 240
   (5) 가공, 취급, 유통 및 공급 ····· 241
   (6) 보관, 운송, 진열, 판매 ····· 241
   (7) 포장과 포장재료 및 라벨링 ····· 242

Chap. 3 ◆ 각국의 할랄인증 ····· 244

1. 할랄인증 개요 ····· 244

2. 주요국가의 할랄인증 동향 ·· 245

   (1) 인도네시아(Indonesia) ·· 245

   (2) 말레이시아(Malaysia) ··· 255

   (3) 싱가포르(Singapore) ·· 265

   (4) 태국(Thailand) ··· 270

   (5) 아랍에미리트(UAE) ··· 282

   (6) 일본(Japan) ··· 286

   (7) 미국(USA) ·· 294

   (8) 캐나다(Canada) ·· 297

Chap. 4 ◆ 한국(KMF)의 할랄인증 ·· 298

1. 한국의 할랄식품 시장동향 ·· 298

2. 한국이슬람중앙회(KMF) 할랄인증 ····························· 301

   (1) KMF 할랄인증 신청 ·· 301

Part 4. 코셔식품인증실무

Chap. 1 ◆ 코셔(Kosher) 개요 ·· 305

1. 코셔(Kosher)란 ·· 305

2. 코셔 특이사항 ··· 306

3. 코셔시장 ··· 307

4. 코셔 인증 절차 ·· 309

부록 ·········· 315

■ HACCP ·········· 317
- 위해요소분석표 / 317
- 중요관리점(CCP) 결정표 / 317
- 미생물 검사 실행기준 / 319
- 안전관리인증기준(HACCP) 심벌 /319
- 안전관리인증기준(HACCP) 적용(인증)작업장·업소·농장 현판 견본 /320
- 도축장 위생관리 점검표 / 321
- 부적합 통보서 / 322
- 개선조치 결과 / 323
- 안전관리인증기준(HACCP) 지도관 지명서 /324
- 안전관리인증기준(HACCP) 교육훈련기관 지정 신청서 / 325
- 안전관리인증기준(HACCP) 교육훈련기관 지정서 / 326
- 변경 및 처분사항 / 327
- 안전관리인증기준(HACCP) 교육훈련기관지정 관리대장 / 328
- 안전관리인증기준(HACCP) 교육훈련기관 지정변경신고서 / 329

■ HALAL ·········· 330
- 할랄식당인증신청서 / 330
- 사용재료 목록표(할랄 목록) / 331
- 한국이슬람중앙회 할랄인증 절차 / 332
- 한국이슬람중앙회가 발표한 한국의 할랄인증제품 / 333
- 무슬림 친화등급(Muslim Friendly Restaurant Categories) / 334
- 할랄식품 유통장류의 알코올 함유 현황 / 334
- 국가별 할랄식품의 알코올 함량 허용량 / 335
- 할랄 전용 원재료 식별표(예시) /335
- 할랄 원재료 목록표 / 336
- 할랄과 하람 요약표 / 336
- 할랄/가축의 전기 기절방법(인도네시아 규정집) / 337
- 할랄/가축의 전기 기절방법(태국 규정집) / 337
- 할랄/정화 및 세척 방법(태국할랄인증 규정집) / 338
- 말레이시아 할랄인증 규정 / 338
- 원재료 데이터베이스 양식(KMF)(예시) / 339
- 사용된 원료 표기방법(예시) / 339
- 할랄인증신청 제출서류 / 340
- 할랄 관련용어 / 345
- 할랄 가공 제품의 유형별, 제조공정별 할랄요소 중점관리점 / 353
- 산업분야별 각종 인증마크 / 359
- 국가별 할랄인증기구 / 363

해썹인증실무

HACCP Certification Practice

Chap. 1 해썹(HACCP)의 개념

1. 해썹(HACCP) 개요

HACCP란 "Hazard Analysis Critical Control Points"의 이니셜(initial)을 딴 것으로, 위해 요소를 찾아 분석하여 사전에 그 위해성을 제거하고 안전성을 확보하기 위하여 관리하는 수단을 말한다. HACCP를 식품의약품안전처에서는 "식품안전관리인증기준"이라 하고 있다.

HA는 위해분석을 말하며, HA에서 식품위해요소는 농약, 중금속 및 항생제 등의 화학적인 요소와 세균, 바이러스 및 기생충 등의 생물학적 요소 그리고 금속성 물질, 머리카락, 나무토막 등의 물리적 위해 요소을 말하며, CCP는 중점적으로 다루어야 할 관리점을 말한다.

HACCP은 식품의 원재료 생산부터 제조, 가공, 보존, 유통을 거쳐 소비자가 섭취하기 전까지 각 단계에서 발생 우려가 있는 위해요소를 규명하고, 이를 관리하기 위한 중요한 관리점을 결정하여 체계적이고 효율적인 관리로 안전한 식품을 위해 안전성(safety), 건전성(wholesomeness) 및 품질(quality) 확보를 위한 과학적인 위생관리체계이다. 종전에 위해 발생시 원인규명과 책임 소재를 찾기 어려웠던 때와 달리 HACCP은 각 공정별로 위해요인을 관리·기록함으로써 위해발생요인과 책임소재를 파악할 수 있어 Recall제도와 연계하여 가장 효과적인 식품의 안전성을 확보하는 수단의 제도이다.

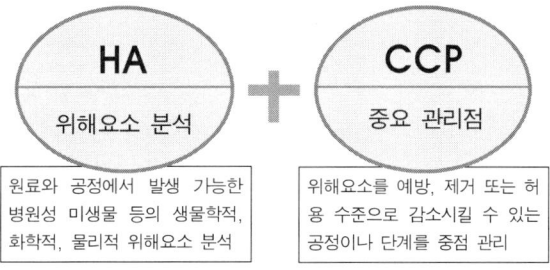

위해 방지를 위한 사전 예방적 식품안전 관리체계

- **HA** 위해요소 분석: 원료와 공정에서 발생 가능한 병원성 미생물 등의 생물학적, 화학적, 물리적 위해요소 분석
- **CCP** 중요 관리점: 위해요소를 예방, 제거 또는 허용 수준으로 감소시킬 수 있는 공정이나 단계를 중점 관리

■ 세계에서 가장 효과적이고 효율적인 식품안전관리 체계
- 미국, 일본, 유럽연합, 국제기구(Codex, WHO, FAO) 등에서도 모든 식품에 HACCP를 적용할 것을 적극 권장하고 있음

HACCP은 일반적인 식품위생과 GMP(Good Manufacturing Practice)를 바탕으로 하여 한 단계 더 발전한 시스템으로 크게 위해분석과 CCP의 결정, 기록 보관 등으로 나눌 수 있는데 통상 7가지의 원칙에 기초하고 12가지의 권고사항으로 구성된다. HACCP 운영을 위해 식품위생에 정통한 HACCP 담당자가 필요하며 전체공정의 정확하고 세부적인 공정도를 작성하여 이에 따라 작업을 실시하고 체계적인 기록유지와 실시한 결과의 문서화가 요구되며, 이를 분석·검토하여 HACCP 운영의 확인 혹은 조정 보완 등을 행하고, 이를 근거로 하여 직원들의 교육을 하여야 한다. HACCP의 현장 도입은 시설이나 환경 등의 개선과 각 CCP에서의 검색장비 확보와 운영 등 많은 투자도 따라야겠지만 무엇보다 요구되는 것은 최고경영자는 물론, 생산관리 책임자가 HACCP의 개념과 장점을 인식하여 도입필요성을 확실히 깨달아 적극적인 의지를 나타내고 지원을 해야만 성공적인 결과를 기대할 수 있다.

2. 해썹(HACCP) 시스템

HACCP의 특징은 기존의 사후 통제 및 개선하는 위생관리시스템에 반해 HACCP 시스템은 사전에 가능한 위해 발생 공정지점 및 요소를 분석 예측하고 이러한 위해의 발생을 방지하거나 최소화하기 위하여 해당 공정 요소를 상당한 빈도로 감시함으로써 위해를 사전에 예방하는 시스템으로 평가된다.

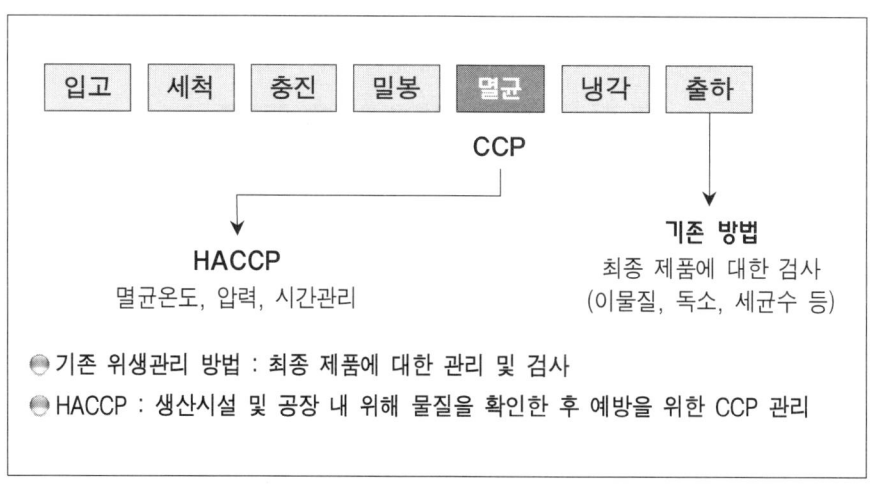

〈HACCP 시스템의 특징〉

■ 기존 위생관리와 HACCP 관리의 비교

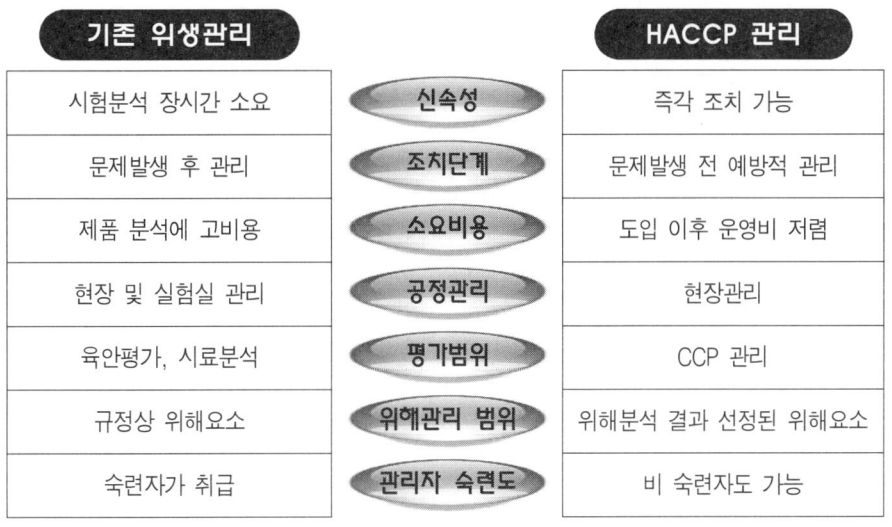

3. FedEx의 법칙

　FedEx 창립자 프레드릭 스미스의 경영 철학은 '1 대 10 대 100 법칙'에도 숨어 있다. 불량이 생길 경우, 즉각 고치는 데에는 1의 원가가 들지만, 책임 소재나 문책 등의 이유로 이를 숨기고 그대로 기업의 문을 나서면 10의 원가가 든다. 또 이것이 고객 손에 들어가 문제가 제기되면 100의 원가가 든다는 것이다. 이 또한 스미스가 가장 존경받는 미국 CEO 중 한 명으로 꼽히는 이유다.

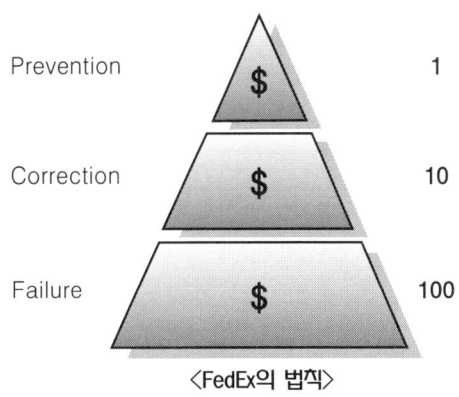

〈FedEx의 법칙〉

4. 해썹(HACCP) 도입의 효과

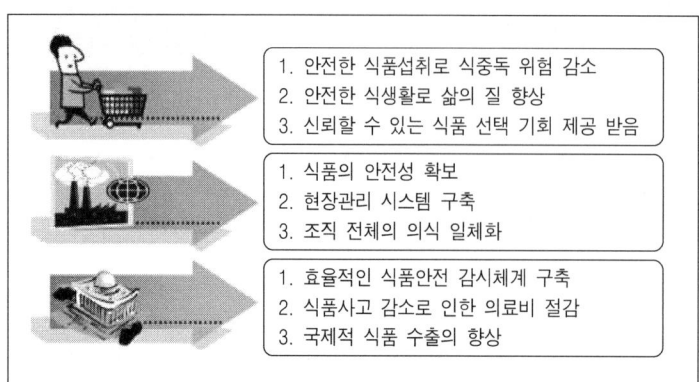

〈해썹(HACCP)의 도입효과〉

HACCP 도입에 따른 기대효과는 식품위생 감시원이 HACCP를 도입하고 있는 시설을 감시하는 경우, 식품의 안전성에 가장 영향을 미치는 부분에 감시를 집중시키는 것이 가능하다.

종래의 감시방법으로는 현장검사 때 위생관리, 공정관리 밖에 평가할 수 없었으나 HACCP 도입으로 위해발생을 방지하기 위하여 중점적으로 관리해야 한다고 설정한 CCP의 모니터링 결과 및 개선 조치의 결과 기록을 조사함으로써 평상시의 위생관리, 공정관리 상태를 알 수 있게 된다. 또한, 종래는 최종 제품의 검사에 의존한 안전성 확보를 도모하여 왔으나 HACCP 제도에서는 공정관리, 특히 CCP 관리 상태를 점검하면 되는 것이다.

영업자의 책임 HACCP 계획을 작성하고 실시하는 것이지만, 감시원의 책임은 전문적 입장에서 영업자가 중요한 위해를 적절하게 특정하고 있는지, 또 그 위해를 적절하게 관리하고 있는지를 확인함과 동시에 필요에 따라 적절한 조언과 지도를 행하는데 있다.

HACCP 제도는 식품의 원재료 생산에서 최종 제품이 소비자에 소비되기까지의 모든 과정에 적용할 수 있다. HACCP 제도를 도입하면 식품의 안전성이 향상되고, 자원을 보다 유용하게 이용할 수 있으며, 위생상의 위해에 적시에 대치할 수 있음은 물론, 행정에 의한 감시·지도가 효과적이고 효율적으로 행해짐으로써 식품의 안전성에 대한 국제적 신뢰성이 높아지는 것 등을 기대할 수 있으며 이를 요약하면 다음과 같다.

(1) 식품업체 측면

① 자주적 위생관리 체계구축

기존의 정부주도형 위생관리에서 벗어나 자율적으로 위생관리를 수행할 수 있는 체계적인 위생관리기법의 확립이 가능하다.

② 위생적이고 안전한 식품의 제조

예상되는 위해요인을 과학적으로 규명하고 이를 효과적으로 제어함으로써 위생적이고 안전성이 충분히 확보된 식품의 생산이 가능해진다.

③ 위생관리 집중화 및 효율성 도모

해당업체에서 수행되는 모든 단계를 광범위하게 관리하는 것이 아니라 위해가 발생될 수 있는 단계를 사전에 선정하여 집중적으로 관리함으로써 위생관리체계의 효율성 극대화를 유도할 수 있다.

④ 경제적 이익 도모

HACCP 기법의 적용초기에는 시설·설비 보완 및 집중적 관리를 위한 많은 인력과 소요예산 증대가 예상되나, 장기적으로는 관리인원의 감축, 관리요소의 감소 등이 기대되며, 제품 불량률과 반품·폐기량 감소 등으로 궁극적으로는 제품의 품질 향상 및 생산비용 절감효과 등으로 경제적인 이익의 도모가 가능해진다.

⑤ 회사의 이미지 제고와 신뢰성 향상

HACCP 적용업소는 HACCP 마크 부착과 HACCP 적용 품목에 대한 광고가 가능하므로 소비자에 의한 회사의 이미지와 신뢰성이 향상된다.

(2) 정부 측면

① 사후 위생감시의 효율성을 극대화할 수 있다.
② 객관적이고 효율적인 위생감시를 위한 감시지침이 제공된다.
③ 위생적이고 안전한 식품의 확보를 위한 위생관리기준 제공이 가능하다.

(3) 소비자 측면

① 해썹(HACCP) 마크 표시로 소비자에게 위생적이고 안전한 식품을 선택할 수 있는 기회의 제공과 소비자 신뢰성을 제고할 수 있다.

5. 해썹(HACCP)의 역사

〈HACCP 역사의 태동〉

해썹(HACCP) 제도는 미국에서 처음 개발된 우수한 식품위생 관리방법으로서 현재 세계적으로 널리 인정받고 있다. HACCP(Hazard Analysis and Critical Control Point : 위해분석중점관리점) 제도의 개발은 1959년 미국 우주계획용의 식품제조에 Pillsbury사가 참가한 일에서부터 시작되었다.

Pillsbury사는 우주비행사가 비행 중에 우주에 의한 질병과 상해로 피해 받지 않도록 하기 위하여 거의 100% 안전성 보증을 필요로 한 바, 최종 제품의 검사로 이를 보증하기에는 너무 많은 검체가 필요함을 알게 되었다. 즉, 제조한 1로트(lot)의 제품 중 대다수의 제품이 검사에 사용되다 보니 우주비행용으로 쓸 수 있는 것은 얼마 되지 않았다. 여기서 그들은 보다 효과적인 제도를 생각하게 되었으며, 결국 예방적인 제도밖에 없다는 결론에 도달하였다. 즉 원재료, 공정, 제조환경, 종사자보관, 유통에 이르기까지의 모든 과정에서 위해 가능성을 체계적으로 관리하는 길 밖에 없었다는 것이다. 더욱이 NASA

와의 계약에서 이 회사에 요구된 모든 사항에 대한 기록이 의무화됨으로써 HACCP의 근간이 되는 개념이 정립되었으며, 그 내용이 1971년 National Conference of Food Protection에서 처음으로 공표되었다.

이 방식은 1973년 미국의 FDA에 의해 저산성통조림 식품의 GMP에 도입되었는데, 전 미국의 식품업계에서 신중하게 그 도입이 논의되기 시작한 것은 1985년이다. 즉, NAS의 식품보호위원회가 이 방식의 유효성을 평가하고 식품생산자에 대하여 이 방식에 의한 자주위생, 품질관리의 적극적 도입, 행정당국에 대하여는 법적 강제력이 있는 HACCP의 채택을 각각 권고하였기 때문이다. 1987년에는 이 권고를 받아 USDA/FSIS, NMFS, FDA, 미육군 Natick 기술개발연구소 및 대학교와 민간의 전문가로 이루어진 NACMCF가 설치되어 검토를 거친 결과 1989년에 HACCP의 지침이 제출되었으며 이 중에서 HACCP의 7원칙이 비로소 제시되었다. 그리고 1992년에는 위해분석을 위한 질문집 등을 추가한 수정내용이 식품기업을 대상으로 공표되었다.

이렇게 HACCP은 원래 미국에서 개발된 제도지만, 기타 다른 국가에서도 주목받게 되었고 ICMSF에서는 본 제도의 검토위원회를 설치하여 1980년에는 WHO와 합동으로 '식품위생에서의 HACCP 제도'라는 제목으로 보고서를 정리하고 이 제도가 장래의 식품 미생물관리의 방향을 제시할 것이라고 권고하였다.

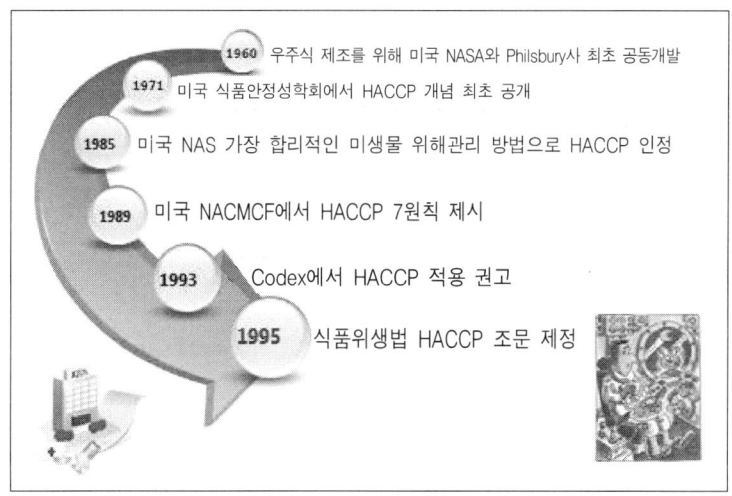

〈HACCP의 역사적 흐름〉

1988년에는 ICMSF로부터 WHO에 대하여 국제규격에 HACCP을 도입할 것을 권고함으로써 이 제도의 실시를 위한 기초와 응용편이 한 권의 책으로 정리되었다. 1993년에 FAO/WHO의 합동식품규격계획(CODEX)위원회로부터 위생관리의 방법으로 HACCP의 도입을 빨리 추진하여야 한다는 인식하에 도입시 국제적 조화를 피하기 위하여 미국의 NACMCF의 보고서와 기본적으로 동일한 내용의 「HACCP제도 적용을 위한 가이드라인」을 제시한 바 있다. 각국이 추진하고 있거나 또는 추진할 예정인 HACCP제도에 기초한 위생관리방법은 기본적으로는 이 가이드라인에 따른 것이라 할 수 있다. 현재 이 가이드라인에 따라 각국의 의견을 받아들이는 중이며 수정이 가해지고 있지만 기본적인 대부분의 대폭적인 변경은 없을 것이라고 생각한다.

■ 해썹(HACCP) 역사

1959~60년대	미국 우주계획용의 식품제조를 위하여 Pillsbury사가 구상을 정리함.
1971년	National Conference of Food Protection에서 최초로 개요가 공표됨.
1973년	FDA에 의하여 저산성 통조림의 규제에 도입됨.
1985년	NSA에 식품보호위원회가 이 방식의 유효성을 평가하고, 식품생산자에 대해 이 방식에 의한 자주위생, 품질관리의 적극적 도입, 행정당국에 대해서는 법적 강제력이 있는 HACCP의 도입을 각각 권고함.
1988년	ICMSF가 WHO에 대해 국제규격에의 HACCP도입을 권고함.
1989년	NACMCF가 HACCP의 지침을 제출, 이 중에서 HACCP의 7원칙을 최초로 제시함.
1992년	NACMCF가 HACCP 지침의 수정판을 제출함.
1993년	FAO/WHO가 HACCP적용을 위한 가이드라인을 제시함.

▶ FDA(Food and Drug Administration) : 미국 식품의약품관리청
▶ NAS(National Academy of Science) : 미국 과학아카데미
▶ ICMSF(Internation Commission on Microbiological Specifications for Foods) : 국제식품미생물규격위원회
▶ NACMCF(National Advisory Committee on Microbiological on Foods) : 미국 식품미생물기준자문위원회

6. 국내 해썹(HACCP) 현황

우리나라의 HACCP 적용 현황은 식품안전성 확보와 식품의 국제기준·규격과의 조화를 위하여 1995년 12월 식품위생법 제32조의 2항(식품안전관리인증기준)의 규정을 신설함으로써 HACCP 제도를 도입할 수 있는 법적기틀을 마련하였다. 이 HACCP 제도의 효율적인 적용을 위하여 업종별로 희망하는 업체에 한하여 일정한 절차를 거쳐 승인해 주는 자율적인 지정제도 형태로 운영되고 있다.

이러한 방침에 따라 1996년 12월 '식품안전관리인증기준'을 최종 고시하였고, 본격적인 HACCP 제도 실행으로 적용대상 품목으로 1996년 12월에 식육가공품(식육햄류·소시지류), 1997년 10월에 어육가공품(어묵류), 1998년 1월에 냉동수산식품(어류·연체류, 패류, 갑각류, 조미가공품), 1998년 5월경에 유가공품(우유, 발효유, 가공치즈, 자연치즈)을 단계적으로 확대하여 개정고시하였다.

이러한 추진결과 1997년 5월 식육햄·소시지의 시범 적용업체였던 제일제당 이천공장이 최초의 HACCP 적용업소로 지정되었고, 롯데햄·롯데우유/청주공장(1997. 8), 미원농장/성남공장(1997. 9)이 지정을 받았으며, 1998년 5월에는 강동냉동(주), 삼진물산(주)/부산공장(냉동수산식품)이 지정, 1998년 6월에는 ㈜비락/진천공장을 비롯한 유가공업체 12개사 26개 공장이 HACCP를 적용업체로 지정받아 지금까지 총31개 공장이 지정되었다. 또한, 1997년 11월, 한국식품위생연구원을 HACCP 교육·훈련 및 기술지원기관으로 지정하여 HACCP에 관한 식품업체 종사자와 식품위생관련 공무원의 체계적인 교육·훈련 실시하여 보다 효과적인 기술지원 및 관리체계를 구축하였다.

1997년 이후 국내 해썹 적용현황은 2002년 8월 의무적용 법적근거 마련(식품위생법 제48조 제2항)을 시작으로 2003년 8월 의무적용 대상품목(시행규칙)이 지정되었다. 그 품목은 ① 어묵류, ② 냉동식품(피자류·만두류·면류), ③ 냉동수산식품(어류·연체류·조미가공품), ④ 빙과류, ⑤ 비가열음료, ⑥ 레토르트식품, ⑦ 배추김치(2006년 12월)이다. 2005년 10월 6개 식품 의무적용 세부기준(적용시기)이 마련(식약청 고시)되었고, 2009년 2월 HACCP 지원사업 수탁(한국보건산업진흥원)에 대한 법적근거가 마련되었다. 2012년 5월 HACCP 정기

조사평가 차등관리제를 도입(식약청 고시)하게 되었으며, 2013년 12월 HACCP 지정 및 사후관리 평가시 '과락제' 도입(식양처 고시)하게 되고 2014년 1월 재단법인 한국식품안전관리인증원이 개원하게 되었다. 2014년 11월 신규의무적용 8품목이 지정(시행규칙)되었으며, 그 내용은 ① 과자·캔디류, ② 빵류·떡류, ③ 초콜릿류, ④ 어육소시지, ⑤ 음료류, ⑥ 즉석섭취식품, ⑦ 국수·유당면류, ⑧ 특수용도식품이다.

2014년 11월 HACCP 인증업무를 한국식품안전관리인증원으로 위탁하고, 2015년 8월 18일 HACCP 적용 부실업체 행정조치를 강화(One-Strike-Out제 시행)하고, HACCP 업체 정기조사·평가결과 60점 미만이거나 주요안전조항 ① 원료검수(검사)미실시, ② 지하수 살균·소독 미실시, ③ 작업장 세척·소독 미실시, ④ 중요관리점(CCP) 관리미흡 등 부실에 대한 강화조치가 심화되었다.

최근 4대 악 중 하나로 부정·불량식품이 선정되면서 식품안전에 대한 관심이 그 어느 때보다 높아지고 있다. 이제 식품안전은 국민이 누려야 할 기본적인 권리이자 정부와 생산자가 지켜야 하는 필수적인 의무로 자리매김하였고, HACCP은 식품안전을 보장하는 최적화된 시스템으로 '식품의약품안전처'에서는 보다 많은 업체와 분야에 HACCP을 적용하고자 의무적용 대상을 선정하고, 소규모 HACCP 제도를 만들어 영세업체의 HACCP 적용을 가능케 하는 등, 다양한 정책과 지원을 수행하고 있다. 의무적용 품목확대는 제조·가공업체의 위생적 환경개선, 식품안전관리의 체계수립 등, 식품안전의 사전 예방관리라는 측면에서 매우 긍정적인 효과를 나타내고 있다. 하지만, 산업체에는 HACCP 인증을 위한 비용부담, 전문인력의 부재 등, 어려움 또한 존재하고 있다. 이러한 어려움을 해결하고, 식품안전관리 정책실현이라는 숙제를 해결하기 위해 2007년 HACCP 지원사업단이 설립된 이후 2014년 1월 한국식품안전관리인증원으로 출범하였고, 다양한 지원사업으로 HACCP 인증확대 및 활성화에 힘쓰고 있다. HACCP 인증·지원·교육·홍보를 총괄할 수 있는 전담기관을 설립함으로써 HACCP에 대한 전문성을 강화하고, HACCP 확대를 위하여 보다 적극적인 지원이 가능하게 되었다. 현재 식품인증원은 HACCP 적용 희망업체 및 적용업체를 대상으로 맞춤형 현장기술지도 사업, 전문기술상담, 인증업체 사후관리 사업을 수행하고 있으며, HACCP 제도의 기반 마련을 위하여 평가결과분석, HACCP 관련 생산실적 현황분석 등을 수행하고 있다.

또한, 순대 HACCP관리기준서 등 개발, HACCP KOREA 개최, HACCP 교육 등 다양한 정책지원 사업 및 교육 사업을 수행하고 있다. 정부와 업체의 다양한 노력으로 2015년 8월 31일 기준 3,577개소, 6,381개 품목이 HACCP 인증을 완료하여 양적인 확대를 이루었다.

정부의 노력이 국민의 안심으로 직결하려면, 사후관리에도 보다 힘써야 할 것이다. 이러한 노력의 일환으로 주요 위생안전 조항을 위반한 업체에 대해 인증을 취소하는 '원스트라이크아웃제'를 도입하고, 교육과 관련하여서는 HACCP 교육·훈련기관에 대한 관리를 강화할 뿐 아니라, HACCP 인증 후, 사후관리 또한 강화하였다. 기존 정기조사 평가항목 중 HACCP 시스템 유지를 위한 필수적인 항목을 적용하여 과락제를 도입하고 있다.

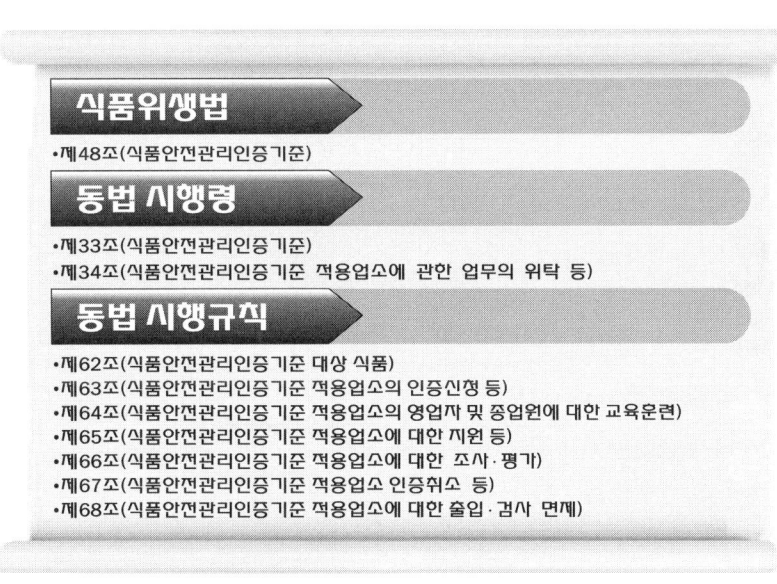

〈식품위생법 상의 식품안전관리인증 기준〉

7. 외국의 해썹(HACCP) 현황

(1) CODEX(국제식품규격위원회) 해썹 제도

WHO(세계보건기구)에서는 1980년에 HACCP시스템의 도입이 식품의 위생관리 방향을 제시하는 것으로 보고되었으며, ICMSF(국제식품미생물규격위원회)는 1988년에 WHO에 대해 식품의 국제규격에 HACCP 시스템을 도입하도록 권고하였다. 이에 CODEX에서는 제20차 총회('93. 7)에서 「HACCP 적용을 위한 지침서」를 채택하여 각국에 준수할 것을 권장하였고, 현재 개발도상국(소규모업체)에서의 HACCP 적용을 위한 지침서를 개발 중에 있다.

(2) 미국의 해썹 제도

1985년 미국과학아카데미는 식품산업에서 자주적 관리방법으로서 HACCP 시스템의 적극적 도입과 제도의 법적 구속력이 있는 형태로 도입을 권고하였다. 이것을 받아들여 연방정부는 전국적인 HACCP 도입의 검토를 개시, 1995년 12월 18일 FDA(식품의약품청)가 「어패류 및 그 가공품에 대한 HACCP 규칙(CFR 21권 §123)」을 제정하고, 2년간의 유예기간을 거쳐 1997년 12월 18일부터 강제시행에 들어갔다. 이 규정에 따라 1997년 12월 18일 이후부터 수산식품을 제조하는 미국 내 가공업자 뿐 아니라 외국 수출업자인 경우에도 동 규정에 적합한 식품을 수출하도록 요구되고 있다. 또한, 1996년 7월 25일에는 USDA(농무성)가 「식육, 가금육 및 그 가공품에 대한 규칙(CFR 9권 §304, 308, 310, 320, 327, 381, 416 및 417)」을 제정하고 시설규모에 따라 유예기간을 달리 하였는데, 종업원 500인 이상의 대기업은 18개월 이후인 1998년 1월 26일부터, 종업원 10~500인 미만의 중규모 기업은 30개월 이후인 1999년 1월 25일, 종업원 수가 10일 이하이거나 연간 판매액 250만불 미만의 소기업은 42개월 이후인 2000년 1월 25일부터 시행하도록 규정하고 있다.

한편, FDA는 지난해 8월 26일 야채·과실주스 안전대책을 발표함에 따라 야채·과실주스 생산과정에 HACCP 적용을 의무화 한다는 내용을 골자로 하는 규정안을 발표함으로서(1998년 4월 24일자 관보) 야채·과실주스에 대한 HACCP 도입을 도모하고 있다.

(3) 캐나다의 해썹 제도

캐나다에서는 HACCP을 도입하는 과정에서 캐나다 농무성(Agriculture and Agri-Food Canada)의 식품안전향상프로그램(FSEP : Food Safety Enhancement Program)와 캐나다 수산해양성(DFO : Department of Fisheries and Oceans)의 품질관리프로그램(Quality Management Program, QMP)의 두 가지 계획으로 발전되어 왔으며, 1997년 4월부터 식품행정기관을 캐나다 식품검사청

(CFIA : Canadian Food Inspection Agency)에서 QMP와 FSEP를 통합관리하고 있다.

QMP는 HACCP 원칙에 입각한 세계 최초의 강제성을 띈 식품검사 프로그램으로서 1992년 2월 캐나다 내의 1,200개 이상의 수산가공공장에서 시행되었다. 당시 이 프로그램은 캐나다 수산해양성(DFO)과 수산물 가공업계가 공동으로 개발하였다.

QMP는 그동안 여러 차례의 검토를 거쳐 국제교역, 식품 안전성, 산업체 및 정부의 기대에 부합하도록 한다는 취지 아래 수정 보완되어 1997년 12월부터 재 시행되고 있으며 1998년 10월 1일까지 유예기간을 두고 있다. 이 새로운 QMP는 크게 3가지 영역, 즉 PP(Prerequisite Programs/ HACCP를 효과적으로 실시하기 위한 기초가 되는 프로그램), RAPs(Regulatory Action Points/법적규제사항에 적합함을 보장하기 위해 설정된 관리점), HACCP Plan(HACCP 7원칙에 따라 작성된 계획서)으로 구성되어 있다.

한편, FSEP는 식품가공공장에서 HACCP 원칙을 채택할 것을 권고하는 권장성격의 프로그램이며, HACCP 수행이 용이하도록 식품군 별로 매뉴얼을 작성하여 산업체에 제공하고 있다. FSEP는 1991년부터 시행되었으며, 4개 주요식품 군인 육류 및 가금육, 유제품, 난류 및 가공과채류에 대하여 1,800개 이상의 공장에서 추진되고 있다.

(4) 호주의 해썹 제도

호주는 HACCP 육성·발전에 있어서 이미 자국 내에서 시행되고 있던 품질보증제도(QA : Quality Assurance system)와 연관지어 운영하고 있다.

1995년 3월, 호주와 뉴질랜드의 모든 주정부와 연방정부의 농업부 및 자원부 장관으로 구성된 "호주·뉴질랜드 농업 및 자원관리위원회(Agriculture and Resource Management Council of Australia and New Zealand, ARMCANZ)"에서는 호주 내의 모든 육류가공시설(수출용 및 내수용)에 대하여 1996년 12월 말까지 품질보증제도(QA)의 기초로서 HACCP을 도입하기로 결정하였다.

이 결정에 따라 1997년 1월 이후부터 호주 내 생산되는 모든 육류제품에는 HACCP, ISO, SSOP, GMP를 포함하는 통합관리시스템인 품질보증제도(QA)가 시행되고 있다.

한편, 쇠고기 수출량 세계 1위이자 농축수산물 주요수출국인 호주는 수출부문에 있어서 HACCP에 대한 오랜 경험을 축적해 왔다.

1970년대 후반 수출용 유제품에 대한 미생물 규격검사를 HACCP에 기초하여 실시한 것이 시초가 되었다.

1985년 중반, 유제품, 어류 및 통조림 식품에 대해 효과적인 HACCP을 적용하고 있는 공장에 한하여 자율적인 검사 제도를 도입하였다.

1992년 수출규정(Export Control(Process Food) Orders No. 9, 1992)을 개정하여 비육류제품을 수출하는 모든 제조시설에 대해 HACCP에 기초한 시스템을 개발하고 CODEX 지침에 따른 원칙을 적용할 것을 요구하였다. 수출육류에 대하여는 도축 및 가공시 안전성 확보를 위해 1989년 이후부터 자율적인 HACCP을 도입해 왔다.

(5) EU의 해썹 제도

EU는 1991년 7월, '수산물의 생산·판매에 관한 위생조건(Council irective 91/493/EEC)'을 제정함으로써 수산물에 대한 해썹(HACCP)의 이행을 입법화하였으며, 1994년 5월에 HACCP 시행을 위한 세부규칙(Commission Decision 94/356/EEC)을 각 회원국에 공포하였다. 이에 따라 1996년 10월 이후부터 EU지역내로 수입되는 모든 수산식품은 HACCP 시스템을 적용하여 생산하도록 요구되고 있다.

(6) 일본의 해썹(HACCP) 제도

일본에서는 최근의 식품안전성에 관한 현상, 국제적 조화의 요청, 규제완화 등에 대응하기 위하여 1995년 5월에 식품위생법을 개정하여 HACCP에 기초를 둔 '총합위생관리제조과정'이라는 승인제도를 도입하였다.

이 제도는 식품제조업자의 신청에 따라 HACCP에 의한 관리가 적절히 이루어지고 있는지 평가하여 승인해 주는 것으로, HACCP에 따라 최종제품이 적절히 관리되고 있으며 이제까지 일률적으로 규제되었던 제조기준에 반드시 따를 필요가 없다고 하는 규제 완화의 측면도 고려한 제도이다.

현재 이 제도의 대상이 되고 있는 식품은 유·유제품 및 식육제품('96. 5), 가압가열살균식품, 이른바 레토르트·통조림 식품('97. 3), 어육연제품('97. 11)

이며, 1998년 1월에 유·유제품에 대하여 36개사, 86시설, 177건에 대해 최초의 승인이 이루어졌다.

8. 해썹(HACCP) 지정제품 심벌마크

식품 및 축산물 안전관리인증기준(식품의약품안전처 제2015-97호) 2015. 12. 22. 개정고시에 따라 식약처 인증마크 통합에 따른 식품안전관리인증(HACCP) 심벌마크가 개선되었다. [안전관리 인증기준 적용품목 심벌(제27조 관련)]

(1) 해썹 적용품목 심벌마크/현판

안전관리인증기준(HACCP) 적용심벌이나 현판은 다음 기본 심벌을 참조하여 제품 및 업소의 특성과 포장 재질 또는 디자인에 적합하게 다양한 색상과 크기를 적용하여 사용할 수 있다.

※식품 또는 축산물 구분이 필요한 경우 심벌 내부에 "식품안전관리인증 또는 축산물안전관리인증", "안전관리인증식품 또는 안전관리인증축산물"로 표시할 수 있다.

※제품에 따라 잘 보이게 HACCP 인증 심벌마크 색상을 선택 사용함.

〈해썹(HACCP) 지정제품 인증 심벌마크〉

Chap.2 해썹(HACCP) 시스템

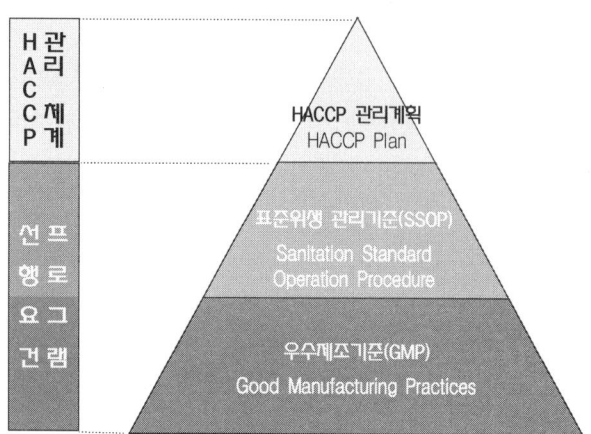

- GMP : 위생적인 식품생산을 위한 시설, 설비요건 및 기준
- SSOP : 일반적인 위생관리 운영기준

〈HACCP 시스템 구성〉

1. 선행요건 프로그램

식품제조가공 현장에서 안전한 식품을 생산하기 위해 지켜야하는 기본적인 위생조건 및 방법을 규정하는 기준으로 HACCP을 도입하고자 하는 현장에서는 우선적으로 지켜야하는 사항이며 또한, HACCP 시스템의 효과를 높이기 위해서 필수적인 전제 조건이다.

식품안전관리인증기준(제정 : 보건복지부 고시 제 1996-75호)에는 영업장 관리, 위생관리, 제조·가공시설·설비 관리, 냉장·냉동 시설·설비 관리, 용수관리, 보관·운송 관리, 검사 관리 및 회수관리의 기준을 수립하고 준수하도록 하고 있다.

중소규모 업체의 경우에는 수용능력 부족, 위생적으로 고려하지 않은 영업장 Lay-out, 시설·설비의 노후, 교육훈련 미흡 등으로 선행요건 프로그램의 준비 및 정착에 큰 어려움을 겪고 있다. 따라서 이 책에서는 선행요건 관리기준의 수립 및 실행을 위한 구체적인 내용과 현장사진 및 관리점을 제시하여 선행요건 관리기준을 쉽게 마련할 수 있도록 지원하고자 한다. 그리고 선행요건 관리기준의 수립 및 실행을 위한 구체적인 내용과 관리점을 제시하여 선행요건 관리기준을 쉽게 마련할 수 있도록 지원하고자 하였다.

〈HACCP 선행요건 프로그램〉

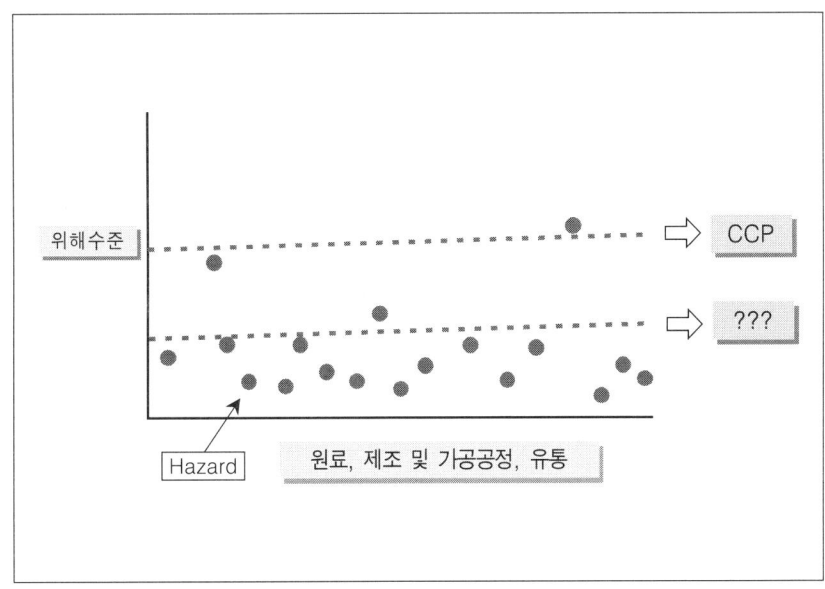

〈선행요건과 HACCP 관리〉

■ 선행요건 관리기준

구 분	선행요건 관리기준
영업장 관리	• 식품을 취급하는 환경(건축물, 외부환경 등)과 관련된 관리 기준 　-건축물 관리, 작업장 관리, 부대시설 관리, 외부환경 관리, 폐기물 처리시설 관리 등
제조·가공 시설·설비 관리	• 식품 취급에 사용되는 시설·설비의 관리 기준
냉장·냉동 시설·설비 관리	• 냉장·냉동 시설·설비의 구축, 유지·보수 관리 기준
위생 관리	• 작업장, 작업자, 시설·설비, 방충·방서 등에 관한 위생관리 기준 　-작업장 위생관리, 작업자 위생관리, 세척·소독 관리, 방충·방서 관리, 폐기물 관리 등
용수 관리	• 제조가공, 세척·소독에 사용되는 용수 관리 기준 　-용수관리, 용수 저장시설 관리
입고·보관· 운송 관리	• 사용되는 원·부재료, 자재에 대한 입고·보관·운송에 대한 관리 기준 　-원부재료, 자재 입고 기준, 원부재료 보관 관리기준, 화학약품 보관 관리 기준, 운송 관리 기준 등
검사 관리	• 자체 실시(또는 외부 의뢰) 하는 원부재료, 공정품, 완제품, 환경 등의 실험검사 관리 기준 및 계측기의 정도 관리 기준 　-실험검사 기준, 검교정 관리 기준 등
회수 관리	• 출고 된 제품의 회수상황 발생 시 조치 기준

(1) 영업장 관리

① 건축물 관리

작업장은 독립된 건물이거나 식품취급외의 용도로 사용되는 시설과 분리(벽·층 등에 의하여 별도의 방 또는 공간으로 구별되는 경우를 말한다. 이하 같다.)되어야 한다.

작업장(출입문, 창문, 벽, 천장 등)은 누수, 외부의 오염물질이나 곤충·설치류 등의 유입을 차단할 수 있도록 밀폐 가능한 구조이어야 한다.

② 건물의 적법성

작업장 건물은 건축법, 소방법, 환경법 등에 영향을 받으며 관련법령에 의거한 적법한 건물에 위치하여야 한다. 따라서 우리 작업장이 어디에 위치하며 건물은 어떠한 상태인지, 주기적으로 확인이 필요한 법령(가설건축물설치신고 등)은 어떠한 것이 있는지 확인하여 둔다.

<건축물 대장>

③ 건물의 구조

작업장 건물의 구조, 재질, 면적 등은 취급하려하는 식품에 나쁜 영향을 주지 않아야 한다. 또는, 이와 관련한 문제성을 인지하고 있을 경우에 개선 및 관리 방법을 수립하여 둔다.

- **구조** : 건축물의 전반적인 구조 확인 및 밀폐성
- **재질** : 바닥, 벽, 천장 등의 재질 영향성
- **면적** : 취급하려고하는 식품의 생산량을 고려한 넓이의 적정성

(2) 작업장 관리

> 작업장은 청결구역(식품의 특성에 따라 청결구역은 청결구역과 준청결구역으로 구별할 수 있다)과 일반구역으로 분리하고, 제품의 특성과 공정에 따라 분리, 구획 또는 구분할 수 있다.

① 작업장 구역설정 관리

작업장의 각 실은 공정(또는 작업조건)에 따라 청결구역, 준청결구역(생략 가능), 일반구역으로 설정한다.

■ 구역 설정 예시

구분		내포장 이전에 가열(또는 소독)공정이 있는 경우	내포장 이후에 가열(또는 소독)공정이 있는 경우	전체 공정에 가열(또는 소독)공정이 없는 경우
청결구역	청결구역	가열공정 이후의 작업구역 중 식품이 노출상태로 취급되는 제조가공구역 및 내포장 작업구역	식품이 노출 상태로 취급되는 작업구역 중 제조가공 작업구역 및 내포장 작업구역	식품이 노출상태로 취급되는 작업구역 중 제조가공 작업구역 및 내포장 작업 구역
	준청결구역	가열 공정이 포함된 작업 구역	식품이 노출상태로 취급되는 작업구역 중 전처리 외 구역	식품이 노출상태로 취급되는 작업구역 중 전처리 외 구역
일반구역		식품을 내포장 상태로 취급하는 구역, 전처리 작업 구역	식품을 내포장 상태로 취급하는 구역, 전처리 작업 구역	식품을 내포장 상태로 취급하는 구역, 전처리 작업 구역

② **작업장 내부 관리**

작업장 내부는 식품을 취급하기 위한 바탕 장소로 많은 요소(출입문, 창문, 조명 등)를 포함하고 있고 그 각각에 대한 설치 목적 및 그에 대한 관리 기준이 수립되어야 한다.

> 원료처리실, 제조/가공실 및 내포장실의 바닥, 벽, 천장, 출입문, 창문 등은 제조/가공하는 식품의 특성에 따라 내수성 또는 내열성 등의 재질을 사용하거나 이러한 처리를 하여야 하고, 바닥은 파여 있거나 갈라진 틈이 없어야 하며, 작업 특성상 필요한 경우를 제외하고 마른 상태를 유지하여야 한다. 이 경우 바닥, 벽, 천장 등에 타일 등과 같이 홈이 있는 재질을 사용한 때에는 홈에 먼지, 곰팡이, 이물 등이 끼지 아니하도록 청결하게 관리하여야 한다.

[작업장 재질]

작업장의 바닥, 벽, 천장, 창문 등은 사용 시간이 지남에 따라 먼지, 식품찌꺼기 등의 축적으로 세척·소독을 실시하여야 한다. 세척·소독의 방법은 다양하나 실시가 쉽고 효과가 좋은 방법이 물세척이기 때문에 기본적으로 내수성을 확보하는 것이 유리하다. 또한, 가열 시설의 사용, 부식성이 강한 제품의 취급 등 그 제품 특성 및 공정특성에 따라 적절한 재질을 사용하여야 한다. 이에 더해서 작업장의 노후화, 파손 등으로 보수가 필요할 경우 그 보수 방법에 대한 기준을 수립해 두는 것 또한 그 관리의 한 요소라 할 수 있다.

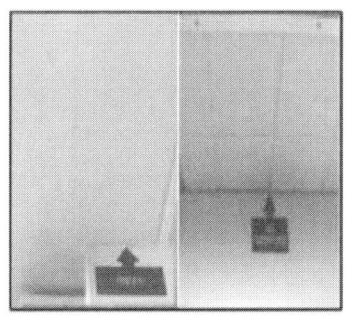
〈작업장 천장 내수성 재질 확보〉

〈작업장 바닥 내수성 재질 확보〉

※ 작업장은 배수가 잘되어야 하고 배수로에 퇴적물이 쌓이지 아니 하여야 하며, 배수구, 배수관 등은 역류가 되지 아니 하도록 관리하여야 한다.

[작업장 배수 및 배관]

작업장은 공정 용수 및 청소 용수를 배출하기 위해 배수로(또는 배수구)를 갖추고 관리해야 한다.

배수로(또는 배수구)는 경사가 양호하여 물의 배출이 잘 되어야 하며 퇴적물이 쌓이지 않도록 내부는 매끈한 상태를 유지해야 한다. 또한, 하수의 역류 및 해충, 쥐 등의 유입을 방지하기 위한 설비가 되어 있어야 한다.

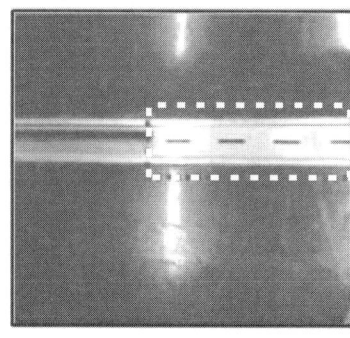
〈배수로 관리〉

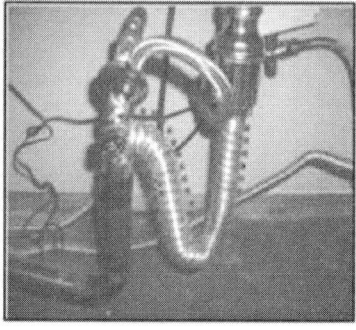
〈하수구 역류 방지〉

※ 작업장의 출입구에는 구역별 복장 착용 방법을 게시하여야 하고, 개인위생관리를 위한 세척, 건조, 소독 설비 등을 구비하여야 하며, 작업자는 세척 또는 소독 등을 통해 오염 가능성 물질 등을 제거한 후 작업에 임하여야 한다.
※ 작업장 내부에는 종업원의 이동경로를 표시하여야 하고 이동경로에는 물건을 적재하거나 다른 용도로 사용하지 아니 하여야 한다.

[작업장 출입구 및 이동경로]

작업장은 외부와 직접적으로 연결되지 않도록 물류 출입구에는 완충구역(또는 이에 합당한 관리방안)을 두고, 작업자의 출입구에는 위생전실을 두어 관리한다.

작업장의 통로에는 작업자의 이동 간 교차오염이 발생할 수 있고, 화재시 대피로 등을 차단할 수 있으므로 물건을 적재하지 않아야 한다.

작업장에서 이동이 제한적인 부분(일반구역 → 청결구역, 위생전실을 통과하지 않는 작업장 출입구 등)에는 작업자가 인지할 수 있도록 이동경로를 표시하거나 이동할 수 없도록 출입문 손잡이, 개방방향 등을 관리한다.

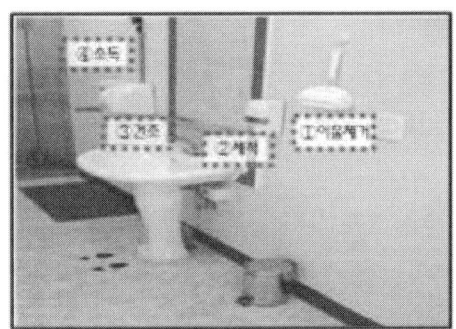

<작업자 위생설비>

※ 창의 유리는 파손 시 유리조각이 작업장 내로 흩어지거나 원부자재 등으로 혼입되지 아니하도록 하여야 한다.

[작업장 창문]

작업장의 창문은 자연채광, 환기 등과 관련된 구성요소로 우리 작업장의 창문재질(일반유리, 강화유리, 아크릴 등)을 확인하여 파손되었을 때 유리가 흩어질 수 있는 재질인 경우 혼입을 예방할 수 있도록 적절히 관리한다.

작업장의 창문 파손은 날씨상황, 주변환경, 작업 중 부주의 등으로 인해 발생할 수 있으며 파손되어 유리가 흩어질 경우에 직접적으로 혼입 또는 비산된 후 청소관리가 제대로 되지 않아 혼입이 발생될 수 있으므로 파손되기 전부터 흩어지는 것을 예방 관리한다. 또한, 일반유리가 파손되면 눈으로 확인할 수 없는 무수한 유리가루가 흩어지므로 이것이 식품에 혼입되어 사람이 섭취하면 치명적인 위해가 될 수 있다. 또한, 일반적인 창문에는 청소관리를 위한 물구멍, 방충망으로는 차단되지 않는 틈새 등이 있을 수 있으므로 이에 대한 확인 및 해충유입 차단 관리도 필요하다.

<창 유리 비산방지 처리>

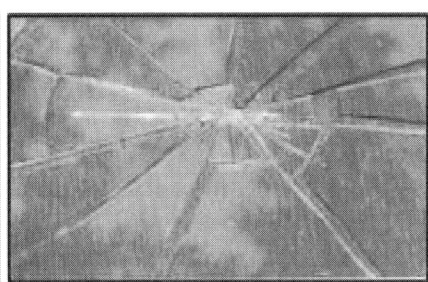
<유리의 파손 주의>

※ 선별 및 검사구역 작업장 등은 육안확인이 필요한 조도(540Lux 이상)를 유지해야 한다.
※ 채광 및 조명시설은 내부식성 재질을 사용하여야 하며, 식품이 노출되거나 내포장 작업을 하는 작업장에는 파손이나 이물 낙하 등에 의한 오염을 방지하기 위한 보호 장치를 해야 한다.

[작업장 조명기구 및 적정 조도 유지]

작업장은 원활한 작업이 이루어질 수 있도록 적정한 조명을 갖추어야 하며 선별, 검사 등 육안으로 원료 또는 공정품을 확인하는 위치에서는 육안확인에 적절한 조도가 확보되어야 하며 일반적으로 540Lux(50피트 촉광) 이상의 조도를 권장한다.

조도는 조명의 방향, 작업자의 작업위치, 작업대의 위치 등 여러 상황에 따라 달라질 수 있으므로 실제 작업 상황을 고려하여 조명의 위치를 조정하는 것이 바람직하다.

조명기구 자체가 유리이기 때문에 파손 방지 및 파손 시 비산 방지를 위해 덮개를 설치한다.

<육안확인 위치 충분한 조도 확보>

<조명기구 보호장치>

(3) 부대시설 관리

작업장의 부대시설로는 탈의실, 화장실 등이 있을 수 있으며 부대시설에 대한 관리기준이 수립되어야 한다.

이밖에도 영향을 줄 수 있는 식당, 휴게실 등에 대한 관리기준은 필요시 수립하여 관리할 수 있다.

① 탈의실 관리

> 탈의실은 외출복장(신발 포함)과 위생복장(신발 포함)간의 교차 오염이 발생하지 아니 하도록 구분·보관하여야 한다.

탈의실은 작업자가 작업에 들어가기 전 가장 먼저 접하는 공간으로 식품을 취급하기 위한 준비를 갖추고 작업장 내부로 작업자로 인한 오염원이 확산되는 것을 방지하는 1차 방어선이다. 따라서 탈의실의 구비 목적은 작업자가 외부에서 착용하는 의복을 작업장 내부에서 착용하는 청결한 위생복장으로 갈아입는 공간을 마련하는 것이다. 또한, 작업자가 식품을 취급하러 들어가려 한다는 인식을 갖추는 공간이다. 위생복과 외출복의 보관방법, 탈의실의 관리방법에 대한 기준을 수립하여 관리가 필요하다.

〈위생(장)화, 일반화 구분보관〉

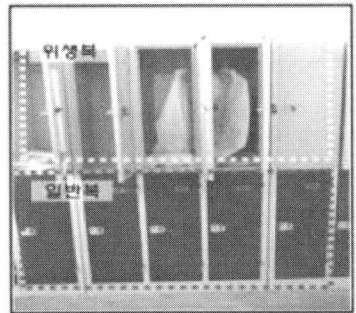
〈위생복, 일반복 구분보관〉

② 화장실 관리

> 화장실, 탈의실 등은 내부 공기를 외부로 배출할 수 있는 별도의 환기시설을 갖추어야 하며, 화장실 등의 벽과 바닥, 천장, 문은 내수성, 내부식성의 재질을 사용하여야 한다. 또한, 화장실의 출입구에는 세척, 건조, 소독 설비 등을 구비하여야 한다.

화장실은 인간의 생리적인 욕구를 해결하는 곳으로 작업장에서는 필수적인 공간이다. 하지만, 그 특성상 작업장에서 가장 위험요소가 많고 항상 위험요소가 존재하므로 공간에 대한 관리와 사용 후 작업자에 대한 관리가 철저하게 이루어져야 하는 곳이다. 따라서 청소관리가 쉬운 재질로 되어 있어야 하며, 강제적 환기가 되도록 하고 사용 후 작업자가 손을 세척·소독할 수 있는 설비가 구비되어야 한다.

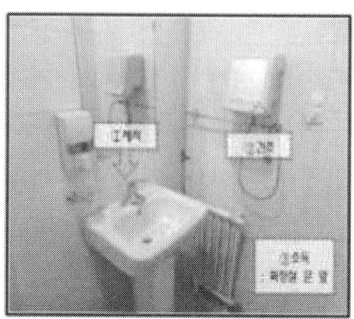

〈화장실 환기설비 관리〉   〈화장실 내부 위생설비 관리〉

③ 폐기물 처리시설 관리

작업장 외곽의 폐기물 처리시설(집하장, 처리장 등)은 관리가 안 될 경우 쉽게 해충발생 장소가 될 수 있다. 따라서 그 구조, 반출, 청소관리, 방역 등 기준을 수립하여 관리가 필요하다.

(4) 외부환경 관리

작업장 주위는 작업장에 대한 첫인상이라고 할 수 있다. 작업장 주위에 불필요한 물품 또는 해충발생에 유리한 상태, 물고임 등이 있다면 해당 작업장에서 취급하는 제품에 직접적인 위해뿐만 아니라 해당 작업장에서 근무하는 작업자의 위생 의식에도 영향을 줄 수 있다.

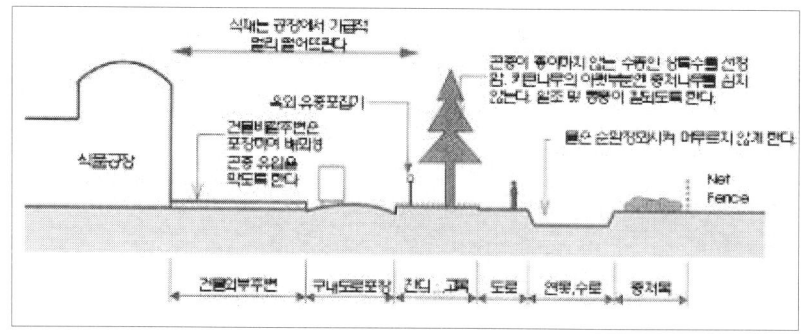

〈작업장 주변 해충 방지를 고려한 주변 설계〉

<작업장 외부 방치물 관리>
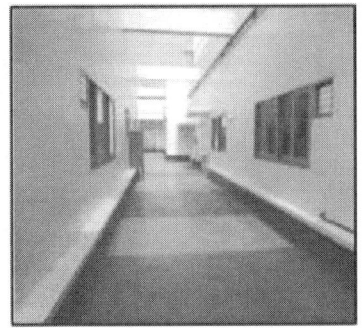
<작업장 주변 정리>

(5) 제조·가공시설·설비 관리

① 제조·가공 시설·설비 배치

> 식품취급시설·설비는 공정 간 또는 취급시설·설비 간 오염이 발생되지 아니하도록 공정의 흐름에 따라 적절히 배치되어야 하며, 위해요인에 의한 오염이 발생하지 아니하여야 한다.

[시설·설비 배치의 적절성]

 모든 식품제조가공 공장은 자체적인 생산량, 품목, 생산의 특성에 따라 적절한 제조·가공 시설·설비를 가지고 있다. 시설·설비의 배치는 작업장 건물의 구조, 생산의 흐름, 작업자의 이동 등을 고려하여 배치를 하며 이동간의 오염 가능여부, 세척·소독 및 유지·보수가 원활하도록 위치를 설정하여야 한다.

 우리 작업장의 시설·설비 배치에 의해 이동과정, 세척·소독 시 문제점이 발생할 수 있다면 해당부분을 파악하여 관리할 수 있는 기준을 수립한다.

> • 시설·설비는 벽, 바닥, 다른 시설·설비 등과 충분한 간격을 두고 설치
> • 충분한 간격을 두지 못 했을 경우 관리방안
> - 이동, 유지·보수, 세척·소독 등에서 문제점이 발생할 수 있는 위치 파악
> - 해당 위치의 관리기준에 대해 별도 수립

② 시설·설비 유지·보수 관리

> - 식품과 접촉하는 취급시설·설비는 인체에 무해한 내수성·내부식성 재질로 열탕·증기·살균제 등으로 소독·살균이 가능하여야 하며, 기구 및 용기류는 용도별로 구분하여 사용·보관하여야 한다.
> - 온도를 높이거나 낮추는 처리시설에는 온도변화를 측정·기록하는 장치를 설치·구비하거나 일정한 주기를 정하여 온도를 측정하고, 그 기록을 유지하여야 하며, 관리계획에 따른 온도가 유지되어야 한다.
> - 식품취급시설·설비는 정기적으로 점검·정비를 하고 그 결과를 보관해야 한다.

[시설·설비의 특징 파악 및 유지·보수 기준 수립]

작업장에서 사용되는 시설·설비·도구 등의 재질, 구조, 사용방법 및 유지·보수 방법을 정확하게 파악하고 적합한 관리기준을 수립하여야 한다.

시설·설비에 대해 올바른 파악이 관리를 쉽게 할 수 있고 유지·보수비용을 줄이며 시설·설비에 대한 수명을 연장시킬 수 있는 방법이다.

〈식품에 사용 적합한 재질의 시설·설비〉   〈설비 녹 발생 유지·보수 필요〉

[온도를 높이거나 낮추는 설비의 온도계 설치 및 유지 관리]

공정 중 온도를 높이거나 낮추는 설비(가열기, 냉각기 등)은 목표로 하는 온도에 적절히 도달할 수 있도록 온도를 확인할 수 있는 장치를 설치하고 해당 온도 확인 장치가 올바르게 작동할 수 있도록 유지·보수 관리가 필요하다. 따라서 온도계가 설치된 위치, 주위 환경으로부터 이상이 발생할 수 있는지에 대한 영향성, 유지 보수 관리 기준을 수립하여 관리한다.

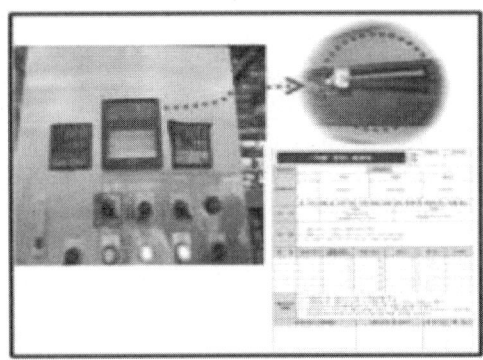

<온도 확인 장치의 설치 및 관리>

② 냉장·냉동시설 설비관리

- 냉장시설은 내부의 온도를 10℃ 이하(다만 신선편의식품, 훈제연어는 5℃ 이하 보관 등 보관온도 기준이 별도로 정해진 식품의 경우에는 그 기준을 따른다.)로 한다.
- 냉동시설은 -18℃ 이하로 유지하고, 외부에서 온도변화를 관찰할 수 있어야 하며, 온도 감응장치의 센서는 온도가 가장 높게 측정되는 곳에 위치하도록 한다.

[냉장·냉동시설 설비의 배치에 대한 관리]

냉장·냉동 시설의 설비는 제품의 온도관리에 중요한 설비로 이전 공정으로부터 신속하게 이어질 수 있는 위치(원료, 공정, 완제품 모두 해당)에 설치되는 것이 유리하다.

사용 중 노후화 또는 설치 과정의 문제점으로 문, 벽 등에 응결수가 발생할 수 있어 물로 인한 오염요인을 발생 시킬 수 있다. 또한, 냉동설비의 경우 냉동기의 가동으로 응축수가 발생하기 때문에 배수로 또는 별도의 방법으로 관리될 수 있도록 기준 수립이 필요하다.

[냉장·냉동시설·설비의 온도관리]

냉장·냉동 시설·설비는 기준 온도가 적절히 관리되고 있는지, 설비의 상태 온도 확인 장치가 올바르게 관리되고 있는지 확인해야 한다.

 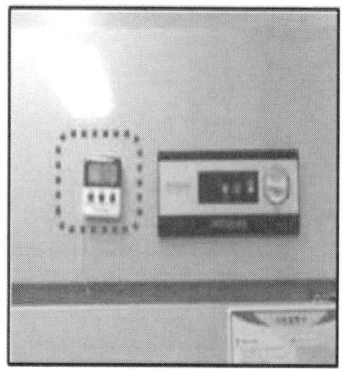

〈적절한 위치에 냉장·냉동 창고설치〉 〈외부확인 가능한 온도계 설치 관리〉

(6) 위생관리

① 작업장 위생관리

[작업장 내부 공기 관리 및 개방구의 유입 위해요인 차단 관리]

- 작업장 내에서 발생하는 악취나 이취, 유해가스, 매연, 증기 등을 배출할 수 있는 환기시설을 설치해야 한다.
- 외부로 개방된 흡·배기구 등에는 여과망이나 방충망 등을 부착해야 한다.

작업장 내부는 공정, 작업자의 활동 등으로 인해 유해가스, 증기, 열기 등이 발생할 수 있다. 이러한 요인들이 작업장 내부에 정체되어 있을 경우 제품뿐만 아니라 작업자의 위생, 건강 등에 영향을 줄 수 있으므로 효과적으로 외부로 배출할 수 있는 설비를 구비해야 한다.

작업장에 설치된 환기(흡·배기구) 설비의 종류, 환기의 정도, 공기의 흐름, 설비의 정상작동 여부를 확인할 수 있는 기준을 수립하여 관리해야 한다.

또한, 외부와 연결되어 있는 흡·배기구에는 필터, 방충망 등을 설치하여 가동 중 및 미가동 시에 들어올 수 있는 해충에 대해 차단 관리할 수 있도록 기준을 수립하여 관리한다.

<작업장 환기설비 관리>

<배기구 방충망 설치 관리>

[작업장 온도 관리]

제조·가공·포장·보관 등 공정별로 온도 관리계획을 수립하고 이를 측정할 수 있는 온도계를 설치하여 관리하여야 한다. 필요한 경우, 제품의 안전성 및 적합성을 확보하기 위한 습도관리계획을 수립·운영하여야 한다.

작업장의 온도는 제품의 특성(냉장, 냉동, 실온 등), 제품의 공정 시간, 공정 대기 시간, 작업자의 작업 환경 등과 연관되어 생물학적 위해요소에 영향을 줄 수 있는 요소이다. 따라서, 필요한 경우 각 실의 적정 온도기준을 수립하고 관리할 수 있는 설비(에어컨, 공조설비 등)를 통해 조절이 필요하다.

<작업장 온도 관리>

[작업장 세척·소독 위생관리]

작업장의 청결한 위생상태 유지 관리를 위해 각 실의 출입문 및 창문, 바닥, 벽, 천장 등에 대한 세척·소독 기준을 수립하여 관리한다.

■ 전처리실 세척·소독 기준(실정에 맞게 수정·보완 필요)

부위	세척·소독 방법	도구	주기	담당자
바닥 주요부위	• 빗자루로 찌꺼기, 오물 등을 제거한다. • 물을 분사하여 잔여 찌꺼기를 제거한다. • 세제를 묻힌 솔을 사용하여 이물질, 찌든 때 등을 제거한다. • 차아염소산나트륨 희석수를 분무하고 5분간 방치한다. • 물을 분사하여 헹궈내고 스크래퍼로 물기를 제거한다. • 씽크대 하부, 작업대 후면 구석 등	빗자루, 솔, 스크래퍼, 세제, 소독수 분무기	1회/일	작업자
벽 주요부위	• 세제를 묻힌 면걸레로 이물질을 제거한다. • 젖은 면걸레로 세제를 닦아낸다. • 소독된 면걸레로 다시 한 번 닦아낸다. • 분쇄기 뒷벽 등	면걸레, 소독수 분무기	1회/일, 오염물질 묻었을 경우	작업자
천장 주요부위	• 세제를 묻힌 면걸레로 먼지 등을 제거한다. • 소독된 면걸레로 다시 한 번 닦아낸다. • 배합기 상부 천장 등	면걸레, 소독수	1회/주	작업자
문	• 세제를 사용하여 면걸레로 이물질 및 때를 제거한다. • 젖은 면걸레로 세제 및 이물질을 제거한다. • 소독된 면걸레로 다시 한 번 닦아낸다.	세제, 면걸레, 소독수	1회/주	작업자
배수로	• 배수로 덮개를 개방하고 솔을 이용하여 찌꺼기를 제거한다. • 차아염소산나트륨 희석수를 분무하고 5분간 방치한다. • 물을 분사하여 헹궈내고 스크래퍼로 물기를 제거한다.	솔, 소독수 분무기, 스크래퍼	1회/일	작업자

② 시설ㆍ설비 위생관리

[시설ㆍ설비 세척ㆍ소독 위생관리]

시설ㆍ설비의 청결한 위생상태 유지 관리를 위해 각 실의 위생설비 별로 세척ㆍ소독 방법과 부위, 주의사항 등을 설정하여 관리한다.

■ 충진실 시설ㆍ설비ㆍ도구 세척ㆍ소독 기준(실정에 맞게 수정ㆍ보완 필요)

대상	부위	세척ㆍ소독 방법	도구	주기	담당자
충진기	충진 서비스 탱크 주요부위	• 세제를 묻힌 수세미로 이물질을 제거하고 충분히 물 세척을 실시한다. • 스크래퍼로 물기를 제거하고 건조한다. • 소독수를 분무한다. • 유입 배관, 배합 블레이드 등	수세미, 스크래퍼, 세제, 소독수분무기	1회/일	작업자
	충진 노즐 주요부위	• 노즐을 충진기에서 분리한다. • 씽크대에서 깨끗한 물에 담가서 충분히 불린다. • 세제를 묻혀 솔로 세척한다. • 건조기에서 건조시킨 후 소독수를 분무한다. • 충진 노즐 패킹 등	면걸레, 소독수분무기	1회/일, 오염물질 묻었을 경우	작업자
충진실 대차	전체 주요부위	• 세제를 묻힌 면걸레로 먼지 등을 제거한다. • 소독된 면걸레로 다시 한 번 닦아낸다. • 대차 바퀴 등	면걸레, 소독수	1회/일	작업자
스쿠프	전체	• 물에 불려 세재를 묻힌 수세미로 세척한다. • 충분히 물로 행군 다음 건조기에서 건조한다. • 소독수를 분무한다.	세제, 수세미 소독수분무기	1회/일	작업자

Part 1. 해썹인증실무 47

③ 작업자 위생관리

> 원·부자재의 입고에서부터 출고까지 물류 및 종업원의 이동 동선을 설정하고 이를 준수하여야 한다.

[작업자 이동 동선관리]

작업자의 불필요한 이동, 무분별한 작업 공간 활용은 제품에 교차오염을 유발할 수 있다. 따라서 작업자는 오염 확산의 주된 요인이므로 엄격한 교육 및 통제가 필요하다.

작업자의 동선에 대한 계획을 수립하고 작업장에서 작업자가 반드시 이동하지 않아야 할 곳은 출입문 관리, 동선 표시 등으로 제한할 필요가 있다.

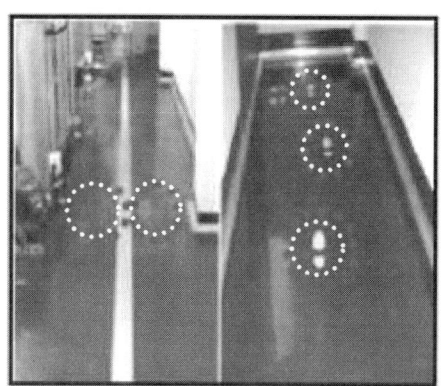

〈작업자 동선계획에 따른 이동경로 표시〉

[구역별 작업자의 출입절차 및 복장 착용 관리]

> 청결구역과 일반구역별로 각각 출입, 복장, 세척·소독 기준 등을 포함하는 위생 수칙을 설정하여 관리하여야 한다.

작업자는 해당 작업공정에서 필요로 하는 위생수준에 따라 적당한 출입절차 및 작업시 복장 기준을 수립하고 준수하여야 한다.

출입 절차는 각 실에 해당하는 복장을 착용한 후 이물제거, 손세척, 손건조 등을 실시하여야 하는 위생수칙의 순서와 이동방향 설정 및 이에 관한 안내에 해당한다.

위생복장은 요구되는 위생수준을 감안하여 마스크, 앞치마, 위생장화 또는 위생화 등 작업자가 구역별로 구분될 수 있도록 설정하는 것이 바람직하다. 하지만, 해당 구역의 위생수준을 과도하게 초과하는 위생복장은 작업자의 불편을 초래하여 위생의 저하를 유발할 수도 있기 때문에 전체적인 통일성 및 작업자의 실행성을 고려한 바람직한 기준 수립이 필요하다.

〈구역별 출입절차〉　　　〈구역별 복장 착용기준〉

[세척·소독 기준 수립]

■ 영업자는 다음 각 호의 사항에 대한 세척 또는 소독 기준을 정하여야 한다.

- 종업원
- 위생복, 위생모, 위생(장)화 등
- 작업장 주변
- 작업실별 내부
- 식품제조시설(이송배관포함)
- 냉장·냉동설비
- 용수저장시설
- 보관·운반시설
- 운송차량, 운반도구 및 용기
- 모니터링 및 검사 장비
- 환기시설 (필터, 방충망 등 포함)
- 폐기물 처리용기
- 세척, 소독도구
- 기타 필요사항

■ 세척 또는 소독 기준은 다음의 사항을 포함하여야 한다.

- 세척·소독 대상별 세척·소독 부위
- 세척·소독 방법 및 주기
- 세척·소독 책임자
- 세척·소독 기구의 올바른 사용 방법
- 세제 및 소독제(일반명칭 및 통용명칭)의 구체적인 사용 방법

작업장과 시설·설비의 세척 소독 기준 이외의 위생설비, 청소도구, 기타 시설·설비 및 작업장에 필요한 모든 것들의 세척·소독 기준을 수립하여 관리한다. 또한, 세척·소독은 중요한 위생관리 요소 중 하나로 올바르고 이해하기 쉬우며 현실적인 기준(주기, 방법 등)을 수립하여야 한다.

기준 수립에는 대상의 누락이 없이 작성하는 것도 중요하지만 하나의 대상 중 세척·소독을 빠뜨리기 쉬운 부위, 어려운 부분 등을 작성해 두는 것도 중요하다.

[세척·소독 게시물 관리]

> 세척·소독 시설에는 종업원에게 잘 보이는 곳에 올바른 손 세척 방법 등에 대한 지침이나 기준을 게시하여야 한다.

작업장의 세척·소독을 할 수 있는 위치나 세척·소독이 필요한 곳에는 올바른 세척·소독 방법 및 절차를 표시한 게시물을 부착한다. 세척·소독 게시물은 교육을 통해 들은 내용을 항상 눈으로 확인하면서 습관화하기 위한 목적이다. 따라서 작업자의 특성(연령, 국정 등)을 고려하여 이해하기 쉽도록 게시물을 부착하여 실행성을 향상시킬 수 있도록 관리한다.

하지만, 너무 많은 게시물의 부착은 작업자의 혼란을 초래할 수 있고 게시물의 틈새, 게시물 자체로 인한 오염을 초래할 수 있으므로 적재적소에 적당한 수준의 게시물을 부착한다.

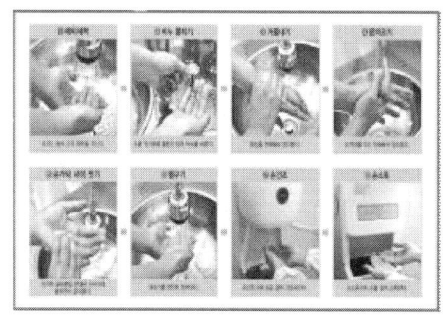

〈손세척 방법 게시물 부착〉

〈설비·도구 세척소독 방법 게시물 부착〉

④ 공정 위생관리

[공정 중 이물관리]

> 원료의 입고에서부터 제조·가공, 보관, 운송에 이르기까지 모든 단계에서 혼입될 수 있는 이물에 대한 관리계획을 수립하고 이를 준수하여야 하며, 필요한 경우 이를 관리할 수 있는 시설·장비를 설치하여야 한다.

식품의 원료 및 제조가공 과정 중에는 다양한 이물이 혼입될 수 있다. 식품에 혼입될 수 있는 이물에는 사람이 섭취하였을 경우 그 영향이 적은 것도 있을 수 있고 섭취대상의 건강상의 위해를 줄 수 있는 이물도 있다. 식품제조과정의 특성 상 모든 이물을 100% 제어할 수 없으나 식품을 섭취하는 대상에 따라 다양한 영향을 줄 수 있으며 식품제조업체의 이미지 등 관리를 위해 혼입될 수 있는 이물을 최소화하는 관리가 필요하다.

[이물 발생원인 및 관리방법]

1. 원료 유래 이물
   경작 또는 사육 과정, 운송, 1차 가공 등 광범위한 영역에서 혼입되므로 사전관리가 매우 어려우며, 돌, 비닐, 털, 종이, 금속, 동물 배설물 등이 주종

   - 원료 차원의 관리
     - 협력업체관리 및 입고검사강화 : 협력업체 관리상태 확인 및 적정조도 (540LUX 이상) 확보 후 입고기준 준수
     - 원료 선별 강화 : 인력 확보 및 교육·훈련 필요
     ※ 육안선별 등에 의존하므로 완전선별이 어려움

2. 공정 중 제거관리
   세척, 여과, 자석 등 제거 공정 도입 : 이물 종류 분석 후 제거효과 확인

   - 작업자 부주의 및 관리 부족으로 공정 중 혼입
     - 규정복장 착용 및 개인위생 강화 : 머리카락 등
     - 휴대품 반입 금지조항 준수 : 개인 사물(반지 등), 필기구 등
     - 사무 용품 관리 강화 : 클립, 스테플러 등
     - 작업 도구 등 구조 및 재질 관리 강화 : 플라스틱 조각, 커터 칼 등
     ※ 작업도구의 파손이나 부적합한 도구 사용

※ 원부자재 절단·개봉 등의 방식 잘못
- 원·부자재, 공정품의 밀폐 관리 및 정기 점검
- 출입자 관리 : 외부인, 견학자 등

● 해충 발생 등으로 공정 중 혼입
- 공장의 주변 환경 정리(쓰레기, 덤불, 물 웅덩이, 불용품 등)
- 작업장 밀폐성 강화 및 차단 장치 설치(전실, 에어커튼 등)
- 작업장 및 배수로 등 청소관리 강화
- 포충등 등 포획 장비 설치 및 관리
- 서식 흔적의 확인 및 정기적 방제

● 제조 설비 등으로 인한 공정 중 혼입
- 제조 설비 및 기구 등 청소관리 강화 : 탄화물, 기름때, 녹 등
- 제조 설비 및 기계류의 점검 강화 : 볼트, 너트, 철사 등
- 제조 설비 등의 정비, 수리 후 확인 강화 : 공구, 부품 등의 탈락
- 제조설비의 보호 커버 및 언더팬 설치 : 윤활유 등
- 내구성 재질 사용 : 쇳가루, 설비 파손품 등
- 운반용 상자 관리 강화 : 플라스틱 이물 등

● 유통 중 관리
 유통중 부주의 및 관리 부실로 혼입
- 제품의 포장 및 밀폐 강화
- 운반차량 등의 청소 등 관리 강화

● 보관 중 관리
- 원부자재의 정기적 벌레 흔적 점검
- 창고, 벽 모서리 등의 쥐 분비물 점검

● 검사 관리 : 사각지대 검증관리 철저 등
- 금속검출기 : 이물종류(Fe/STS/Al/Cu 등), 이물혼입위치(중간/가장자리), 이물혼입 방향(수평/수직), 제품품온, 작업실 온도, 작업실/기계진동, 컨베이어 속도 등
- X-ray투시기 : 이물종류(금속, 유리조각, 플라스틱 등), 이물혼입위치(중간/가장자리), 모니터링 요원교대주기 등

⑤ 방충·방서 위생관리

작업장은 방충·방서관리를 위하여 해충이나 설치류 등의 유입이나 번식을 방지할 수 있도록 관리하여야 하고, 유입 여부를 정기적으로 확인해야 한다.

식품 제조 작업장은 기본적으로 해충, 쥐 등의 먹이가 될 수 있는 식품을 취급하는 공간이기 때문에 항상 해충, 쥐 등이 침입할 수 있다는 점을 인지하고 방충·방서 관리를 실시하여야 한다.

방충은 작업장 내부에서 시작하는 것이 아니라 ① 외부에서부터 발생을 예방하고, 외부환경에서 자연적으로 발생할 수밖에 없다면 ② 내부로의 유입을 차단하며, 원료와 함께 또는 작업자와 함께, 틈새, 배수구 등으로 유입되는 해충이 ③ 작업장 내에 서식하지 않도록 계속적으로 관리하여야 한다.

방충에는 날아다니는 해충(파리, 날파리 등)과 걸어 다니는 해충(개미, 귀뚜라미, 그리마 등)으로 구분할 수 있으며 두 종류의 해충을 모두 차단할 수 있도록 방비하여야 한다. 또한, 날아다니는 해충 중 원료 특이적으로 잘 발생하는 해충(화랑곡나방 등)이 있을 수 있으므로 그에 합당한 관리 방안을 수립하여야 한다. 그리고 쥐는 작업장에 침입하여 원료의 손상, 질병을 퍼뜨리는 매개체가 되는 동물로 작업장 건물이 식품위생법에 적합한 건물이고 관리가 양호할 경우 내부에서 서식할 우려가 낮으므로 외부에서의 침입을 사전에 차단하는 관리가 필요하다.

  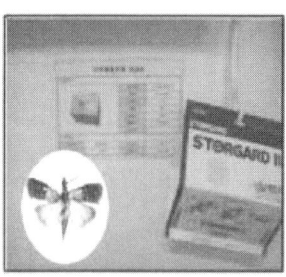

〈포충등 설치 비래해충 관리〉 〈보행해충 트랩 설치 관리〉 〈특이 해충 포획도구 설치 관리〉

※ 작업장 내에서 해충이나 설치류 등의 구제를 실시할 경우에는 정해진 위생 수칙에 따라 공정이나 식품의 안전성에 영향을 주지 아니 하는 범위 내에서 적절한 보호 조치를 취한 후 실시하며, 작업 종료 후 식품취급시설 또는 식품에 직·간접적으로 접촉한 부분은 세척 등을 통해 오염물질을 제거해야 한다.

방충·방서 관리는 유입을 완전하게 차단할 수 없기 때문에 작업장에서 실시할 수 있는 다양한 방법을 동원하여 관리가 필요하다.

외부 발생 정도 확인	<주변 상황 파악> • 농경지 • 산림 • 음식물(또는 음식물찌꺼기) 방치 • 축사 • 저수지
내부로의 유입경로 파악	<포획 해충의 종류에 따른 경로 예상> • 원료와 함께 입고 문으로 유입 • 작업자와 함께 출입문으로 유입 • 배수로에서 유입 • 창문을 통해 유입 • 문, 벽 등의 틈새를 통해 유입
제거 및 차단 방법 수립	<차단 방법 및 작업장 내 제거 방법> • 작업장 문 밀폐하고 작업: 문 개폐 시작의 최소화 • 문 개방 시 차단 방법: 에어커튼, 입·출고 전실 구비 등 • 문, 벽 등의 틈새 확인 및 밀폐 • 포충 등을 설치하여 포획(트랩 포함) • 작업장 내·외부 구제 실시

작업장의 해충 유입이 너무 많은 경우 내·외부에 구제(살충제 등 살포)가 필요할 경우가 있으며 이 같은 화학제가 제조과정에 영향을 주었을 경우 사람에 심각한 위해를 줄 수 있으므로 엄격한 관리 방안 수립이 필요하다. 사용되는 약제, 사용되는 부위, 방법, 담당자, 효과적인 제거수단 등 기준을 수립하여 관리가 필요하다.

⑥ 폐기물 관리

폐기물·폐수처리시설은 작업장과 격리된 일정장소에 설치·운영하며, 폐기물의 처리용기는 밀폐 가능한 구조로 침출수 및 냄새가 누출되지 아니하여야 하고, 관리계획에 따라 폐기물 등을 처리·반출하고, 그 관리기록을 유지하여야 한다. 그리고 폐기물은 작업 공정 중 발생하는 비가식부위, 탈락부분, 제품화 할 수 없는 부분 등을 얘기하며 잘 못 관리될 경우 생물학적 위해 요소의 서식처, 해충 발생 및 유인의 장소가 될 수 있으므로 작업장 내에서는 덮개가 있는 용기에 보관하여 주기적으로 반출하며 작업장 주변에 방치되지 않도록 관리가 필요하다.

<별도의 폐기물 용기로 관리>

<덮개가 있는 용기로 위생적인 관리>

(7) 용수관리

> 식품 제조·가공에 사용되거나, 식품에 접촉할 수 있는 시설·설비, 기구·용기, 종업원 등, 세척에 사용되는 용수는 수돗물이나 「먹는물관리법」 제5조의 규정에 의한 먹는 물 수질기준에 적합한 지하수이어야 하며, 지하수를 사용하는 경우, 취수원은 화장실, 폐기물·폐수처리시설, 동물사육장 등 기타 지하수가 오염될 우려가 없도록 관리해야 하며, 필요한 경우 살균 또는 소독장치를 갖추어야 한다.

> 식품 제조·가공에 사용되거나, 식품에 접촉할 수 있는 시설·설비, 기구·용기, 종업원 등의 세척에 사용되는 용수는 다음의 각호에 따른 검사를 실시한다.
> 가. 지하수를 사용하는 경우에는 먹는물 수질기준 전 항목에 대하여 연1회 이상(음료류 등 직접 마시는 용도의 경우는 반기 1회 이상)검사를 실시하여야 한다.
> 나. 먹는 물 수질기준에 정해진 미생물학적 항목에 대한 검사를 월1회 이상 실시하여야 하며, 미생물학적 항목에 대한 검사는 간이검사키트를 이용하여 자체적으로 실시할 수 있다.

식품 작업장의 용수는 배합수, 세척수, 청소수 등 다양한 부분에 이용된다. 사용할 수 있는 용수는 국가에서 관리하는 상수도와 먹는물 수질기준에 적합한 지하수 이어야 하며 이는 주기적으로 확인 관리하여야 한다.

상수도는 상수도사업본부(또는 사업소)에서 정수 처리하여 배관을 통해 각 작업장으로 보내지며 배관의 이상이나 사용되는 용수의 적절성을 확인하기 위해 정해진 주기에 따라 먹는물 수질기준의 생물학적 항목을 작업장 내 배관에서 채취하여 확인관리가 필요합니다. 소규모 업체의 경우 실험인력과 장비가 부족한 관계로 상수도사업본부(또는 사업소)에서 월 1회 실시하는 검사

결과를 확인하고 주위 배관의 상태를 수시로 관리하는 것이 필요하다.

지하수는 연 1회 이상 먹는 물 수질기준에 따라 확인 관리가 필요하며 일기상황이나 환경상의 문제로 수질 변화가 있을 수 있기 때문에 정해진 주기에 따라 자체 확인 관리가 필요하다. 또한, 산업화가 진행될수록 지하수 수질의 문제가 발생할 우려가 높기 때문에 지하수를 사용할 경우, 정수 장치와 살균·소독 장치를 설치하여 관리하는 것이 바람직하다.

① 용수 저장시설 관리

저수조, 배관 등은 인체에 유해하지 않은 재질을 사용하여야 하며 외부로부터의 오염물질 유입을 방지하는 잠금장치를 설치하여야 하고, 누수 및 오염여부를 정기적으로 점검해야 한다.

저수조는 반기별 1회 이상 「수도시설의 청소 및 위생관리 등에 관한 규칙」에 따라 청소와 소독을 자체적으로 실시하거나, 「수도법」에 따른 저수조청소업자에게 대행하여 실시해야 하며, 그 결과를 기록·유지한다. 비음용수 배관은 음용수 배관과 구별되도록 표시하고 교차되거나 합류되지 않도록 한다.

식품 작업장은 안정적인 용수공급과 수치리 등을 위해 저수조를 두는 경우가 있다. 저수조를 설치하는 경우 외부에서 의도적 또는 비의도적으로 오염물질이 유입되지 않도록 하기 위해 잠금장치를 설치하고 주기적(6개월 1회 이상)으로 청소·소독을 통해 내부 위생관리가 필요하다.

한 작업장 내에 음용이 가능한 용수와 음용이 불가능한 용수가 같이 들어와 있는 경우는 혼용되지 않도록 관리가 필요하다.

〈적절한 재질의 저수조 구비〉

〈저수조 잠금장치 설치 관리〉

(8) 입고 · 보관 · 운송 관리

① 입고관리 및 협력업체 관리

- 검사성적서로 확인하거나 자체적으로 정한 입고기준 및 규격에 적합한 원 · 부자재만을 구입하여야 한다.
- 영업자는 원 · 부자재 공급업체 등 협력업소의 위생관리 상태 등을 점검하고 그 결과를 기록하여야 한다. 다만, 공급업소가 「식품위생법」이나 「축산물가공처리법」에 따른 HACCP 적용업소일 경우에는 이를 생략할 수 있다.

식품을 제조가공함에 있어 원료는 중요한 요소 중 하나이다. 우리 작업장에서 올바른 원료를 적절하게 사용하는 것은 계속적으로 관리되어야 할 요소이며 문제와 직결될 수 있는 사항이다.

적합한 원료를 사용하기 위해서는 원료를 공급하는 협력업체에서부터 적절하게 위생관리가 이루어지고 있는지 확인하고 입고되는 원료의 상태를 협력업체의 시험성적서 또는 육안으로 확인하여 사용한다.

협력업체는 가공, 유통 등 상황에 따라 해당업체에서 주의해야할 사항들을 적절하게 지키는지 확인하고 입고되는 원료는 원료의 종류, 특성 등에 따라 확인해야 할 항목들의 규격을 정해두고 꾸준히 관리하도록 한다.

■ 입고기준규격에 적합한 원료인지 확인 관리

② **운송관리**

> - 운반 중인 식품은 비식품 등과 구분하여 교차오염을 방지하여야 하며, 운송 차량(지게차 등 포함)으로 인하여 운송제품이 오염되어서는 아니 된다.
> - 운송차량은 냉장의 경우 10℃ 이하, 냉동의 경우 -18℃ 이하를 유지할 수 있어야 하며, 외부에서 온도변화를 확인할 수 있도록 온도 기록 장치를 부착하여야 한다.

식품의 운송과정은 원료의 운송, 작업장 내부에서 운송, 완제품의 운송으로 구분할 수 있으며 각각의 운송과정에는 교차오염 및 이물혼입이 되지 않도록 위생적으로 관리하여야 하며, 냉장, 냉동식품을 운송하는 경우 공정 중을 제외하고는 냉장 온도와 냉동 온도 기준을 준수하여 운송되는지 확인 관리하여야 하다.

③ **보관관리**

> - 원료 및 완제품은 선입선출 원칙에 따라 입고·출고상황을 관리·기록하여야 한다.
> - 원·부자재, 반제품 및 완제품은 구분관리 하고, 바닥이나 벽에 밀착되지 아니 하도록 적재·관리하여야 한다.
> - 부적합한 원·부자재, 반제품 및 완제품은 별도의 지정된 장소에 보관하고 명확하게 식별되는 표식을 하여 반송, 폐기 등의 조치를 취한 후 그 결과를 기록·유지하여야 한다.

원료 및 반제품, 완제품을 보관할 때는 먼저 들어온 것이 먼저 사용되어 나갈 수 있도록 관리하여야 한다. 또한, 냉장, 냉동 창고에 원료 및 완제품을 보관할 경우 너무 밀착되며 냉기의 순환이 적절하지 못하여 온도의 문제가 발생할 수 있고 상온창고나 반제품을 바닥에 보관할 경우 작업 중 부주의로 인해 교차오염이나 이물이 혼입될 우려가 높으므로 관리가 필요합니다. 또한, 부적합한 제품은 자체 부적합품 처리기준에 따라 재가공 또는 폐기할 수 있도록 별도의 장소에 보관관리 기준을 수립하여 관리한다.

④ 비식용 화학물질 보관관리

> 유독성 물질, 인화성 물질 및 비식용 화학물질은 식품취급 구역으로부터 격리되고, 환기가 잘되는 지정 장소에서 구분하여 보관·취급하여야 한다.

작업장에서 사용하는 유독성 물질, 인화성 물질 및 비식용 화학물질은 잘못 보관하여 관리하였을 경우 의도적 또는 비의도적으로 식품에 혼입되어 제품 및 그것을 섭취한 소비자에게 큰 위해가 될 수 있으므로 적절한 보관기준을 가지고 일정한 장소에 보관하여야 합니다. 보관 장소는 환기가 잘 되는 곳에 잠금장치를 설치하여 관리자가 취급할 수 있도록 구비가 필요하다.

〈화학물질 보관장소 구비〉

〈화학물질 보관장소의 잠금장치 설치〉

(9) 검사관리

① **시험검사 관리** : 입고검사, 공정품검사, 완제품검사, 환경검사

> 제품검사는 자체 실험실에서 검사계획에 따라 실시하거나 검사기관과의 협약에 의하여 실시하여야 한다.

검사결과에는 다음 내용이 구체적으로 기록되어야 한다.
- 검체명
- 제조 연월일 또는 유통기한(품질유지기한)
- 검사 연월일
- 검사항목, 검사기준 및 검사결과
- 판정결과 및 판정 연월일
- 검사자 및 판정자의 서명날인
- 기타 필요한 사항

> 작업장의 청정도 유지를 위하여 공중낙하세균 등을 관리계획에 따라 측정·관리하여야 한다. 다만, 제조공정의 자동화, 시설·제품의 특수성, 식품이 노출되지 아니하거나, 식품을 포장된 상태로 취급하는 등 작업장의 청정도가 제품에 영향을 줄 가능성이 없는 작업장은 그러하지 아니할 수 있다.

식품업체에서 실시하는 제품검사에는 원료 단계에서 자체적으로 설정한 생물학적, 화학적 규격에 따른 입고검사와 공정 단계에서 위해의 유무 및 증감을 확인하는 공정품 검사, 최종제품에서 설정된 자사규격에 따른 완제품검사로 구분할 수 있다.

입고검사는 원료의 종류, 특성에 따라 발생할 수 있는 위해의 종류가 다르고 사용량에 따라 구입되는 양이 다르므로 원료의 규격에 확인해야할 항목, 적정주기 등을 설정하여 관리한다.

공정품은 해당 공정 및 공정 중 대기시간에 따라 생물학적 위해요소가 증가, 유지 또는 감소가 이루어질 수 있다. 또한, 환경으로부터 생물학적 위해요소가 혼입될 수 있으므로 이 같은 상황에서 공정품이 어떤 상태에 있는지 확인하는 과정이다. 해썹(HACCP)을 도입하기 위한 과정에서도 확인이 필요하지만 계속적으로 생산 환경에서 환경, 사람, 원료적인 특징 등으로 변화할 수 있기 때문에 일정 주기를 설정하여 확인 관리가 필요하다.

완제품 검사는 우리업체의 최종제품이 올바르게 생산되었는지 확인하는 마지막 단계로 자사에서 설정한 생물학적, 화학적, 물리적 규격에 대해 설정된 주기에 따라 확인하는 과정이다.

제품검사 이외에 환경적인 사항에 대한 확인 검사가 필요하다. 우리가 사용하는 설비, 작업자, 작업장에서 제품으로 나쁜 영향이 가지 않는지 확인 관리가 필요하다.

환경검사는 작업장 및 설비의 세척·소독 주기의 적정성을 확인하기 위한 공중낙하균 검사와 표면오염도 검사, 작업자 위생관리 주기의 적정성 확인을 위한 표면오염도 검사, 작업자가 사용하는 위생복장(앞치마, 위생(장)화 등)의 교체시기 적정성 확인을 위한 표면오염도 검사 등이 있다. 설비의 사용 빈도, 작업실에 요구되는 청정도의 수준, 작업자가 실시하는 작업의 청정도 수준을 고려하여 적정 주기를 설정하고 기준을 수립하여 확인관리를 실시한다.

<설비 표면오염도 검사>

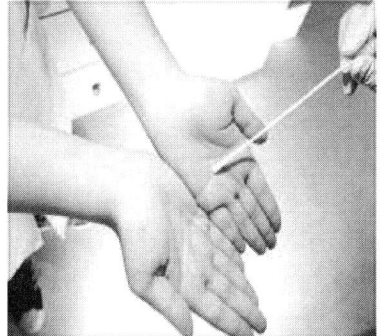
<작업자 손 표면오염도 검사>

② 검·교정 관리

> 냉장·냉동 및 가열처리 시설 등의 온도측정 장치는 연 1회 이상, 검사용 장비 및 기구는 정기적으로 교정하여야 한다. 이 경우 자체적으로 교정검사를 하는 때에는 그 결과를 기록·유지하여야 하고, 외부 공인 국가교정기관에 의뢰하여 교정하는 경우에는 그 결과를 보관하여야 한다.

작업장에서 사용하는 계측기는 우리 업체에서 원하는 기준에 따라 공정 및 환경이 관리되고 있는지 확인할 수 있도록 도와주는 도구이다. 식품 제조 작업장에 사용되는 계측기는 저울, 온도계, 타이머, 수량계 등 다양한 것들이 있을 수 있다. 도구는 그 사용 목적에 따라 올바른 것을 사용해야 하며 계측기들이 정확한 상태에 있는 것인가를 확인하는 과정이 검교정이다.

우리 작업장에서 사용되고 있는 계측기의 종류 및 수량을 파악하고 각각의 도구가 정상적인 상태에 있는지 확인하는 방법과 비정상적인 상태라면 올바른 상태로 돌리는 방법에 대한 기준을 수립해두고 적정 주기에 따라 실시하여야 한다.

정상적인 상태에 있는지를 확인하는 방법은 외부의 전문적인 기관 또는 업체에 의뢰하여 실시할 수도 있으며 확인된 표준기를 이용하여 자체적으로 비교 확인하는 방법이 있을 수 있다. 작업장 상황에 맞게 적절한 기준을 수립하여 관리하여야 한다.

(10) 회수관리

> • 부적합품이나 반품된 제품의 회수를 위한 구체적인 회수절차나 방법을 기술한 회수 프로그램을 수립·운영하여야 한다.
> • 부적합품의 원인규명이나 확인을 위한 제품별 생산장소, 일시, 제조라인 등 해당 시설 내의 필요한 정보를 기록·보관하고 제품추적을 위한 코드표시 또는 로트관리 등의 적절한 확인 방법을 강구하여야 한다.

식품업체에서 가장 긴급하고 중요하게 처리되어야 할 상황은 생산되어 출고된 제품에서 이상이 발견되어 회수가 필요한 때이다. 제품의 이상이 소비자의 건강상의 문제를 초래할 수 있는 문제라면 섭취되기 이전까지 가장 신속하고 정확한 방법으로 제품을 거두어 들여야 한다. 이러한 상황의 발생을 대비하기 위하여 각 업체에서는 회수 대상에 대한 결정, 회수 절차, 회수 발생 시 연락방법 등에 대한 기준을 수립하여 두고 주기적으로 연습을 통해 상황에 대해 대처할 수 있어야 한다.

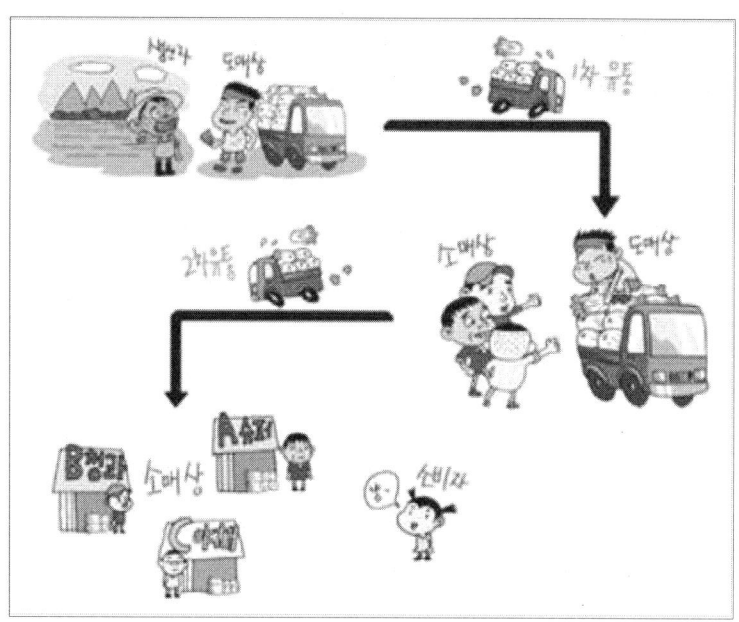

〈생산자에서 소비자까지 유통과정〉

2. 해썹(HACCP) 관리

HACCP이란 식품의 원재료 생산에서부터 제조, 가공, 보존, 유통 단계를 거쳐 소비자가 섭취하기 전까지의 각 단계에서 발생할 우려가 있는 위해요소를 규명하고 이를 중점적으로 관리하기 위한 중요관리점을 결정한 다음 체계적이며 효율적인 관리하여 식품의 안전성을 확보하기 위한 과학적인 위생관리체계라고 할 수 있다.

HACCP의 기준을 보다 효과적으로 수립하기 위해서는 적절한 기준 수립 과정에 참여하고 수립된 기준을 실행할 팀구성이 필요하며 생산하는 제품, 공정, 생산과정을 둘러싸고 있는 환경에 대한 객관적인 관찰 및 확인 과정이 있어야 한다.

그것을 바탕으로 원료 및 제조과정, 환경에서 발생할 수 있는 문제점을 파악하고 효율적으로 제어할 수 있는 수단을 수립할 수 있게 된다.

이 책에서는 HACCP 관리기준의 수립 및 실행을 위한 예시적인 내용과 관리점을 제시하여 HACCP 관리기준을 쉽게 마련할 수 있도록 지원하고자 하였다.

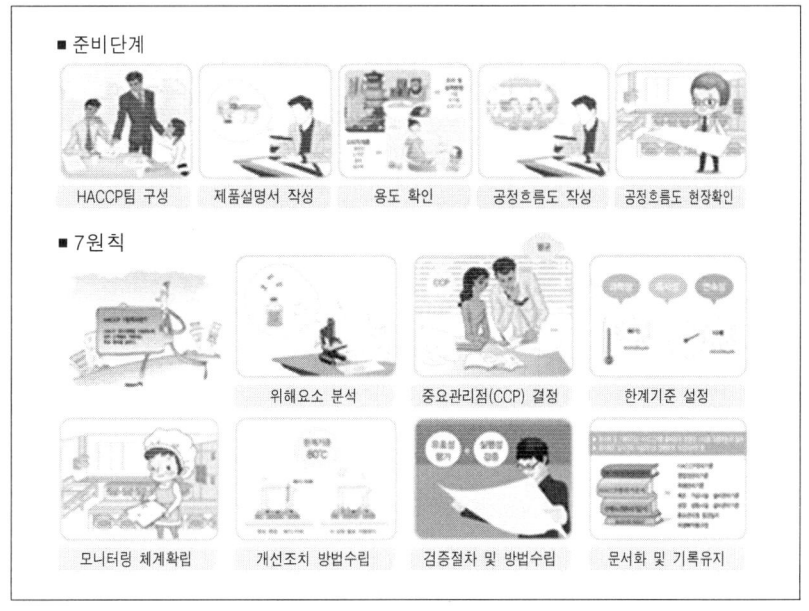

〈HACCP 관리의 7원칙〉

■ HACCP 관리기준

구 분	HACCP 관리기준
팀 구성	• 식품 취급과 관련된 담당자(모니터링 담당자 및 위생관리 담당자)의 지정 및 업무분장 : 팀 조직도, 팀원 별 업무분장, 인수인계 내용 등
제품설명서	• 영업장에서 취급되는 제품의 상세 내용 -제품설명서(원·부재료, 제품규격, 포장단위, 제품 용도, 섭취 방법 등 포함)
제조공정도	• 식품의 취급하는 전체 과정(주요 취급 기준 및 방법 포함) -제조공정도, 공정별 가공방법
작업장 평면도	• 작업장 내·외부의 전체적인 평면도 -작업장 평면도, 작업장 동선도, 시설·설비 배치도, 위생설비 배치도, 검사 측정부위 등
위해요소분석	• 원·부재료, 작업자, 작업환경 등으로부터 기인할 수 있는 식품위해(생물학적, 화학적, 물리적)를 규명하는 과정 -심각성 평가기준, 발생가능성 평가기준, 위해분석 목록표 등
중요관리점 결정	• 중요 관리점 결정도 및 전문가 의견에 따른 식품위해요소를 제어, 예방하는데 주요하게 관리되어야 할 공정 또는 방법(요소) 등 -중요관리점 결정도, 중요관리점 결정표
한계기준 설정	• 식품 위해를 규격 내로 관리하기 위한 공정기준(또는 관리기준) -한계기준 설정 근거
모니터링 방법 설정	• 한계기준의 준수사항을 확인할 수 있는 방법 기준
개선조치 방법 설정	• 중요관리점의 한계기준 이탈 시 올바른 상태로 돌릴 수 있는 방법 기준
검 증	• 수립된 선행요건, HACCP 관리기준의 유효성, 적합성을 확인하는 기준 -검증 계획서, 검증 실시 보고서 등
문서화 및 기록 유지	• 선행요건 관리기준, HACCP 관리기준 양식, 점검표 양식 등의 내용 및 보관에 관한 기준
교육·훈련	• 전체 작업자, HACCP 팀원, 모니터링 담당자 등의 교육·훈련 계획 및 실시 내용에 관한 기준

(1) HACCP 팀구성

HACCP Plan 개발의 첫 번째 준비단계는 업체에서 HACCP Plan 개발을 주도적으로 담당할 HACCP팀을 구성하는 것이다. 업체의 HACCP 도입과 성공적인 운영은 최고경영자의 실행 의지가 결정적인 영향을 미치므로 HACCP 팀을 구성할 때는 어떤 형태로든 최고경영자의 직접적인 참여를 포함시키는 것이 바람직하며, 또한 업체 내 핵심요원들을 팀원에 포함시켜야 한다.

HACCP Plan의 개발 및 운영에 필요한 HACCP팀의 규모는 업체 인력구성 및 업무 배분, 여건에 따라 다르기 때문에 일정하지 않다. 일반적으로 HACCP 팀장은 업체의 최고책임자(영업자 또는 공장장)가 되는 것을 권장하며, 팀원은 제조·작업 책임자, 시설·설비의 공무관계 책임자, 보관 등 물류관리업무 책임자, 식품위생관련 품질관리업무 책임자 및 종사자 보건관리 책임자, 교육·훈련업무의 인사담당 책임자 등으로 구성한다. 또한, 모니터링 담당자는 해당공정의 현장종사자로 지정하여 관리가 용이하도록 하여야 한다. 이들은 관련규정에 준하여 HACCP 교육을 받고 일정 수준의 전문성을 갖추는 것이 좋다.

HACCP Plan을 개발하는 팀원은 작업공정에서 사용되는 시설·설비 및 기술, 실제 작업상황, 위생, 품질보증 그리고 공정특성에 대해 상세한 지식과 경험이 있어야 한다. 그렇지 않을 경우 현장상황과 동떨어진 기준이 수립될 가능성이 높다. 또한, 팀원들은 식품위생학, 식품미생물학, 공중보건학, 식품공학 분야의 기술 및 지식을 갖고 있다면 더욱 좋으며, 이런 지식이 부족한 경우 외부전문가, 정부(식품의 약품안전처)의 지침서 또는 문헌 등으로 보완할 수 있다.

이 경우 HACCP팀의 조직 및 인력현황, HACCP 팀원의 책임과 권한, 교대근무 시 팀원, 팀별 구체적인 인수·인계방법 등이 문서화되어야 한다.

[HACCP 팀 구성요건]
- 전체 인력(또는 핵심관리인력)으로 팀 구성
- 모니터링 담당자는 해당공정 현장종사자로 구성
- HACCP 팀장은 대표자 또는 공장장으로 구성

- 팀구성원별 책임과 권한 부여 필요
- 팀별 및 팀원별 교대근무 시 인수·인계 방법 수립 필요

▶ HACCP 팀구성(예시)

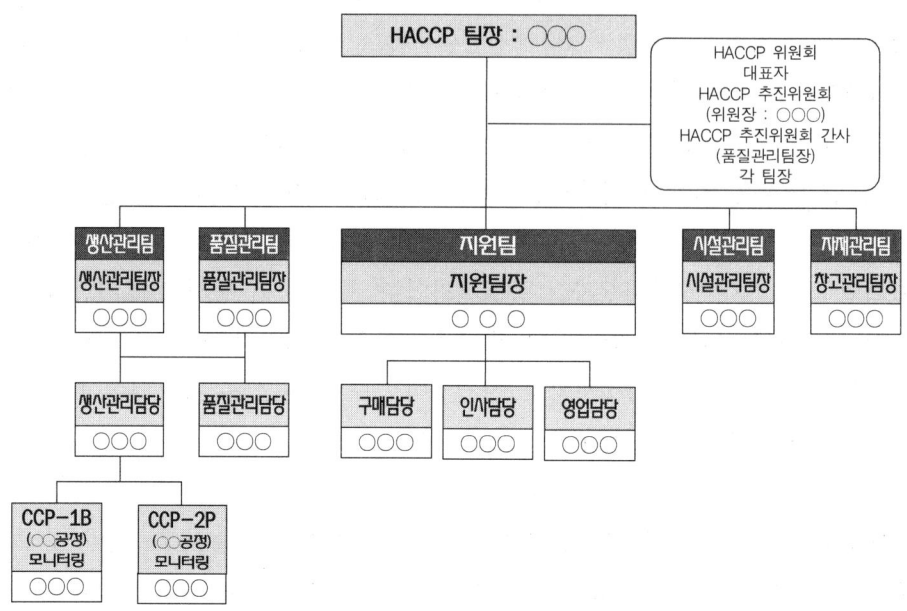

(2) 제품설명서 및 (3) 제품용도 확인

두 번째 및 세 번째 준비단계는 제품설명서를 작성하고 해당제품의 용도를 확인하는 것이다.

제품설명서에는 제품명, 제품유형 및 성상, 품목제조보고연월일, 작성자 및 작성연월일, 성분(또는 식자재)배합비율 및 제조(또는 조리)방법, 제조(포장)단위, 완제품의 규격, 보관·유통(또는 배식)상의 주의사항, 제품용도 및 유통(또는 배식)기간, 포장방법 및 재질, 표시사항, 기타 필요한 사항이 포함되도록 작성한다.

제품설명서의 각 사항의 작성 시 다음 사항을 참고하면 제품설명서 작성에 도움이 된다.

① 제품명

제품명은 식품제조·가공업체의 경우 해당관청에 보고한 해당품목의 "품목제조(변경)보고서"에 명시된 제품명과 일치하여야 한다.

② 제품유형

제품유형은 "식품공전"의 분류체계에 따른 식품의 유형을 기재한다.

③ 성상

성상은 해당 식품의 기본 특성(예: 액상, 분말 등) 뿐만 아니라 전체적인 특성(예 : 가열 후 섭취식품, 비가열 섭취식품, 냉장식품, 냉동식품, 살균제품, 멸균제품 등)을 기재한다.

④ 품목제조 보고연월일

품목제조 보고연월일은 식품제조·가공업체의 경우에 해당하며, 해당식품의 "품목제조(변경)보고서"에 명시된 보고 날짜를 기재한다.

⑤ 작성자 및 작성연월일

제품설명서를 작성한 사람의 성명과 작성날짜를 기재한다.
(향후 품목제조보고 내용 변경 시 검토를 위함.)

⑥ 성분(또는 식자재)배합비율 및 제조(또는 조리)방법

성분(또는 식자재)배합비율은 식품제조·가공업체의 경우 해당 식품의 "품목제조(변경)보고서"에 기재된 원료인 식품 및 식품첨가물의 명칭과 각각의 함량을 기재한다. 원부재료의 종류가 많은 업체의 경우 원료목록표를 작성하면 원료에 대한 위해요소를 총괄적으로 분석하는데 도움이 된다.

※ 제조(또는 조리)방법은 일반적인 방법을 기재하거나 "공정흐름도"로 갈음한다.

⑦ 제조(포장)단위

제조(포장) 단위는 판매되는 완제품의 최소단위를 중량, 용량, 개수 등으로 기재한다.

⑧ 완제품의 규격

완제품의 규격은 "식품공전"에서 규정하고 있는 제품의 성상, 생물학적, 화학적, 물리적 항목과 각각의 법적규격을 기재합니다. 또한, 사내에서 생각하는 완제품의 규격 및 위해분석 과정에서 중요한 위해로 도출된 항목을 포함한 사내규격을 같이 기재한다.

⑨ 제품용도 및 유통(또는 배식)기간

제품용도는 소비계층을 고려하여 일반건강인, 영유아, 어린이, 환자, 노약자, 허약자 등으로 구분하여 기재한다. 유통(또는 배식)기간은 식품제조·가공업체의 경우 "품목제조(변경)보고서"에 명시된 유통기한을 보관조건과 함께 기재하며, 식품접객업체의 경우 조리완료 후 배식까지의 시간을 기재한다. 아울러, 소비자 구매 시 섭취방법(그대로 섭취, 가열조리 후 섭취)을 함께 기재한다.

⑩ 포장방법 및 재질

특이한 포장방법이 있는 경우 그 방법을 구체적으로 기재하며, 포장재질은 내포장재와 외포장재 등으로 구분하여 기재한다.

⑪ 표시사항

표시사항에는 "식품 등의 표시기준"의 법적 사항에 기초하여 소비자에게 제공해야 할 해당 식품에 관한 정보를 기재한다.

⑫ 보관 및 유통(또는 배식)상의 주의사항

해당 식품의 유통·판매 또는 배식 중 특별히 관리가 요구되는 사항을 기재한다. 기본적으로 위생적인 요소(Safety factors)을 우선 고려하여 기재하고, 품질적인 사항(Quality factors)을 포함시켜야 하는 경우에는 위생적인 요소와 구분하여 기재한다. 제품설명서는 제품별로 작성하는 것이 바람직합니다. 제품의 유형 및 성상, 원료의 종류 등에 따라 규격이 달라질 수 있기 때문입니다. 그러나 각 식품의 공정 등, 특성이 같거나 비슷하여 식품유형별로 작성하여도 무방하다고 판단되는 경우 식품을 묶거나 식품 유형별로 작성할 수 있다.

제품설명서의 견본서식은 [제품설명서 예시]와 같다. 업체는 견본서식을 이용하여 업체 자체 실정에 맞게 적절한 제품설명서를 작성할 수 있다.

■ 제품설명서(예시)

	제 품 설 명 서	
1. 제품명	HACCP	
2. 제품유형	식품공전상 식품유형	
3. 품목제조보고 연월일 및 보고자	20 . ○. ○. 보고자 ○○○(품목제조보고서 보고자)	
4. 작성연월일 및 작성자	20 . ○. ○. 작성자 ○○○(제품설명서 작성자)	
5. 성분배합비율(%)	물엿 00%, 고과당 00%, 가당연유 00%, 유화제 00%, 로커스트빈검 00%, 잔탄검 00%, 정제염 00%, 파인애플 00%, 정제수 00%	
6. 제조(포장) 단위	500g, 1kg, 2kg	
7. 완제품 규격	구분	법적규격	자사규격
	성상	고유의 향미를 가지고 이미 이취가 없어야 합니다.	
	생물학적	세균수 : n=5, c=2, M=500,000, m=100,000 대장균 : n=5, c=2, M=10, m=0	일반세균 : 3,000cfu/ml 이하 대장균군 : 10cfu/ml 대장균 : n=5, c=2, M=10, m=0 리스테리아 : 음성 장출혈성대장균 : 음성 황색포도상구균 : 음성
	화학적	아질산이온(g/kg) : 0.05 이하	

	물리적	이물: 불검출	이물 : 불검출
			금속성이물
			  철 : 0.0mmφ
			  스테인레스 : 0.0mmφ
			이상 불검출

8. 보관·유통 상 주의사항	보관 : 제품생산 후 -20℃ 이하 냉동창고 보관 운송 : 차량운송 중 -18℃ 이하 냉동차로 운송 유통 : 유통과정 중 -18℃ 이하 유지 상태로 유통	
9. 포장방법 및 재질	포장방법 : 개별 용기 포장 후, 박스포장 포장재질 : 내포장 - 용기류(폴리프로필렌-PP), 외포장 - 골판지	
10. 표시사항	내포장지 : 판매원, 제조원, 제품명, 보관방법, 식품첨가물, 용량, 유형, 주원료명, 특정성분, 용기재질, 반품 및 교환장소, 가격, 고객상담팀 전화번호, 환경계도문, 소비자피해, 보상규정, 분리배출표시, 바코드 외포장지 : 제품명, 수량, 가격, 기타 주의사항 등	
11. 제품의 용도	일반건강인, 어린이, 환자, 노약자, 허약자 등의 기호식품(간식용)	
12. 섭취방법	제품 그대로 섭취	
13. 유통기한	00년 00월 까지 (또는 제조일로부터 년(월) 까지)	
14. 기타 사항	이미 냉동된 바 있으니 해동 후 재 냉동시키지 마시길 바랍니다.	

(4) 제조공정도 및 (5) 공정 및 평면도 현장 확인

① 공정흐름도

네 번째 준비단계로 HACCP 팀은 업체에서 직접 관리하는 원료의 입고에서부터 완제품의 출하까지 모든 공정단계들을 파악하여 공정흐름도(flow diagram)를 작성하고 각 공정별 주요 가공조건의 개요를 기재한다.

이때, 구체적인 제조공정별 가공방법에 대하여 일목요연하게 표로 정리하는 것이 바람직하다. 또한, 작업특성별 구역, 기계·기구 등의 배치, 제품의 흐름과정, 작업자 이동경로, 세척·소독조 위치, 출입문 및 창문, 공조시설계통도, 용수 및 배수처리 계통도 등을 표시한 작업장 평면도(plant schematic)를 작성한다.

이러한 공정흐름도와 평면도는 원료의 입고에서부터 완제품의 출하에 이르는 해당 식품의 공급에 필요한 모든 공정별로 위해요소의 교차오염 또는 2차 오염, 증식 등의 가능성을 파악하는데 도움을 준다.

- 제조공정도 : 공정명, 주요 가공조건 등 기재 → 실제 이루어지는 공정은 누락 없이 작성
- 공정별 가공방법 : 공정명, 가공방법 및 조건 등 상세 기재
- 공정흐름도 : 영업장 평면도, 작업장 평면도(구역설정, 작업자/물류 이동동선, 제조설비 및 위생설비 배치도, 용수/배수계통도, 공기흐름도, 공중낙하균 및 표면 오염도 검사위치, 조도측정위치도 등)

■ 제조공정도(예시)

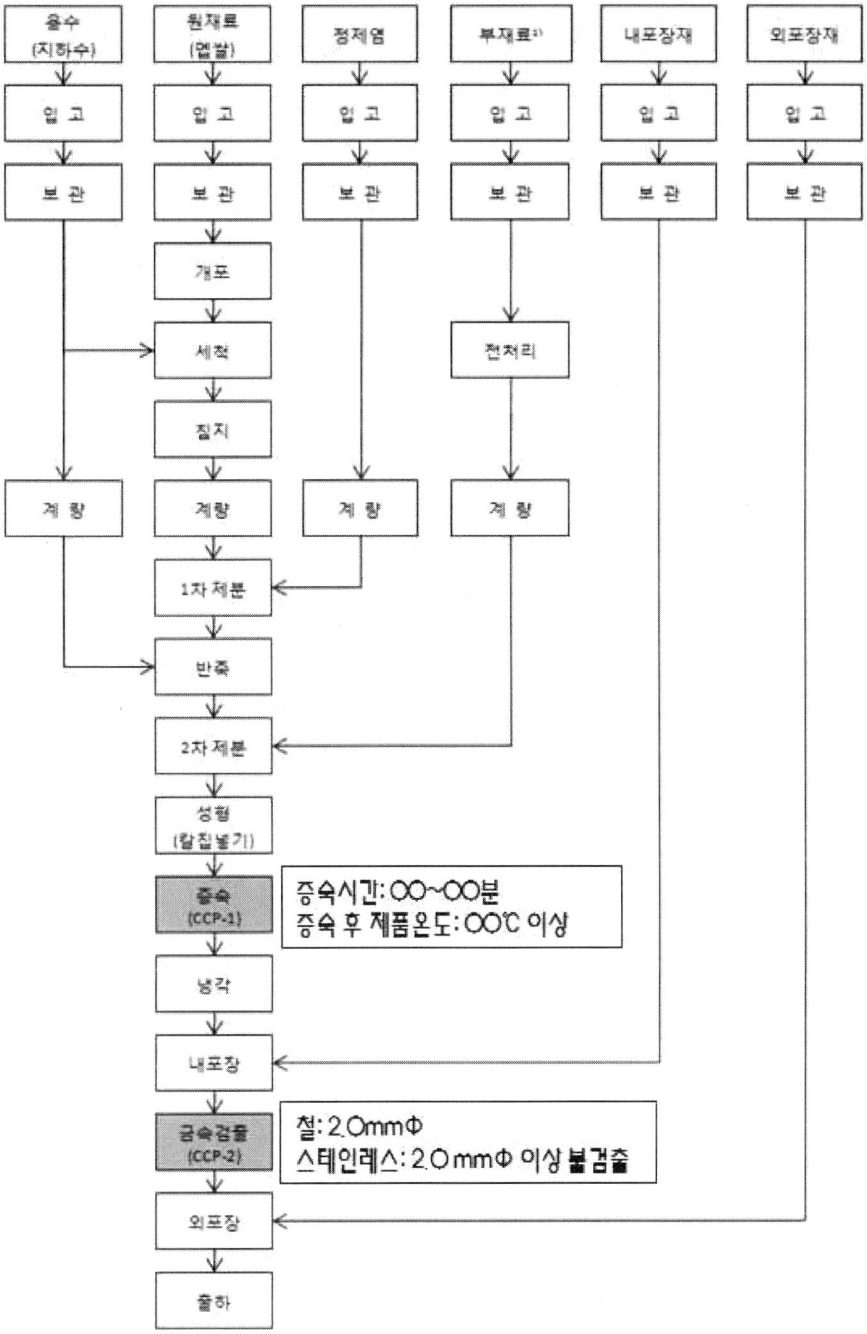

용수 (지하수)	원재료 (멥쌀)	정제염	부재료¹⁾	내포장재	외포장재
입고	입고	입고	입고	입고	입고
보관	보관	보관	보관	보관	보관
	개포				
→	세척		전처리		
	침지				
계량	계량	계량	계량		
	1차 제분 ←				
	반죽				
	2차 제분 ←				
	성형 (칼집넣기)				
	증숙 (CCP-1)	증숙시간: ○○~○○분 증숙 후 제품온도: ○○℃ 이상			
	냉각				
	내포장 ←				
	금속검출 (CCP-2)	철: 2.0mmΦ 스테인레스: 2.0mmΦ 이상 불검출			
	외포장 ←				
	출하				

■ 공정별 가공방법(예시)

일련번호	공정단계	공정설명	주요설비	관리방법
1	입고	원·부재료 -입고 시 차량의 온도 및 청결상태 확인 -관능검사 -원산지 증명확인서를 수령하여 확인	저울, 온도계	육안검사, 중량, 온도 측정, 원산지 증명확인서
		포장재 -시험성적서 확인 -관능검사 -유통기한 확인		육안검사 시험성적서
2	보관	원·부재료 -냉장 0~10℃ 보관 -파렛트 위에 선입선출/품목별 구분 적재 -적재 시 벽과 10cm정도 이격관리		온도관리 적재상태 선입선출 관리 이격관리
		포장재 -실온 보관 -선입선출/품목별 구분 보관 -적재 시 벽과 10cm정도 이격관리		보관상태 선입선출 관리 이격관리
3	외포장 제거	오염원인 박스 등의 외포장재를 제거	가위, 칼, 이물통	육안검사
4	비가식 부위제거	비가식 부위를 제거	가위, 이물통	육안검사
5	선별	사용 기준에 맞게 선별 이물질, 비가식 부위 선별	선별대, 이물통	육안검사
6	세척	세척 기준에 맞게 원·부재료 세척	세척대, 바구니, 시계	세척시간 : 00초~00초 사이 세척방법 : 좌로 0회, 우로 0회, 아래로 0회 가수량 : 00L/분 세척수교체주기 : 1회/0시간
7	절단 및 분쇄	세척된 원부재료를 절단 또는 분쇄	절단기	기기오염 육안검사
8	계량	배합비에 맞게 계량작업대에서 계량	저울	
9	내포장	사양에 맞게 포장	내포장재, 저울, 진공포장기	실링상태
10	금속검출	포장한 제품을 금속검출기에 통과시킴 합격한 제품에 한해 보관실로 이동	금속검출기 테스트피스	금속검출기 작동상태 테스트피스 검출여부 Fe : 1.0mmø, STS : 1.5mmø
11	보관	0~10℃ 냉장고에 보관	파레트	보관고 위생상태 보관고 온도 보관고 이격관리 선입선출
12	출고	배송코스별로 비식품과 구분하여 적재한 후 냉장차량에 출고	냉장차량 파레트	출고상태

② 작업장 평면도

작업장 평면도는 각 작업장 가공특성을 반영한 작업장 명칭, 구역명(일반/청결구역) 등이 표시된 도면을 말한다. 이 평면도를 바탕으로 작업자, 물류, 배수, 환기 등으로 인한 교차오염의 발생가능성을 파악하고 예방할 수 있는 방안을 수립하는데 사용한다. 모든 기준, 시설 등의 목적을 이해하고 위치를 설정하는 것이 바람직하다.

■ 작업장 평면도(예시)

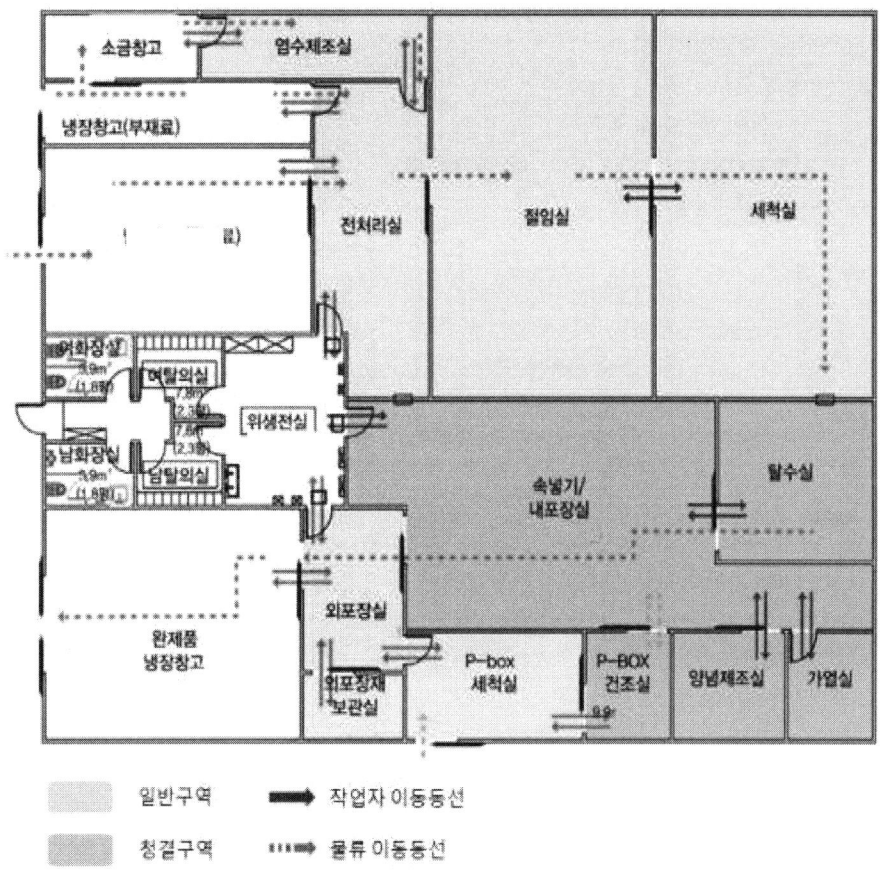

<물류/작업자 이동동선(예시)>

※ 작업자의 이동동선은 위생전실에서 위생처리 후 작업장에 들어갈 수 있도록 하는 것이 바람직하다. 또한, 작업구역 간 교차오염이 발생하지 않도록 청결구역과 일반구역 사이에는 물류만 이동하도록 한다.

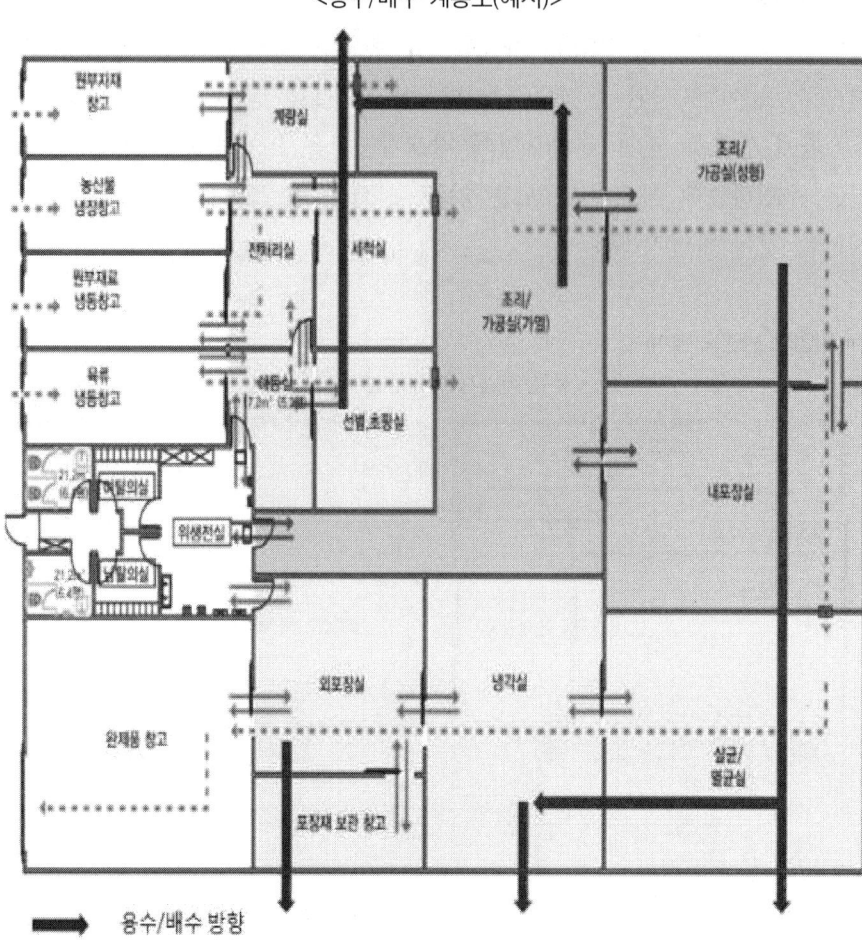

<용수/배수 계통도(예시)>

➡ 용수/배수 방향

※ 배수는 청결구역에서 일반구역으로 흐르게 하여 교차오염을 방지할 수 있도록 계획을 하고 작업장 특성상 흐름을 계획하지 못할 경우에는 덮개 등을 설치하여 폐수가 흘러넘치는 경우나 역류하여 작업장이 오염되는 상황을 예방할 수 있도록 한다.

<위생설비 배치도>

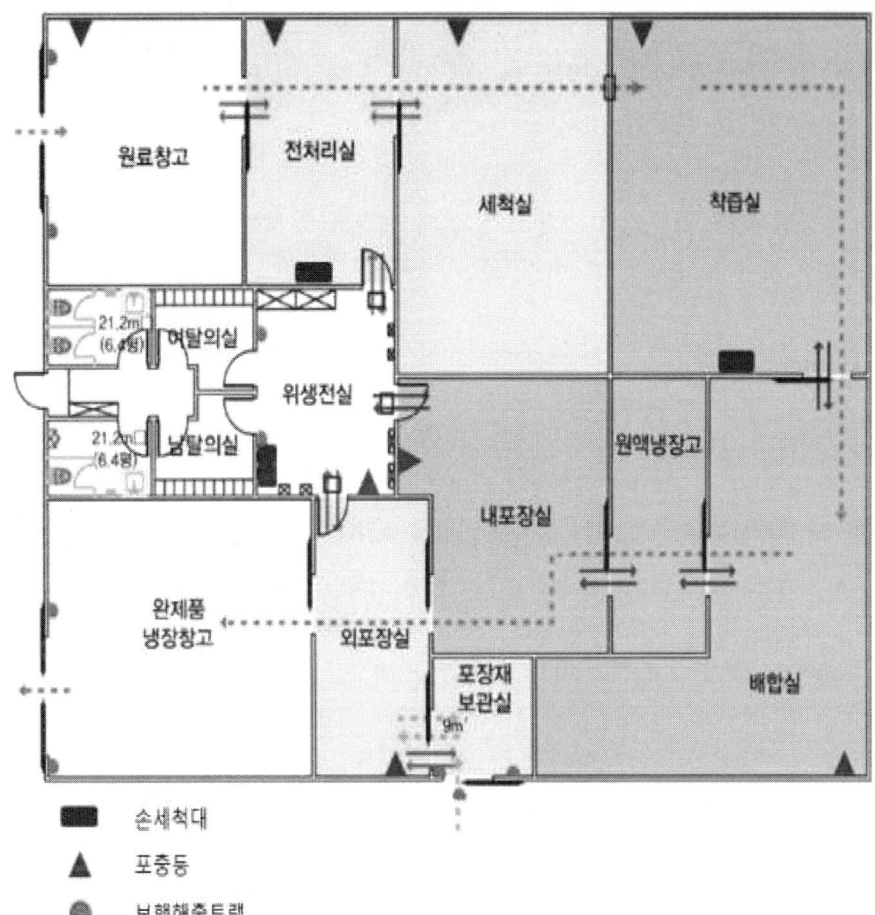

※ 위생설비의 위치를 쉽게 확인할 수 있도록 구비하여 위치 설정에서 발생할 수 있는 문제점을 확인하고 사용을 쉽게 할 수 있도록 한다.

다섯 번째 준비단계는 작성된 공정흐름도 및 평면도가 현장과 일치하는 지를 검증하는 것이다. 공정흐름도 및 평면도가 실제 작업공정과 동일한지 여부를 확인하기 위하여 HACCP팀은 작업현장에서 공정별 각 단계를 직접 확인하면서 검증하여야 한다. 공정흐름도와 평면도의 작성 목적은 각 공정 및 작업장 내에서 위해요소가 발생할 수 있는 모든 조건 및 지점을 찾아내기 위한 것이므로 정확성을 유지하는 것이 매우 중요하다. 따라서 현장검증 결과 변경이 필요한 경우에는 해당 공정 흐름도나 평면도를 수정하여야 한다.

정확한 공정흐름도 및 평면도가 완성되면 본격적인 HACCP 계획을 개발할 수 있는 사전 준비가 된 것이다.

- 작성된 각종 평면도와 계통도가 실제 현장과 일치하는지 확인
- 변경 시마다 재작성 후 현장 확인 실시

(6) 위해요소 분석

- "위해요소(Hazard)"라 함은 식품위생법(이하 "법"이라 한다) 제4조(위해 식품 등의 판매 등 금지)의 규정에서 정하고 있는 인체의 건강을 해할 우려가 있는 생물학적, 화학적 또는 물리적 인자나 조건을 말함.
- "위해요소분석(Hazard Analysis)"이라 함은 식품안전에 영향을 줄 수 있는 위해요소와 이를 유발할 수 있는 조건이 존재하는지 여부를 판별하기 위하여 필요한 정보를 수집하고 평가하는 일련의 과정을 말함.

HACCP 관리계획의 개발을 위한 첫 번째 원칙은 위해요소 분석을 수행하는 것이다.

위해요소(Hazard) 분석은 HACCP팀이 수행하며, 이는 제품설명서에서 파악된 원·부재료별로, 그리고 공정흐름도에서 파악된 공정/단계별로 구분하여 실시한다.

이 과정을 통해 원·부재료별 또는 공정/단계별로 발생 가능한 모든 위해요소를 파악하여 목록을 작성하고, 각 위해요소의 유입경로와 이들을 제어할 수 있는 수단(예방수단)을 파악하여 기술하며, 이러한 유입경로와 제어수단을 고려하여 위해요소의 발생 가능성과 발생 시 그 결과의 심각성을 감안하여 위해(Risk)를 평가한다.

위해요소 분석을 위한 첫 번째 단계는 원료별·공정별로 생물학적, 화학적, 물리적 위해요소와 발생 원인을 모두 파악하여 목록화하는 것이 도움이 된다.

위해요소 분석을 수행하기 위한 두 번째 단계는 파악된 잠재적 위해요소(Hazard)에 대한 위해(Risk)를 평가하는 것이다. 파악된 잠재적 위해요소에 대한 위해 평가는 위해 평가 기준을 이용하여 수행할 수 있다.

위해요소 분석을 수행하기 위한 마지막 단계는 파악된 잠재적 위해요소의 발생원인과 각 위해요소를 안전한 수준으로 예방하거나 완전히 제거, 또는 허용 가능한 수준까지 감소시킬 수 있는 예방조치방법이 있는 지를 확인하여 기재하는 것이다.

이러한 예방조치방법에는 한 가지 이상의 방법이 필요할 수 있으며, 어떤 한 가지 예방조치방법으로 여러 가지 위해요소가 통제될 수도 있다. 예방조치방법은 현재 작업 상황에서 실행할 수 있는 것만을 기재한다. 위해요소의 예방조치방법에는 다음과 같은 것이 있다.

① **생물학적 위해요소**
- 시설 개·보수
- 원·부재료 협력업체 시험성적서 확인
- 입고되는 원·부재료 검사
- 보관, 가열, 포장 등의 가공조건(온도, 시간 등) 준수
- 시설·설비, 종업원 등에 대한 적절한 세척·소독 실시
- 공기 중에 식품노출 최소화
- 종업원에 대한 위생교육 등

② **화학적 위해요소**
- 원·부재료 협력업체 시험성적서 확인
- 입고되는 원·부재료 검사
- 승인된 화학물질 사용
- 화학물질의 적절한 식별 표시, 보관
- 화학물질의 사용기준 준수
- 화학물질을 취급하는 종업원의 적절한 교육·훈련 등

③ 물리적 위해요소
- 시설 개·보수
- 원·부재료 협력업체 시험성적서 확인
- 입고되는 원·부재료 검사
- 육안선별, 금속검출기 관리 등
- 종업원 교육·훈련 등

위해요소 분석시 활용할 수 있는 기본 자료는 해당식품 관련 역학조사자료, 업체 자체 오염실태 조사자료, 작업환경조건, 종업원 현장조사, 보존시험, 미생물시험, 관련규정이나 연구자료 등이 있으며, 기존의 작업공정에 대한 정보도 이용될 수 있다. 이러한 정보는 위해요소와 관련된 목록 작성뿐만 아니라 HACCP 계획의 특별검증(재평가), 한계기준 이탈시 개선조치방법 설정, 예측하지 못한 위해요소가 발생한 경우의 대처방법 모색 등에도 활용될 수 있습니다. 이와 같이 위해요소 분석은 해당 식품 및 업체와 관련된 다양한 기술적·과학적 전문자료를 필요로 하며, 정확한 위해분석을 실시하지 못하면 효과적인 HACCP 계획을 수립 할 수 없기 때문에 철저히 수행되어야 하는 중요한 과정이다.

위해요소 분석절차
위해요소 도출 및 원인규명

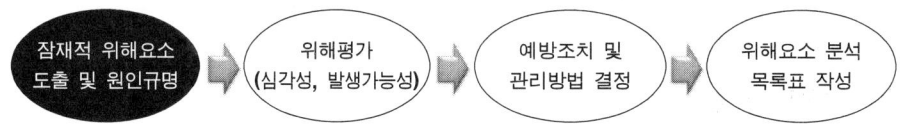

잠재적 위해요소 도출 및 원인규명 → 위해평가 (심각성, 발생가능성) → 예방조치 및 관리방법 결정 → 위해요소 분석 목록표 작성

■ 위해요소 분석표

일련번호	원·부자재명 / 공정명	구분	위해요소		위해 평가			예방조치 및 관리방법
			명칭	발생원인	심각성	발생가능성	종합평가	
1		B						
		C						
		P						

B(Biological hazards) : 생물학적 위해요소
   원·부자재, 공정에 내재하면서 인체의 건강을 해할 우려가 있는 *Listeria. monocytogenes*, 장출혈성대장균, 대장균, 곰팡이, 기생충, 바이러스 등 생물학적 단위위해요소

C(Chemical hazards) : 화학적 위해요소
   제품에 내재하면서 인체의 건강을 해할 우려가 있는 중금속, 농약, 항생물질, 항균물질, 사용 기준초과 또는 사용 금지된 식품 첨가물 등 화학적 단위위해요소

P(Physical hazards) : 물리적 위해요소
   원료와 제품에 내재하면서 인체의 건강을 해할 우려가 있는 인자 중에서 돌조각, 유리조각, 쇳조각, 플라스틱조각, 머리카락 등 단위위해요소

[위해요소 도출 및 원인규명]

■ 문헌조사
- 식품에서의 농약, 중금속 잔류관련 자료
- 제품클레임 및 잠재클레임 자료
- 관련 연구 및 Review문헌
- 식중독사고관련 자료(기사 등)
- 관련법규 및 규격기준
- 원재료 및 제조환경의 오염실태
- 현장 분석(측정) 자료(실험자료)
- 작업자 인터뷰 및 작업실태의 육안조사
- 제품 보존시험 규격설정시험 등 제품 개발자료
- 기타 필요 자료

■ 연장조사
- 원료 검토
- 제조공정 검토
- 현장 분석
- 통계 분석

■ 원·부재료 위해요소 도출 및 발생원인(예시)

원·부재료명	구분	위해요소 (생물학적:B 화학적:C 물리적:P)	발생원인
쇠고기	B	대장균군 황색포도상구균 살모넬라 바실러스 세레우스 리스테리아 장출혈성대장균 진균	원료자체 및 사육과정 관리 부족으로 오염 협력업체(생산자) 관리 부족으로 교차오염 원료 운반과정에서 부주의로 교차오염
	C	잔류항생물질 잔류농약	협력업체(생산자)의 교육/관리 부족으로 오염
	P	나사, 못, 칼날 돌, 모래, 플라스틱 머리카락, 비닐, 지푸라기	협력업체(생산자)의 관리 부족으로 혼입
고추	B	대장균군 황색포도상구균 살모넬라 바실러스 세레우스 리스테리아 장출혈성대장균 클로스트리디움 퍼프린젠스 진균	원료자체 및 재배과정 관리 부족으로 오염 협력업체(생산자) 관리 부족으로 교차오염
	C	잔류농약 납, 카드뮴	오염된 토양에서 원료 재배 농약 사용기준을 미준수한 원료 재배 협력업체(생산자)의 교육/관리 부족으로 오염
	P	나사, 못, 칼날 돌, 모래, 플라스틱 머리카락, 비닐, 지푸라기	협력업체(생산자) 관리부족으로 혼입
조기	B	대장균군 황색포도상구균 살모넬라 바실러스 세레우스 리스테리아 장출혈성대장균 장염비브리오균 진균	원료자체 및 재배과정 관리 부족으로 오염 협력업체(생산자) 관리 부족으로 교차오염
	C	납, 카드뮴, 수은	오염된 해역으로부터 원료 오염 협력업체(생산자)의 교육/관리 부족으로 오염
	P	나사, 못, 칼날 돌, 모래, 플라스틱 머리카락, 비닐, 지푸라기	협력업체(생산자) 관리/교육 부족으로 혼입
전분	B	대장균군 황색포도상구균 살모넬라 바실러스 세레우스 리스테리아 장출혈성대장균 클로스트리디움 퍼프린젠스 진균	협력업체 제조/가공기준 미준수로 오염 협력업체 작업자/제조설비/작업장/운반차량 /제조도구 등 에 대한 세척·소독관리 부족으로 오염 협력업체 원료관리 부족으로 오염
	C	잔류농약 납, 카드뮴	협력업체 원료관리 부족으로 잔류, 오염
	P	나사, 못, 칼날 돌, 모래, 플라스틱 머리카락, 비닐, 지푸라기	협력업체 제조설비/작업자 등에 대한 이물 관리 부족으로 오염

■ 공정/단계 위해요소 도출 및 발생원인(예시)

제조공정	구분	위해요소 (생물학적:B 화학적:C 물리적:P)	발생원인(유래)
입고	B	대장균군 황색포도상구균 살모넬라 바실러스 세레우스 리스테리아 장출혈성대장균 장염비브리오균 진균	부적절한 입고실/운반차량 온도관리에 의한 원료 자체 위해요소 증식 운송차량/작업자/작업장/제조설비/기구용기/검사장비/운반도구/청소도구 등 세척소독 관리, 작업자 위생교육 부족으로 교차오염 부적절한 작업장 청정도 관리로 교차 오염
	P	나사, 못, 칼날 돌, 모래, 플라스틱 머리카락, 비닐, 지푸라기	혼입된 원료의 입고 입고실 제조설비, 운반도구 등 관리 부족으로 혼입 운송차량/작업자/작업장/제조설비/기구용기/검사장비/운반도구/청소도구 등 세척소독 관리, 작업자 위생교육 부족으로 혼입
보관	B	대장균군 황색포도상구균 살모넬라 바실러스 세레우스 리스테리아 장출혈성대장균 장염비브리오균 진균	부적절한 보관실 온도관리에 의한 원료 자체 위해요소 증식 보관실 작업자/작업장/제조설비/기구용기/검사장비/운반도구/청소도구 등 세척소독 관리, 작업자 위생교육 부족으로 교차오염 부적절한 보관실 청정도 관리로 교차 오염
	P	나사, 못, 칼날 돌, 모래, 플라스틱 머리카락, 비닐, 지푸라기	보관실 제조설비, 운반도구 등 관리 부족으로 혼입 운송차량/작업자/작업장/제조설비/기구용기/검사장비/운반도구/청소도구 등 세척소독 관리, 작업자 위생교육 부족으로 혼입

■ 공정/단계 위해요소 도출 및 발생원인(예시)

제조 공정	구분	위해요소 (생물학적:B 화학적:C 물리적:P)	발생원인(유래)
세척	B	대장균군 황색포도상구균 살모넬라 바실러스 세레우스 리스테리아 장출혈성대장균 장염비브리오균 진균	부적절한 세척실 온도관리에 의한 위해요소 증식 세척실 작업자/작업장/제조설비/기구용기/검사장비/운반도구/청소도구 등 세척소독 관리, 작업자 위생교육 부족으로 교차오염 부적절한 세척실 청정도 관리로 교차 오염 세척조건(방법, 시간, 가수량 등) 미준수로 위해요소 잔존
	P	나사, 못, 칼날 돌, 모래, 플라스틱 머리카락, 비닐, 지푸라기	세척실 제조설비, 운반도구 등 관리 부족으로 교차오염 세척실 작업자/작업장/제조설비/기구용기/검사장비/운반도구/청소도구 등 세척소독 관리, 작업자 위생교육 부족으로 교차오염
소독	B	대장균군 황색포도상구균 살모넬라 바실러스 세레우스 리스테리아 장출혈성대장균 장염비브리오균 진균	부적절한 소독실 온도관리에 의한 위해요소 증식 소독실 작업자/작업장/제조설비/기구용기/검사장비/운반도구/청소도구 등 세척소독 관리, 작업자 위생교육 부족으로 교차오염 부적절한 소독실 청정도 관리로 교차 오염 소독조건(농도, 시간, 헹굼 등) 미준수로 위해요소 잔존
	P	나사, 못, 칼날 돌, 모래, 플라스틱 머리카락, 비닐, 지푸라기	소독실 제조설비, 운반도구 등 관리 부족으로 교차오염 소독실 작업자/작업장/제조설비/기구용기/검사장비/운반도구/청소도구 등 세척소독 관리, 작업자 위생교육 부족으로 교차오염
가열	B	대장균군 황색포도상구균 살모넬라 바실러스 세레우스 리스테리아 장출혈성대장균 장염비브리오균 진균	부적절한 가열실 온도관리에 의한 위해요소 증식 가열실 작업자/작업장/제조설비/기구용기/검사장비/운반도구/청소도구 등 세척소독 관리, 작업자 위생교육 부족으로 교차오염 부적절한 가열실 청정도 관리로 교차 오염 가열조건(온도, 시간, 품온 등) 미준수로 위해요소 잔존
	P	나사, 못, 칼날 돌, 모래, 플라스틱 머리카락, 비닐, 지푸라기	가열 제조설비, 운반도구 등 관리 부족으로 교차오염 가열실 작업자/작업장/제조설비/기구용기/검사장비/운반도구/청소도구 등 세척소독 관리, 작업자 위생교육 부족으로 교차오염

※ 위해요소의 도출은 단위위해요소로 도출하여야 한다.
  예) 살모넬라, 황색포도상구균, 납, 카드뮴, 금속조각, 머리카락 등
※ 원·부재료의 잠재적위해요소로 도출된 생물학적/물리적 위해요소는 공정에서 잠재적 위해요소로 도출되고, 화학적 위해요소는 원·부재료 검수지침에 포함하여 관리하도록 한다. 물리적 위해요소는 작업장 등의 위생(청결)상태 점검의 객관적인 항목으로 사용한다.
※ 발생원인은 단위 생물학적/화학적/물리적 위해요소별로 구체적으로 도출하여 발생원인과 예방조치 및 관리방법, 그리고 현장에서의 관리가 일관성을 가질 수 있도록 하여야 한다. 원료, 공정조건이 없는 단순공정에서는 교차오염원, 증식 원인 등을, 공정조건이 있는 공정에서는 교차오염원, 증식원, 잔존/잔류원인 등을 발생 원인으로 모두 도출하여야 한다. 발생원인과 예방조치 및 관리방법을 모두 찾아 도출하지 않은 경우 그리고 발생원인과 예방조치 및 관리방법 및 현장의 상황이 일치하지 않을 경우 오염원을 제거할 수 없다.
예) 발생원인은 작업장, 작업자, 제조시설 등 세척소독 불량으로 인한 교차오염, 작업장 온도관리 미흡으로 인한 미생물 증식, 가공조건 미준수로 잔존, 협력업체 가공기준 미준수 등 모두 구체적으로 도출하여야 한다.

위해요소 분석절차
심각성 평가

- 도출된 위해요소가 영향을 주는 최종 대상은 소비자이다.
- 같은 위해요소이면 공정이 다르더라도 심각성 평가는 동일하다.
  - 소비자의 위치에서는 같은 위해요소임
  - 상대적 평가가 아닌 절대적 기준에 의한 평가
- 생물학적, 화학적, 물리적 위해요소를 독립적으로 평가하다.

■ CODEX

높음 : 사망을 포함하여 건강에 중대한 영향을 미침

B	*Clostridium botulinum* toxin, *Salmonealla*(typhi), *Shigella dysenteriae*, *Vibrio cholerae*, *Vibrio vulnificus*, hepatitis A, E virus, *Listeria monocytogenes*(일부), *Escherichia coli* O157:H7
C	화학오염물질, 식품첨가물, 중금속 등에 의한 직접적인 오염
P	금속, 유리조각 등 소비자에게 직접적인 해 또는 상처를 입힐 수 있는 물질

보통 : 잠재적으로 넓은 전염성이 있는 것으로 입원

B	장내병원성 *Escherichai coli, Salmonella spp., Shigella spp., Vibrio parahaemolyticus,* *Listeria monocytogenes, Rotavirus, Norwalk virus*
C	타르색소, 잔류농약, 잔류용제(톨루엔, 프탈레이트 등), 잔류훈증 약제 등
P	돌, 나무조각, 플라스틱 등 경질이물

낮음 : 제한적인 전염성이 있는 것으로 개인에 제한된 질병

B	*Bacillus cereus, Clostridium perfringenes, Campylobacter jejuni, Yersinia enterocolitica, Staphylococcus aureus toxin*
C	*Somnolence, transitory allergies* 등의 증상을 수반하는 화학오염 물질 등
P	머리카락, 비닐 등 연질이물

■ NACMCF

높 음(3) : 위해수준이 높음(건강에 치명적인 영향을 미쳐 사망을 일으키는 경우도 많음)

B	*Clostridium botulinum type* A, B, E 및 F, *Salmonella typhi; paratyphi* A, B, *Shigella dysenteriae, Vibrio cholerae, Vibrio vulnificus, Listeria monocytogenes, Escherichia coli* O157;H7, Hepatitis A 및 B, *Brucella abortus* B, *Brucella suis, Trichinella spiralis*
C	자연독(패독, 독버섯, 복어독, botulinum toxin 등), 유해 중금속, 유해 화학물질의 오염, 아플라톡신, 환경호르몬 등
P	소비자에게 치명적 위해나 상처를 입힐 수 있는 것(금속, 유리조각)

보 통(2) : 위해수준이 중간(잠재적으로 건강에 광범위한 영향 : 입원)

B	병원성 *Escherichau coli*(예 : enterotoxin 생성균), *Salmonella* spp., *Shigella* spp., *Cryptosporidium parvum*, Rotavirus, Norwalk virus
C	식품첨가물 오·남용, 제조 공정 중 생성되는 화학반응물질, Solanine
P	소비자에게 일반적 위해나 상처를 입히는 물질(돌, 플라스틱 등 경성이물)

낮 음(1) : 제한적인 전염성이 있는 것으로 개인에 제한된 질병

B	*Bacillus cereus, Vibrio parahaemolyticus, Clostridium perfringenes, Campylobacter jejuni, Yersinia enterocolitica, Staphylococcus aureus, Giardia lamblia*
C	toxin(enterotoxin), 졸음 또는 일시적인 allergy를 수반하는 화학오염물질
P	소비자에게 아주 단순한 위해 또는 상처를 입힐 수 있는 물질 또는 건전성에 위배되는 물질(머리카락, 비닐 등 연성이물)

■ FAO

높음

B	*Clostridium botulinum*, *Salmonella typhi*, *Listeria monocytogenes*, *Escherichia coli* O157:H7, *Vibrio cholerae*, *Vibrio vunificus*
C	paralytic shellfish poisoning, amnestic shellfish poisoning
P	유리조각, 금속성 이물 등

중간

B	*Brucella* spp., *Campylobacter* spp., *Salmonella* spp., *Shigella* spp., *Streptococcus* type A, *Yersinia enterocolitica*, hepatitis A virus
C	곰팡이독, 시가테라독, 잔류농약, 중금속 등
P	돌, 모래, 경질 플라스틱 등 경질이물

낮음

B	*Bacillus* spp., *Clostridium perfringenes*, *Staphylococcus aureus*, Norwalk virus, 대부분의 기생충
C	히스타민 유사 물질, 식품첨가물 등
P	비닐, 머리카락 등 연질 이물

위해요소 분석절차
발생가능성 평가

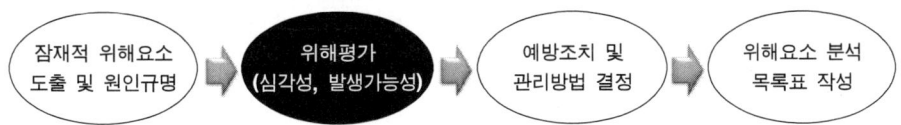

※ 위해요소의 발생빈도 및 발생가능성을 모두 포함하여 평가한다.
- 발생빈도 : 원·부재료/공정의 잠재클레임 및 제품 클레임 참조
- 발생가능성 : 유사제품 또는 관련 이슈화 사항 참조

■ 3단 분석(예시)

<생물학적 위해요소 발생가능성 평가기준(예시)>

구 분	분류기준	
	빈도평가	가능성평가
높음(3)	해당 위해요소 발생사례 확인 (2회 이상/분기 발생 사례 수집)	해당 위해요소로 식중독 발생
보통(2)	해당 위해요소 발생사례 미확인 (1회 이상/분기 발생사례 수집)	해당 위해요소로 오염 사례확인
낮음(1)	해당 위해요소 연관성 없인 (발생사례 없음/분기)	해당 위해요소 연관성 없음

<화학적 위해요소 발생가능성 평가기준(예시)>

구 분	분류기준	
	빈도평가	가능성평가
높음(3)	해당 위해요소 발생사례 확인 (2회 이상/년 발생 사례 수집)	해당 위해요소로 식중독 발생
보통(2)	해당 위해요소 발생사례 미확인 (1회 이상/년 발생사례 수집)	해당 위해요소로 오염 사례확인
낮음(1)	해당 위해요소 연관성 없인 (발생사례 없음/년)	해당 위해요소 연관성 없음

<물리적 위해요소 발생가능성 평가기준(예시)>

구 분	분류기준	
	빈도평가	가능성평가
높음(3)	해당 위해요소 발생사례 확인 (5건 이상/월 발생 사례 수집)	해당 위해요소로 식중독 발생
보통(2)	해당 위해요소 발생사례 미확인 (3건 이상/월 발생사례 수집)	해당 위해요소로 오염 사례확인
낮음(1)	해당 위해요소 연관성 없인 (3건 미만/월 발생사례 수집)	해당 위해요소 연관성 없음

발생가능성 기준은 원·부재료, 공정별 도출된 위해요소에 대한 실제 생산라인에서 현장실험 통계자료 및 주변환경 시험자료(작업자, 제조시설설비 등 표면오염도, 작업장 청정도 검사자료 등) 등을 바탕으로 기준을 수립하여야 한다.

원료, 공정별 위해요소에 대한 시험자료 및 문헌자료 등은 HACCP 관리기준 수립에 중요한 단계이다.

[위해평가 활용원칙]

■ 활용원칙 참고(CODEX)

발생가능성			
(높음)	경결함(3)	중결함(6)	치명결함(9)
(보통)	불만족(2)	경결함(3)	중결함(6)
(낮음)	만 족(1)	불만족(2)	경결함(3)
	(낮음)	(보통)	(높음)
	심각성		

※경결함 이상 위해요소는 CCP 결정도 평가
※해당 식품 원료, 공정 등에 심각성 높은 잠재적 위해요소와 실제 공정평가에서 발생되는 위해요소는 CCP 결정도에서 평가 필요

■ 위해 평가(예시)

<원부재료>

순서	제조공정	구분	위해요소 (생물학적:B 화학적:C 물리적:P)	위해 평가		
				심각성	발생가능성	평가결과
	소고기	B	대장균군	2	1	2
			황색포도상구균	1	2	2
			살모넬라	2	1	2
			바실러스 세레우스	1	1	1
			리스테리아	3	1	3
			장출혈성대장균	3	1	3
		C	항생물질	2	1	2
			납, 카드뮴	2	1	2
		P	나사, 못, 칼날	3	1	3
			돌, 모래, 플라스틱	2	2	4
			머리카락, 비닐, 지푸라기	1	2	2
	고추	B	대장균군	2	1	2
			황색포도상구균	1	2	2
			살모넬라	2	1	2
			바실러스 세레우스	1	1	1
			리스테리아	3	1	3
			장출혈성대장균	3	1	3
			클로스트리디움 퍼프린젠스	1	2	2
		C	잔류농약	2	1	2
			납, 카드뮴	2	1	2
		P	나사, 못, 칼날	3	1	3
			돌, 모래, 플라스틱	2	2	4
			머리카락, 비닐, 지푸라기	1	2	2
	조기	B	대장균군	2	1	2
			황색포도상구균	1	2	2
			살모넬라	2	1	2
			바실러스 세레우스	1	1	1
			리스테리아	3	1	3
			장출혈성대장균	3	1	3
			장염비브리오균	2	1	2
		C	항생물질	2	1	2
			납, 카드뮴, 수은	2	1	2
			보툴리눔 toxin	3	1	3
		P	나사, 못, 칼날	3	1	3
			돌, 모래, 플라스틱	2	2	4
			머리카락, 비닐, 지푸라기	1	2	2

<공정/단계>

순서	제조공정	구분	위해요소 (생물학적:B 화학적:C 물리적:P)	위해 평가		
				심각성	발생가능성	평가결과
	입고	B	대장균군	2	1	2
			황색포도상구균	1	2	2
			살모넬라	2	1	2
			바실러스 세레우스	1	1	1
			리스테리아	3	1	3
			장출혈성대장균	3	1	3
			장염비브리오균	2	1	2
		P	나사, 못, 칼날	3	1	3
			돌, 모래, 플라스틱	2	2	4
			머리카락, 비닐, 지푸라기	1	2	2
	보관	B	대장균군	2	1	2
			황색포도상구균	1	2	2
			살모넬라	2	1	2
			바실러스 세레우스	1	1	1
			리스테리아	3	1	3
			장출혈성대장균	3	1	3
			장염비브리오균	2	1	2
		P	나사, 못, 칼날	3	1	3
			돌, 모래, 플라스틱	2	2	4
			머리카락, 비닐, 지푸라기	1	2	2
	세척	B	대장균군	2	1	2
			황색포도상구균	1	2	2
			살모넬라	2	1	2
			바실러스 세레우스	1	1	1
			리스테리아	3	1	3
			장출혈성대장균	3	1	3
			장염비브리오균	2	1	2
		P	나사, 못, 칼날	3	1	3
			돌, 모래, 플라스틱	2	2	4
			머리카락, 비닐, 지푸라기	1	2	2
	소독	B	대장균군	2	1	2
			황색포도상구균	1	2	2
			살모넬라	2	1	2
			바실러스 세레우스	1	1	1
			리스테리아	3	1	3
			장출혈성대장균	3	1	3
			장염비브리오균	2	1	2
		P	나사, 못, 칼날	3	1	3
			돌, 모래, 플라스틱	2	2	4
			머리카락, 비닐, 지푸라기	1	2	2

<공정/단계>

순서	제조공정	구분	위해요소 (생물학적:B 화학적:C 물리적:P)	위해 평가		
				심각성	발생가능성	평가결과
	가열	B	대장균군	2	1	2
			황색포도상구균	1	2	2
			살모넬라	2	1	2
			바실러스 세레우스	1	1	1
			리스테리아	3	1	3
			장출혈성대장균	3	1	3
			장염비브리오균	2	1	2
		P	나사, 못, 칼날	3	1	3
			돌, 모래, 플라스틱	2	2	4
			머리카락, 비닐, 지푸라기	1	2	2
	건조	B	대장균군	2	1	2
			황색포도상구균	1	2	2
			살모넬라	2	1	2
			바실러스 세레우스	1	1	1
			리스테리아	3	1	3
			장출혈성대장균	3	1	3
			장염비브리오균	2	1	2
		P	나사, 못, 칼날	3	1	3
			돌, 모래, 플라스틱	2	2	4
			머리카락, 비닐, 지푸라기	1	2	2

위해요소 분석절차
예방조치 및 관리방법 결정

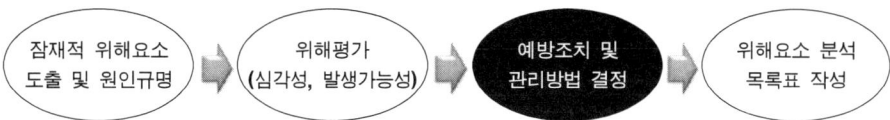

Part 1. 해썹인증실무

■ 원·부재료 위해요소 예방조치 및 관리방법(예시)

원·부재료	구분	위해요소 (생물학적:B 화학적:C 물리적:P)	예방조치 및 관리방법
쇠고기	B	대장균군 황색포도상구균 살모넬라 바실러스 세레우스 리스테리아 장출혈성대장균 진균	입고검사 협력업체 시험성적서 확인 원료사육과정 관리 협력업체(생산자) 점검/ 교육 관리
	C	잔류항생물질	입고검사 협력업체 시험성적서 확인 원료사육과정 관리 협력업체(생산자) 점검/ 교육 관리
	P	나사, 못, 칼날 돌, 모래, 플라스틱 머리카락, 비닐, 지푸라기	입고검사 협력업체 시험성적서 확인 원료사육과정 관리 협력업체(생산자) 점검/ 교육 관리
고추	B	대장균군 황색포도상구균 살모넬라 바실러스 세레우스 리스테리아 장출혈성대장균 클로스트리디움 퍼프린젠스 진균	입고검사 협력업체 시험성적서 확인 원료재배 및 수확과정 관리 협력업체(생산자) 점검/ 교육 관리
	C	잔류농약 납, 카드뮴	입고검사 협력업체 시험성적서 확인 원료재배 및 수확과정 관리 협력업체(생산자) 점검/ 교육 관리
	P	나사, 못, 칼날 돌, 모래, 플라스틱 머리카락, 비닐, 지푸라기	입고검사 협력업체 시험성적서 확인 원료재배 및 수확과정 관리 협력업체(생산자) 점검/ 교육 관리
조기	B	대장균군 황색포도상구균 살모넬라 바실러스 세레우스 리스테리아 장출혈성대장균 장염비브리오균 진균	입고검사 협력업체 시험성적서 확인 원료어획과정 관리 협력업체(생산자) 점검/ 교육 관리
	C	항생물질 납, 카드뮴, 수은 보툴리눔 toxin	입고검사 협력업체 시험성적서 확인 원료어획 해역 관리 원료어획 후 보관과정 관리 협력업체(생산자) 점검/ 교육 관리
	P	나사, 못, 칼날 돌, 모래, 플라스틱 머리카락, 비닐, 지푸라기	입고검사 협력업체 시험성적서 확인 원료어획과정 관리 협력업체(생산자) 점검/ 교육 관리

■ 공정별 위해요소 예방조치 및 관리방법(예시)

제조공정	구분	위해요소 (생물학적:B 화학적:C 물리적:P)	예방조치 및 관리방법
입고	B	대장균군	입고실 세척소독 관리
		황색포도상구균	운반차량 세척소독 관리
		살모넬라	입고실 작업자 세척소독/위생 교육·훈련
		바실러스 세레우스	입고실 제조설비 세척소독 관리
		리스테리아	입고실 기구용기/검사장비/청소도구 등 세척소독 관리
		장출혈성대장균	입고 차량/ 입고실 온도관리
		장염비브리오균	입고실 청정도 관리
		진균	세척/소독/가열/멸균/건조 공정 관리
	P	나사, 못, 칼날	입고실 환경관리 입고실 제조설비 관리
		돌, 모래, 플라스틱	입고실 기구용기/검사장비/청소도구 등의 관리
		머리카락, 비닐, 지푸라기	입고실 청정도 관리 금속검출/금속제거/여과 공정 관리
보관	B	대장균군	보관실 세척소독 관리
		황색포도상구균	보관실 운반도구 세척소독 관리
		살모넬라	보관실 작업자 세척소독/위생 교육훈련
		바실러스 세레우스	보관실 제조설비 세척소독 관리
		리스테리아	보관실 기구용기/검사장비/청소도구 세척소독 관리
		장출혈성대장균	보관실 온도관리
		장염비브리오균	보관실 청정도 관리
		진균	세척/소독/가열/멸균/건조 공정 관리
	P	나사, 못, 칼날	보관실 환경관리 보관실 설비 관리
		돌, 모래, 플라스틱	보관실 기구용기/검사장비/청소도구 등 관리
		머리카락, 비닐, 지푸라기	보관실 청정도 관리 금속검출/금속제거/여과 공정 관리
세척	B	대장균군	세척실 세척소독 관리
		황색포도상구균	세척실 운반도구 세척소독 관리
		살모넬라	세척실 작업자 세척소독/ 위생 교육훈련
		바실러스 세레우스	세척실 제조설비 세척소독 관리
		리스테리아	세척실 기구용기/검사장비/청소도구 세척소독 관리
		장출혈성대장균	세척실 온도관리
		장염비브리오균	세척실 청정도 관리
		진균	세척 공정 관리(세척방법, 시간, 회수, 가수량 등)

세척	P	나사, 못, 칼날	세척실 환경관리 세척실 설비 관리 세척실 기구용기/검사장비/청소도구 관리 세척실 청정도 관리 금속검출/금속제거/여과 공정 관리
		돌, 모래, 플라스틱	
		머리카락, 비닐, 지푸라기	
소독	B	대장균군 황색포도상구균 살모넬라 바실러스 세레우스 리스테리아 장출혈성대장균 장염비브리오균 진균	소독실 세척소독 관리 소독실 운반도구 세척소독 관리 소독실 작업자 세척소독/위생 교육훈련 소독실 제조설비 세척소독 관리 소독실 기구용기/검사장비/청소도구 세척소독 관리 소독실 온도관리 소독실 청정도 관리 소독 공정 관리(소독 농도, 시간, 헹굼방법 등)
	P	나사, 못, 칼날 돌, 모래, 플라스틱 머리카락, 비닐, 지푸라기	소독실 환경관리 소독실 작업자 위생 교육훈련 소독실 기구용기/검사장비/청소도구 관리 소독실 청정도 관리 금속검출/금속제거/여과 공정 관리
가열	B	대장균군 황색포도상구균 살모넬라 바실러스 세레우스 리스테리아 장출혈성대장균 장염비브리오균 진균	가열실 세척소독 관리 가열실 운반도구 세척소독 관리 가열실 작업자 위생 교육훈련 가열실 제조설비 세척소독 관리 가열실 기구용기/검사장비/청소도구 세척소독 관리 가열실 온도관리 가열실 청정도 관리 가열 공정 관리(가열온도, 시간, 품온 등)
	P	나사, 못, 칼날 돌, 모래, 플라스틱 머리카락, 비닐, 지푸라기	가열실 환경관리 가열실 제조설비 관리 가열실 청정도 관리 금속검출/금속제거/여과 공정 관리

※ 예방조치 및 관리방법 도출은 현장에서 실행하고 있는 모든 방법을 위해 요소의 발생 원인별로 일치하도록 도출 및 관리하여야 한다. 공정 조건이 없는 단순공정(보관, 계량 등)에서 교차오염원, 증식원인 등을, 공정조건이 있는 공정에서는 교차오염원, 증식원, 잔존/잔류원인 등을 도출하여야 한다.

※ 발생 원인과 예방조치 및 관리방법, 현장관리 방법이 일치해야 한다.

위해요소 분석절차
위해요소 목록표 작성

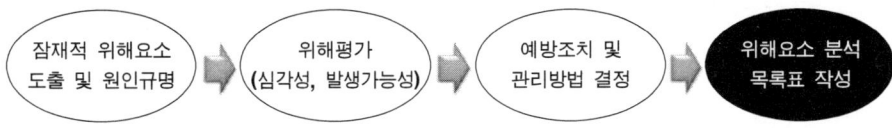

■ 원·부재료 위해요소분석 목록표(예시)

원·부재료	구분	위해요소 (생물학적:B 화학적:C 물리적:P)	발생원인	위해 평가 심각성	위해 평가 발생가능성	위해 평가 결과	예방조치 및 관리방법
쇠고기	B	대장균군	원료자체 및 사육과정 관리 부족으로 오염 협력업체(생산자) 관리 부족으로 교차오염	2	1	2	입고검사 협력업체 시험성적서 확인 (입고검사점검표) 원료사육과정 관리 협력업체(생산자) 점검/ 교육 관리 (협력업체점검표)
		황색포도상구균		1	2	2	
		살모넬라		2	1	2	
		바실러스 세레우스		1	1	1	
		리스테리아		3	1	3	
		장출혈성대장균		3	1	3	
		진균		2	2	4	
	C	항생물질	협력업체(생산자)의 관리 부족으로 항생물질 및 농약 등의 오염	2	1	2	입고검사 협력업체 시험성적서 확인 (입고검사점검표) 협력업체(생산자) 점검/ 교육 관리 (협력업체점검표)
	P	나사, 못, 칼날	협력업체(생산자)의 관리 부족으로 혼입	3	1	3	입고검사 협력업체 시험성적서 확인 (입고검사점검표) 원료사육과정 관리 협력업체(생산자) 점검/ 교육 관리 (협력업체점검표)
		돌, 모래, 플라스틱		2	2	4	
		머리카락, 비닐, 지푸라기		1	2	2	
고추	B	대장균군	원료자체 및 재배과정 관리 부족으로 오염 협력업체(생산자) 관리 부족으로 교차오염	2	1	2	입고검사 협력업체 시험성적서 확인 (입고검사점검표) 원료사육과정 관리 협력업체(생산자) 점검/ 교육 관리 (협력업체점검표)
		황색포도상구균		1	2	2	
		살모넬라		2	1	2	
		바실러스 세레우스		1	1	1	
		리스테리아		3	1	3	
		장출혈성대장균		3	1	3	
		클로스트리디움 퍼프린젠스		1	2	2	
		진균		2	2	4	
	C	잔류농약	토양오염, 협력업체(생산자)의 관리 부족으로 농약등 오염	2	1	2	입고검사 협력업체 시험성적서 확인 (입고검사점검표) 협력업체(생산자) 점검/ 교육 관리 (협력업체점검표)
		납, 카드뮴		2	1	2	
	P	나사, 못, 칼날	협력업체(생산자) 관리 부족으로 혼입	3	1	3	입고검사 협력업체 시험성적서 확인 (입고검사점검표) 원료사육과정 관리 협력업체(생산자) 점검/ 교육 관리 (협력업체점검표)
		돌, 모래, 플라스틱		2	2	4	
		머리카락, 비닐, 지푸라기		1	2	2	

조기	B	대장균군	원료자체 및 어획과정 관리 부족으로 오염 협력업체(생산자) 관리 부족 으로 교차오염	2	1	2	입고검사 협력업체 시험성적서 확인 (입고검사점검표) 원료사육과정 관리 협력업체(생산자) 점검/교육 관리 (협력업체점검표)
		황색포도상구균		1	2	2	
		살모넬라		2	1	2	
		바실러스 세레우스		1	1	1	
		리스테리아		3	1	3	
		장출혈성대장균		3	1	3	
		장염비브리오균		2	1	2	
		진균		2	2	4	
	C	항생물질	해수오염, 협력업체(생산자) 의 관리 부족으로 오염	2	1	2	입고검사 협력업체 시험성적서 확인 (입고검사점검표) 협력업체(생산자) 점검/교육 관리 (협력업체점검표)
		납, 카드뮴, 수은		2	1	2	
		보톨리눔 toxin		3	1	3	
	P	나사, 못, 칼날	협력업체(생산자) 관리부족으로 혼입	3	1	3	입고검사 협력업체 시험성적서 확인 (입고검사점검표) 원료사육과정 관리 협력업체(생산자) 점검/교육 관리 (협력업체점검표)
		돌, 모래, 플라스틱		2	2	4	
		머리카락, 비닐, 지푸라기		1	2	2	
전분	B	대장균군	협력업체 제조/가공기준 미준수로 오염 협력업체 작업자/제조설비/작업장/운반차량/제조도구 등에 대한 세척·소독관리 부족으로 오염 협력업체 원료관리 부족으로 오염	2	1	2	입고검사 협력업체 시험성적서 확인 (입고검사점검표) 원료사육과정 관리 협력업체(생산자) 점검/교육 관리 (협력업체점검표)
		황색포도상구균		1	2	2	
		살모넬라		2	1	2	
		바실러스 세레우스		1	1	1	
		리스테리아		3	1	3	
		장출혈성대장균		3	1	3	
		진균		2	2	4	
	C	잔류농약	협력업체 원료관리 부족으로 잔류, 오염	2	1	2	입고검사 협력업체 시험성적서 확인 (입고검사점검표) 협력업체(생산자) 점검/교육 관리 (협력업체점검표)
		납, 카드뮴		2	1	2	
	P	나사, 못, 칼날	협력업체 제조설비/작업자 등에 대한 이물 관리 부족으로 오염	3	1	3	입고검사 협력업체 시험성적서 확인 (입고검사점검표) 원료가공과정 관리 협력업체(생산자) 점검/교육 관리 (협력업체점검표)
		돌, 모래, 플라스틱		2	2	4	
		머리카락, 비닐, 지푸라기		1	2	2	

■ 공정별 위해요소분석 목록표(예시)

원·부재료	구분	위해요소 (생물학적:B 화학적:C 물리적:P)	발생원인	위해 평가 심각성	위해 평가 발생가능성	위해 평가 결과	예방조치 및 관리방법
입고	B	대장균군	부적절한 입고실/ 운반차량 온도관리에 의한 위해요소 증식	2	1	2	입고실 세척소독 관리(작업장 세척소독 관리 점검표)
		황색포도상구균		1	2	2	운반차량 세척소독 관리(입고검사점검표)
		살모넬라		2	1	2	입고실 작업자 위생 교육훈련 (작업자 위생교육 일지)
		바실러스 세레우스	운송차량/작업자/작업장/제조설비/기구용기/검사장비/운반도구/청소도구 등 세척소독 관리, 작업자 위생 교육 부족으로 교차오염	1	1	1	입고실 설비 세척소독 관리
		리스테리아		3	1	3	입고실 기구용기/검사장비/청소도구 세척소독 관리(시설·설비 세척소독 점검표)
		장출혈성대장균		3	1	3	입고 차량/ 입고실 온도관리(온도/습도 관리 점검표)
		장염비브리오균	부적절한 작업장 청정도 관리로 교차 오염	2	1	2	세척/소독/가열/멸균/건조 공정 관리
		진균		2	2	4	
	P	나사, 못, 칼날	입고실 제조설비, 운반도구 등 관리 부족으로 교차오염	3	1	3	입고실 환경 관리(작업장 세척소독 관리 점검표) 입고실 작업자 위생 교육훈련 (작업자 위생교육 일지) 입고실 설비 관리 입고실 기구용기/검사장비/청소도구관리(시설·설비 관리 점검표) 금속검출/금속제거/여과 공정 관리
		돌, 모래, 플라스틱	운송차량/작업자/작업장/제조설비/기구용기/검사장비/운반도구/청소도구 등 세척소독 관리, 작업자 위생 교육 부족으로 교차오염	2	2	4	
		머리카락, 비닐, 지푸라기		1	2	2	
보관	B	대장균군	부적절한 보관실 온도관리에 의한 위해요소 증식	2	1	2	보관실 세척소독 관리(작업장 세척소독 관리 점검표)
		황색포도상구균		1	2	2	보관실 운반도구 세척소독 관리 (시설·설비 세척소독 점검표)
		살모넬라	보관실 작업자/작업장/제조설비/기구용기/검사장비/운반도구/청소도구 등 세척소독 관리, 작업자 위생교육 부족으로 교차오염	2	1	2	보관실 작업자 위생 교육훈련 (작업자 위생교육 일지)
		바실러스 세레우스		1	1	1	보관실 설비 세척소독 관리
		리스테리아		3	1	3	보관실 기구용기/검사장비/청소도구세척소독 관리(시설·설비 세척소독 점검표)
		장출혈성대장균		3	1	3	보관실 온도관리(온도/습도 관리 점검표)
		장염비브리오균	부적절한 보관실 청정도 관리로 교차 오염	2	1	2	세척/소독/가열/멸균/건조 공정 관리
		진균		2	2	4	
	P	나사, 못, 칼날	보관실 제조설비, 운반도구 등 관리 부족으로 교차오염	3	1	3	보관실 환경관리(작업장 세척소독 관리 점검표) 보관실 작업자 위생 교육훈련(작업자 위생교육 일지) 보관실 설비 관리 보관실 기구용기/검사장비/청소도구관리(시설·설비 관리 점검표) 금속검출/금속제거/여과 공정 관리
		돌, 모래, 플라스틱	운송차량/작업자/작업장/제조설비/기구용기/검사장비/운반도구/청소도구 등 세척소독 관리, 작업자 위생 교육 부족으로 교차오염	2	2	4	
		머리카락, 비닐, 지푸라기		1	2	2	

세척	B	대장균군	부적절한 세척실 온도관리에 의한 위해요소 증식 세척실 작업자/작업장/제조설비/기구용기/검사장비/운반도구/청소도구 등 세척소독 관리, 작업자 위생 교육 부족으로 교차오염 부적절한 세척실 청정도 관리로 교차 오염 세척조건(방법, 시간, 가수량 등) 미준수로 위해요소 잔존	2	1	2	세척실 세척소독 관리(작업장 세척소독 관리 점검표)
		황색포도상구균		1	2	2	세척실 운반도구 세척소독 관리(시설·설비 세척소독 점검표)
		살모넬라		2	1	2	세척실 작업자 위생 교육훈련(작업자 위생교육 일지)
		바실러스 세레우스		1	1	1	세척실 설비 세척소독 관리
		리스테리아		3	1	3	세척실 기구용기/검사장비/청소도구세척소독 관리(시설·설비 세척소독 점검표)
		장출혈성대장균		3	1	3	세척실 온도관리(온도/습도 관리 점검표)
		장염비브리오균		2	1	2	세척 공정 관리(세척방법, 시간, 회수, 가수량 등)
		진균		2	2	4	(중요관리점 세척공정 점검표)
	P	나사, 못, 칼날	세척실 제조설비, 운반도구등 관리 부족으로 교차오염 세척실 작업자/작업장/제조설비/기구용기/검사장비/운반도구/청소도구등 세척소독 관리, 작업자 위생 교육 부족으로 교차오염	3	1	3	세척실 환경관리(작업장 세척소독 관리 점검표) 세척실 작업자 위생 교육훈련(작업자 위생교육 일지)
		돌, 모래, 플라스틱		2	2	4	세척실 설비 관리 세척실 기구용기/검사장비/청소도구관리(시설·설비 관리 점검표)
		머리카락, 비닐, 지푸라기		1	2	2	금속검출/금속제거/여과 공정 관리
소독	B	대장균군	부적절한 소독실 온도관리에 의한 위해요소 증식 소독실 작업자/작업장/제조설비/기구용기/검사장비/운반도구/청소도구 등 세척소독 관리, 작업자 위생 교육 부족으로 교차오염 부적절한 소독실 청정도 관리로 교차 오염 소독조건(농도, 시간, 헹굼 등) 미준수로 위해요소 잔존	2	1	2	소독실 세척소독 관리 **(작업장 세척소독 관리 점검표)**
		황색포도상구균		1	2	2	소독실 운반도구 세척소독 관리 **(시설·설비 세척소독 점검표)**
		살모넬라		2	1	2	소독실 작업자 위생 교육훈련 **(작업자 위생교육 일지)**
		바실러스 세레우스		1	1	1	소독실 설비 세척소독 관리
		리스테리아		3	1	3	소독실 기구용기/검사장비/청소도구세척소독 관리 **(시설·설비 세척소독 점검표)**
		장출혈성대장균		3	1	3	소독실 온도관리
		장염비브리오균		2	1	2	**(온도/습도 관리 점검표)**
		진균		2	2	4	소독 공정 관리(소독 농도, 시간, 헹굼방법 등) **(중요관리점 소독공정 점검표)**
소독	P	나사, 못, 칼날	소독실 제조설비, 운반도구 등 관리 부족으로 교차오염 소독실 작업자/작업장/제조설비/기구용기/검사장비/운반도구/청소도구 등 세척소독 관리, 작업자 위생 교육 부족으로 교차오염	3	1	3	소독실 환경관리 **(작업장 세척소독 관리 점검표)** 소독실 작업자 위생 교육훈련 **(작업자 위생교육 일지)**
		돌, 모래, 플라스틱		2	2	4	소독실 설비 관리 소독실 기구용기/검사장비/청소도구관리
		머리카락, 비닐, 지푸라기		1	2	2	**(시설·설비 관리 점검표)** 금속검출/금속제거/여과 공정 관리

가열	B	대장균군	부적절한 가열실 온도관리에 의한 위해요소 증식	2	1	2	가열실 세척소독 관리 **(작업장 세척소독 관리 점검표)**
		황색포도상구균		1	2	2	가열실 운반도구 세척소독 관리
		살모넬라	가열실 작업자/작업장/제조설비/기구용기/검사장비/운반도구/청소도구 등 세척소독 관리, 작업자 위생교육 부족으로 교차오염	2	1	2	**(시설·설비 세척소독 점검표)** 가열실 작업자 위생 교육훈련
		바실러스 세레우스		1	1	1	**(작업자 위생교육 일지)** 가열실 설비 세척소독 관리
		리스테리아		3	1	3	가열실 기구용기/검사장비/청소도구 세척소독 관리
		장출혈성대장균	부적절한 가열 청정도 관리로 교차 오염	3	1	3	**(시설·설비 세척소독 점검표)** 가열실 온도관리
		장염비브리오균	가열조건(온도, 시간, 품온등) 미준수로 위해요소 잔존	2	1	2	**(온도/습도 관리 점검표)** 가열 공정 관리(가열온도, 시간, 품온 등)
		진균		2	2	4	**(중요관리점 가열공정 점검표)**
	P	나사, 못, 칼날	가열 제조설비, 운반도구 등 관리부족으로 교차오염	3	1	3	가열실 환경관리 **(작업장 세척소독 관리 점검표)** 가열실 작업자 위생 교육훈련
		돌, 모래, 플라스틱	가열실 작업자/작업장/제조설비/기구용기/검사장비/운반도구/청소도구 등 세척소독 관리, 작업자 위생교육 부족으로 교차오염	2	2	4	**(작업자 위생교육 일지)** 가열실 설비 관리 가열실 기구용기/검사장비/청소도구관리
		머리카락, 비닐, 지푸라기		1	2	2	**(시설·설비 관리 점검표)** 금속검출/금속제거/여과 공정 관리

(7) 중요관리점(CCP) 결정

> "중요관리점(Critical Control Point:CCP)"이라 함은 식품안전관리인증기준을 적용하여 식품의 위해요소를 예방·제거하거나 허용수준 이하로 감소시켜 당해 식품의 안전성을 확보할 수 있는 중요한 단계·과정 또는 공정을 말함.

위해요소 분석이 끝나면 해당 제품의 원료나 공정에 존재하는 잠재적인 위해요소를 관리하기 위한 중요관리점을 결정해야 한다. 중요관리점이란 원칙 1에서 파악된 중요위해(위해평가 3점 이상)를 예방, 제거 또는 허용 가능한 수준까지 감소시킬 수 있는 최종 단계 또는 공정을 말한다.

식품의 제조·가공·조리공정에서 중요관리점이 될 수 있는 사례는 다음과 같으며, 동일한 식품을 생산하는 경우에도 제조·설비 등 작업장 환경이 다를 경우에는 서로 상이할 수 있다.

① 생물학적 위해요소 성장을 최소화 할 수 있는 냉각공정
② 생물학적 위해요소를 제거할 수 있는 특정 온도에서 가열처리
③ pH 및 수분활성도의 조절 또는 배지 첨가 같은 제품성분 배합
④ 캔의 충전 및 밀봉 같은 가공처리
⑤ 금속검출기에 의한 금속이물 검출공정, 여과공정 등

CCP를 결정하는 하나의 좋은 방법은 중요관리점 결정도를 이용하는 것으로 이 결정도는 원칙1의 위해 평가 결과 중요위해(확인대상)로 선정된 위해요소에 대하여 적용한다.

[중요관리점(CCP) 결정도(예시)]

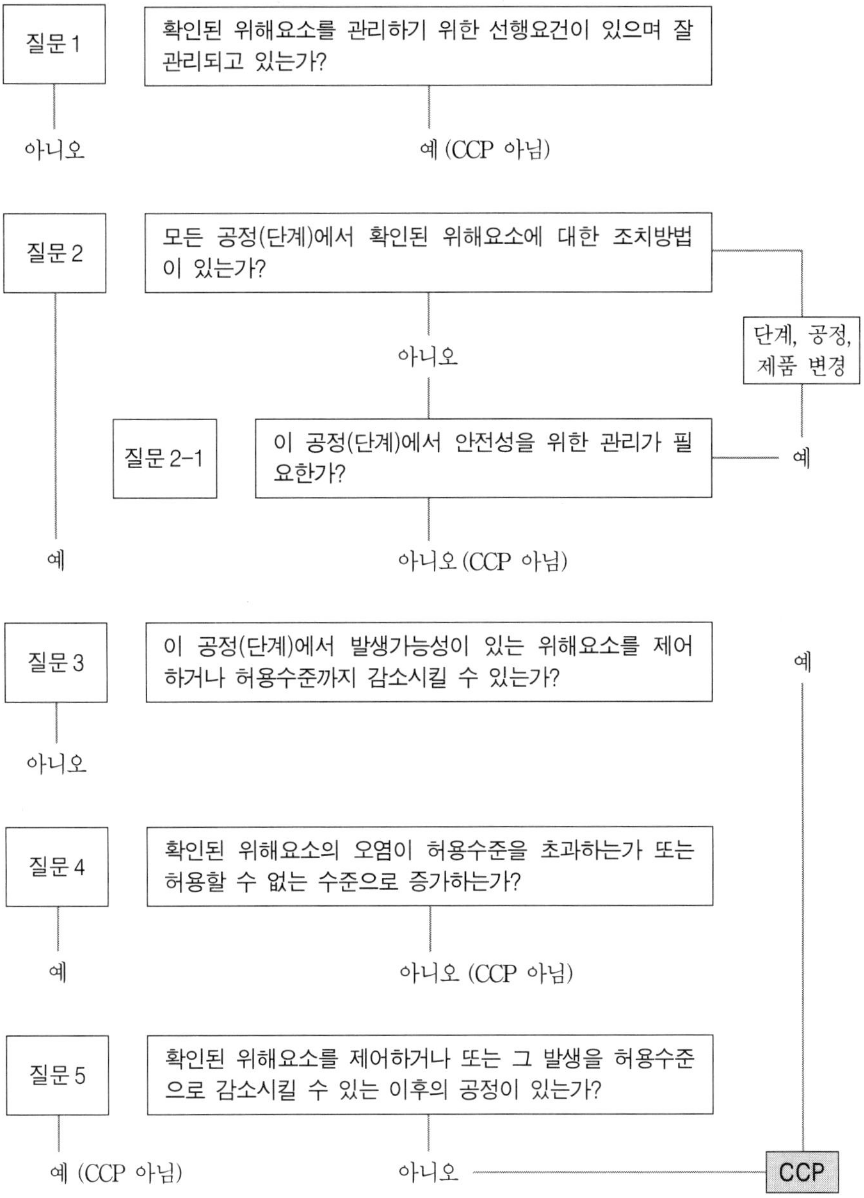

| 질문 1 | 확인된 위해요소를 관리하기 위한 선행요건이 있으며 잘 관리되고 있는가? |

- 아니오 ↓
- 예 (CCP 아님)

| 질문 2 | 모든 공정(단계)에서 확인된 위해요소에 대한 조치방법이 있는가? |

- 아니오 ↓ → 단계, 공정, 제품 변경

| 질문 2-1 | 이 공정(단계)에서 안전성을 위한 관리가 필요한가? |

- 예 ↑ (단계, 공정, 제품 변경으로)
- 아니오 (CCP 아님)

| 질문 3 | 이 공정(단계)에서 발생가능성이 있는 위해요소를 제어하거나 허용수준까지 감소시킬 수 있는가? |

- 아니오 ↓

| 질문 4 | 확인된 위해요소의 오염이 허용수준을 초과하는가 또는 허용할 수 없는 수준으로 증가하는가? |

- 예 ↓
- 아니오 (CCP 아님)

| 질문 5 | 확인된 위해요소를 제어하거나 또는 그 발생을 허용수준으로 감소시킬 수 있는 이후의 공정이 있는가? |

- 예 (CCP 아님)
- 아니오 → **CCP**
- (질문 3에서 예) → **CCP**

중요관리점(CCP) 결정도 해설

질문 1. 확인된 위해요소를 관리하기 위한 선행요건프로그램이 있으며 잘 관리 되고 있는가?
- 선행요건프로그램(선행위생관리기준)이 문서화되어 있으며, 그 기준대로 위생관리가 실질적으로 실행되고 이행된 모든 사항이 기록으로 유지가 되고 있으며 이 선행과정을 통해 중요위해가 모두 관리될 수 있는가를 평가하는 질문으로서 제품의 안전성을 사전에 확보하도록 하는 부분

질문 2. 이 공정이나 이후 공정에서 이 위해요소에 대한 예방조치방법이 있는가?
- 확인된 위해에 대한 관리가 해당 공정 및 이후의 공정에서 이루어지고 있는지를 평가하는 질문

질문 2-1. 이 공정에서의 관리가 식품안전을 위해 필요한가?
- 이후 공정에서 관리 방안이 없어 이 단계에서 반드시 관리되어야 하는지를 평가하는 질문

질문 3. 이 공정은 이 위해요소의 발생가능성을 제거 또는 허용수준까지 감소시키기 위해 고안된 것인가?
- 해당 공정이 위해를 제거, 감소시키기 위한 목적성이 부여되어 있는가에 대한 평가

질문 4. 확인된 위해요소의 오염이 허용수준을 초과하여 발생할 수 있는가? 또는 그 오염이 허용할 수 없는 수준으로 증가할 수 있는가?
- 해당 공정의 관리 차원에서의 중요성 평가

질문 5. 이후 공정에서 확인된 위해요소를 제거하거나 발생가능성을 허용수준까지 감소시킬 수 있는가?
- 이후 공정의 위해 관리방법의 유무에 따라 해당공정의 중점관리 필요

■ 중요관리점(CCP) 결정표

공정 단계	위해 요소	질문1 예→CCP아님 아니오→질문2	질문2 예→질문3 아니오→질문2	질문2-1 예→질문2 아니오→CCP 아님	질문3 예→CCP 아니오→질문4	질문4 예→질문5 아니오→CCP 아님	질문5 예→CCP아님 아니오→CCP	중요 관리점 결정

※ 위해요소 분석 결과 위해평가 활용원칙에 따라 중요관리점(CCP) 결정도에 적용하고 그 결과를 중요관리점(CCP) 결정표에 작성

실제 생산라인에서 원료, 공정별 위해요소에 대한 실제 공정평가 시험자료 등을 바탕으로 CCP 결정하여야 한다. 특히, 생물학적위해요소 관리공정에 대한 결정 시에 생물학적위해요소가 눈에 보이는 것이 아니므로 공정을 평가한 분석자료를 바탕으로 CCP 결정도를 평가하여야 한다.

■ 중요관리점(CCP) 결정표(예시)

공정 단계	구분	위해요소	질문1 예→CCP 아님 아니오→질문2	질문2 예→질문3 아니오→질문2-1	질문2-1 예→질문2 아니오→CCP 아님	질문3 예→CCP 아님 아니오→질문4	질문4 예→질문5 아니오→CCP 아님	질문5 예→CCP 아님 아니오→CCP	중요관리점 결정
입고	B	리스테리아 장출혈성대장균	NO	YES		NO	YES	YES (세척, 가열, 소독공정)	CCP 아님
	P	나사 못,칼날	NO	YES		NO	YES	YES (세척, 금속검출공정)	CCP 아님
		돌,모래, 플라스틱	NO	YES		NO	YES	YES (세척, 여과, X-Ray 검출공정)	CCP 아님
보관	B	리스테리아 장출혈성대장균	NO	YES		NO	YES	YES (세척,가열 소독공정)	CCP 아님
	P	나사 못,칼날	NO	YES		NO	YES	YES (세척, 금속검출공정)	CCP 아님
		돌,모래, 플라스틱	NO	YES		NO	YES	YES (세척, 여과, X-Ray 검출공정)	CCP 아님
전처리	B	리스테리아 장출혈성대장균	NO	YES		NO	YES	YES (세척, 가열 소독공정)	CCP 아님
	P	나사 못,칼날	NO	YES		NO	YES	YES (세척, 금속검출공정)	CCP 아님
		돌,모래, 플라스틱	NO	YES		NO	YES	YES (세척, 여과, X-Ray 검출공정)	CCP 아님
세척	B	리스테리아 장출혈성대장균	NO	YES		YES			CCP-1B
	P	나사 못,칼날	NO	YES		NO	YES	YES (금속검출공정)	CCP 아님
		돌,모래, 플라스틱	NO	YES		YES			CCP-1P
소독	B	리스테리아 장출혈성대장균	NO	YES		YES			CCP-2B
	P	나사 못,칼날	NO	YES		NO	YES	YES (금속검출공정)	CCP 아님
		돌,모래, 플라스틱	NO	YES		NO	YES	YES (세척, 여과, X-Ray 검출공정)	CCP 아님

가열	B	리스테리아 장출혈성대장균	NO	YES		YES		CCP-3B
	P	나사 못,칼날	NO	YES		NO	YES	YES (금속검출공정)	CCP 아님
		돌,모래, 플라스틱	NO	YES		NO	YES	YES (세척, 여과, X-Ray 검출공정)	CCP 아님

※ 자사의 공정시험자료 등 위해요소분석에 따라 수정한다.

(8) 중요관리점(CCP) 한계기준 설정

> "한계기준(Critical Limit)"이라 함은 중요관리점에서의 위해요소 관리가 허용범위 이내로 충분히 이루어지고 있는지 여부를 판단할 수 있는 기준이나 기준치를 말함.

세 번째 원칙은 HACCP팀이 각 CCP에서 취해져야 할 관리에 대한 한계기준을 설정하는 것이다. 한계기준은 CCP에서 관리되어야 할 생물학적, 화학적 또는 물리적 위해요소를 예방, 제거 또는 허용 가능한 안전한 수준까지 감소시킬 수 있는 최대치 또는 최소치를 말하며, 안전성을 보장할 수 있는 과학적 근거에 기초하여 설정되어야 한다.

한계기준은 현장에서 쉽게 실행할 수 있도록 가능한 육안관찰이나 간단한 측정으로 확인할 수 있는 수치 또는 특정지표로 나타내어야 한다.

• 온도 및 시간 • 수분활성도(Aw) 같은 제품 특성 • pH • 관련서류 확인 등	• 습도(수분) • 염소, 염분농도 같은 화학적 특성 • 금속검출기 감도

한계기준을 결정할 때에는 법적 요구조건과 연구 논문이나 식품관련 전문서적, 문가 조언, 생산 공정의 기본자료 등 여러 가지 조건을 고려해야 한다. 예를 들면, 제품 가열시 중심부의 최저온도, 특정온도까지 냉각시키는데 소요되는 최소시간, 제품에서 발견될 수 있는 금속조각(이물질)의 크기 등이 한계기준으로 설정될 수 있으며, 이들 한계기준은 식품의 안전성을 보장할 수 있어야 한다.

한계기준은 초과되어서는 아니 되는 양 또는 수준인 상한기준과 안전한 식품을 취급하는데 필요한 최소량인 하한기준을 단독으로 설정 할 수 있다.

※ 예)상한기준의 예 : 금속시편 크기를 1.0mm 이하
　　　하한기준의 예 : 주정의 양을 일정량 이상으로 설정

◆ 한계기준은 다음 절차에 따라서 설정한다.
① 결정된 CCP별로 해당식품의 안전성을 보증하기 위하여 어떤 법적 한계기준이 있는지를 확인한다(법적인 기준 및 규격 확인).
② 법적인 한계기준이 없을 경우, 업체에서 위해요소를 관리하기에 적합한 한계기준을 자체적으로 설정하며, 필요시 외부전문가의 조언을 구한다.
③ 설정한 한계기준에 관한 과학적 문헌 등 근거자료를 유지 보관한다.

[한계기준 설정 근거자료]
- CCP 공정의 가공조건(시간, 온도, 횟수, 자력, 크기 등의 조건)별 실제 생산라인에서 원료, 공정별 반제품, 완제품을 대상으로 하는 시험자료
- 설정된 한계기준을 뒷받침 할 수 있는 과학적 근거(문헌, 논문 등) 자료 등

한계기준은 실제 공정에서 원료, 공정별 반제품에 대한 위해요소 시험자료를 바탕으로 설정하여야 하고 이 한계기준은 중요관리점(CCP)에서 가공조건에 대한 위해요소 제어/제거 효과에 대한 시험자료를 바탕으로 최저치, 최상치로 설정하여야 한다. 예를 들어 김치류에서 원료특성에 따라 세척방법이 서로 다르고 금속이물에 대한 감도가 제품특성(수분, 포장단위 등)에 따라 차이가 있으므로 CCP는 세척, 금속검출공정이지만 세척공정에서 한계기준, 금속검출공정에서 한계기준은 하나의 조건이 아니라 제품특성에 따라 여러 조건이 설정될 수 있다.

■ 중요관리점(CCP) 한계기준 설정(예시)

공정명	CCP	위해요소	위해요인	한계기준
가열	CCP-1B	리스테리아, 장출혈성대장균	가열온도 및 가열 시간 미준수로 병원성 미생물 잔존	가열온도: 85-120℃, 가열시간: 3-5분 (품온 80℃-110℃, 품온 유지시간 3-5분) 등
세척	CCP-1BCP	리스테리아, 장출혈성대장균, 돌, 흙, 모래, 잔류농약	세척방법 미준수로 병원성 미생물, 잔류농약, 이물 잔존	세척횟수: 3-6단, 세척가수량: 20L/분, 세척시간: 5분-10분 등
소독	CCP-1BC	리스테리아, 장출혈성대장균, 잔류염소	소독농도 및 소독 시간, 소독수 교체주기 미준수로 병원성 미생물 잔존 헹굼방법, 시간 미준수로 소독제 잔류	소독농도: 50-100ppm, 소독시간: 1분-1분 30초, 소독수 교체주기: 10Kg 당, 헹굼방법: 흐르는 물, 헹굼시간: 30-40분 등
최종제품 pH 측정	CCP-1B	리스테리아, 장출혈성대장균	최종제품 pH 초과로 인한 병원성 미생물 잔존 및 증식	최종제품 pH 4.0 이하
최종제품 수분활성도 측정	CCP-1B	리스테리아, 장출혈성대장균	최종제품 pH 초과로 인한 병원성 미생물 잔존 및 증식	최종제품 수분활성도 0.6 이하
금속 검출	CCP-1P	금속 Fe 2.0mmφ, STS 2.0mmφ 이상 불검출	금속검출기 감도 불량으로 이물 잔존	금속 Fe 2.0mmφ, STS 2.0mmφ 이상 불검출

※ 자사의 공정시험자료 등 위해요소분석에 따라 수정한다.

(9) 한계기준 모니터링 체계 확립

> "모니터링(Monitoring)"이라 함은 중요관리점에 설정된 한계 기준을 적절히 관리하고 있는지 여부를 확인하기 위하여 수행하는 일련의 계획된 관찰이나 측정하는 행위 등을 말함.

네 번째 원칙은 중요관리점을 효과적으로 관리하기 위한 모니터링 체계를 수립하는 것이다. 모니터링이란 CCP에 해당되는 공정이 한계기준을 벗어나지 않고 안정적으로 운영되도록 관리하기 위하여 종업원 또는 기계적인 방법으로 수행하는 일련의 관찰 또는 측정수단이다. 이는 모니터링 체계를 수립하여 시행하게 되면 첫째, 작업과정에서 발생되는 위해요소의 추적이 용이하며, 둘째, 작업공정 중 CCP에서 발생한 기준 이탈(deviation) 시점을 확인할 수 있으며, 셋째, 문서화된 기록을 제공하여 검증 및 식품사고 발생 시 증빙자료로 활용할 수 있다.

HACCP팀은 모니터링 활동을 수행함에 있어서 연속적인 모니터링을 실시해야 한다. 연속적인 모니터링이 불가능한 경우 비연속적인 모니터링의 절차와 주기(빈도수)는 CCP가 한계기준 범위 내에서 관리 될 수 있도록 정확하게 설정되어야 한다. 모니터링 주기 설정시 작업공정 관리에 대한 통계학적 지식이 적용되면 더욱 효과적인 결과를 얻을 수 있다.

모니터링 결과는 개선조치를 취할 수 있는 지식과 경험 그리고 권한을 가진 지정된 자에 의해서 평가되어야 한다. 한계기준을 이탈한 경우에는 신속하고 정확한 판단에 의하여 개선조치가 취해져야 하는데, 일반적으로 물리적·화학적 모니터링이 미생물학적 모니터링 방법보다 신속한 결과를 얻을 수 있으므로 우선적으로 적용된다.

CCP를 모니터링 하는 담당자는 해당 CCP에서의 모니터링 항목과 모니터링 방법을 효과적으로 올바르게 수행할 수 있도록 기술적으로 충분히 교육·훈련되어 있어야 한다. 모니터링 결과에 대한 기록은 '예/아니오' 또는 '적합/부적합' 등이 아닌 실제로 모니터링 한 결과를 정확한 수치로 기록해야 한다.

◆ 모니터링 체계는 다음 순서에 따라 확립한다.
 • 각 원료와 공정별로 가장 적합한 모니터링 절차를 파악한다.
 • 모니터링 항목을 결정한다.
 • 모니터링 위치/지점, 방법을 결정한다.
 • 모니터링 주기(빈도)를 결정한다.
 • 모니터링 결과를 기록할 서식을 결정한다.
 • 모니터링 담당자를 지정하고 훈련시킨다.

◆ 설정된 모니터링 방법이 올바른지 다음의 질문을 통하여 확인할 수 있다.
 • 모든 CCP가 포함되어 있는가?
 • 모니터링의 신뢰성이 평가되었는가?
 • 모니터링 장비의 상태는 양호한가?
 • 작업현장에서 실시하는가?
 • 기록서식은 사용하는데 편리한가?
 • 기록은 정확히 이루어지는가?
 • 기록은 실시간으로 이루어지는가?
 • 기록이 지속적으로 이루어지는가?
 • 모니터링 주기가 적절한가?
 • 시료채취 계획은 통계적으로 적절한가?
 • 기록결과는 정기적으로 통계 처리하여 분석하는가?
 • 현장 기록과 모니터링 계획이 일치하는가?

■ 중요관리점(CCP) 한계기준 모니터링 방법(예시)

공정명	CCP	한계기준	모니터링 방법			
			대상	방법	주기	담당자
가열	CCP-1B	가열온도 : 85℃-120℃, 시간 : 3~5분 (품온 : 80℃~110℃, 유지시간 : 3~5분	가열시간, 온도	1. 가열기의 정상작동 유무를 확인한다. 2. 가열기에서 가열 온도(품온)와 가열시간(품온 유지시간)을 모니터링 일지에 기록한다. 3. 모니터링 일지를 HACCP 팀장에게 승인받는다.	작업 전후/ 2시간 마다 등	공정담당 (○○○)
세척	CCP-1BCP	3~6단 세척, 가수량 : 3~4배, 세척시간: 5~10분	세척방법	1. 세척기의 정상작동 유무를 확인한다. 2. 세척방법에 따라 세척시간, 횟수, 가수량 등을 모니터링 일지에 기록한다. 3. 모니터링 일지를 HACCP 팀장에게 승인받는다.	작업 전후/ 2시간 마다 등	공정담당 (○○○)
소독	CCP-1BC	소독농도 : 50-100ppm, 소독시간 : 1분~1분 30초, 소독수 교체주기, 헹굼방법, 헹굼시간	소독농도, 시간, 소독수 교체주기, 헹굼방법, 시간	1. 소독기의 정상작동 유무를 확인한다. 2. 소독농도, 소독시간, 소독수 교체주기, 헹굼방법, 헹굼시간을 모니터링 일지에 기록한다. 3. 모니터링 일지를 HACCP 팀장에게 승인받는다.	작업 전후/ 2시간 마다 등	공정담당 (○○○)
pH 측정	CCP-1B	최종제품 pH 4.0 이하	조미액 pH, 제품 pH	1. 담당자는 pH 측정기를 보정한다. 2. 최종제품의 pH를 pH 측정기로 측정한다. 3. 측정 결과값을 일지에 기록한다. 3. 모니터링 일지를 HACCP 팀장에게 승인받는다.	최종 제품 매로트별	공정담당 (○○○)
수분활성도 측정	CCP-1B	최종제품 수분활성도 0.6 이하	제품 수분활성도	1. 최종제품의 수분활성도를 수분활성도 측정기로 측정한다. 2. 측정 결과값을 일지에 기록한다. 3. 모니터링 일지를 HACCP 팀장에게 승인받는다.	최종 제품 매로트별	공정담당 (○○○)
금속검출	CCP-1P	금속 : Fe 2mmφ, STS 2.0mmφ 이상 불검출, 쇳가루 불검출	금속검출기 감도	1. 금속검출기에 테스트피스를 좌, 우, 중간에 통과시켜 검출여부를 CCP-1P 모니터링일지에 기록하고 HACCP팀장에게 보고한다. 2. 제품의 상, 중, 하에 테스트피스를 첨가하여 금속검출기를 통과시켜 검출여부/ 통과되는 공정품의 검출여부를 CCP-4P 모니터링일지에 기록하고 HACCP팀장에게 보고한다.	작업 전후/ 2시간 마다 등	공정담당 (○○○)

※ 모니터링 방법은 현장 종사자의 눈높이에 맞추어 구체적이고 쉽게 적절한 방법, 주기 등을 수립하여야 합니다.

(10) 개선조치 방법수립

> "개선조치(Corrective Action)"라 함은 모니터링 결과 중요관리점의 한계기준을 이탈할 경우에 취하는 일련의 조치를 말함

HACCP 계획은 식품으로 인한 위해요소가 발생하기 이전에 문제점을 미리 파악하고 시정하는 예방체계이므로, 모니터링 결과 한계기준을 벗어날 경우 취해야 할 개선조치 방법을 사전에 설정하여 신속한 대응조치가 이루어지도록 해야 한다.

개선조치 방법 설정 시 체크사항

- 이탈된 제품을 관리하는 **책임자는** 누구이며, 기준 이탈시 모니터링 **담당자는** 누구에게 보고하여야 하는가?
- 이탈의 **원인이** 무엇인지 어떻게 결정할 것인가?
- 이탈의 원인이 확인되면 **어떤 방법을 통하여** 원래의 관리상태로 복원 시킬 것인가?
- **한계기준이 이탈된 식품(반제품 또는 완제품)은** 어떻게 조치할 것인가?
- 한계기준 이탈시 조치해야 할 모든 작업에 대한 **기록·유지 책임자는** 누구인가?
- 개선조치 계획에 책임 있는 사람이 없을 경우 **누가 대신할 것인가?**
- **개선조치는** 언제든지 실행가능한가?

일반적으로 취해야할 개선조치 사항에는 공정상태의 원상복귀, 한계기준 이탈에 의해 영향을 받은 관련식품에 대한 조치사항, 이탈에 대한 원인규명 및 재발방지 조치, HACCP 계획의 변경 등이 포함된다.

개선조치 확립 순서

- 각 CCP별로 가장 **적합한 개선조치 절차를** 파악한다.
- CCP별로 위해요소의 심각성에 따라 차등화하여 **개선조치방법을** 결정한다.
- 개선조치 결과의 **기록서식을** 결정한다.
- 개선조치 **담당자를** 지정하고 교육·훈련시킨다.

◆ 개선조치가 완료되면 확인해야 할 기본적인 사항은 다음과 같다.

- 한계기준 이탈의 원인이 확인되고 제거되었는가?
- 개선조치 후 CCP는 잘 관리되고 있는가?
- 한계기준 이탈의 재발을 방지할 수 있는 조치가 마련되어 있는가?
- 한계기준 이탈로 인해 오염되었거나 건강에 위해를 주는 식품이 유통되지 않도록 개선조치 절차를 시행하고 있는가?

■ 개선조치방법(예시)

공정명	CCP	개선조치 방법
가열	CCP-1B	1. 한계기준 [가열 온도(품온), 가열시간(품온 유지시간) 등)] 이탈 시 • 공정 담당자는 즉시 작업을 중지한다. • 해당 제품은 즉시 재가열하고 CCP 모니터링 일지에 이탈사항과 개선조치사항을 기록하고 생산관리팀장, HACCP 팀장에게 보고한다. • 해당로트 제품을 품질관리 팀장에게 공정품 검사를 의뢰한다. 2. 기기 고장인 경우 • 공정 담당자는 즉시 작업을 중지하고 공정품을 보류한 뒤 CCP 모니터링 일지에 이탈사항을 기록하고 공무팀에 수리를 의뢰한다. • 수리완료 후 공정품은 재가열한다. • CCP 모니터링 일지에 개선조치사항을 기록하고 생산관리팀장, HACCP팀장에게 보고한다. • 해당로트 제품을 품질관리 팀장에게 공정품 검사를 의뢰한다.
세척	CCP-1BCP	1. 한계기준(세척횟수, 시간, 가수량 등) 이탈 시 • 공정 담당자는 즉시 작업을 중지한다. • 해당 제품은 즉시 재 세척하고 CCP 모니터링 일지에 이탈사항과 개선조치사항을 기록하고 생산관리 팀장, HACCP팀장에게 보고한다. • 해당로트 제품을 품질관리 팀장에게 공정품 검사를 의뢰한다. 2. 기기 고장인 경우 • 공정 담당자는 즉시 작업을 중지하고 공정품을 보류한 뒤, CCP 모니터링 일지에 이탈사항을 기록하고 공무팀에 수리를 의뢰한다. • 수리완료 후 공정품은 재 세척한다. • CCP 모니터링 일지에 개선조치사항을 기록하고 생산관리팀장, HACCP팀장에게 보고한다. • 해당로트 제품을 품질관리 팀장에게 공정품 검사를 의뢰한다.
소독	CCP-1BC	1. 한계기준(소독농도, 소독시간, 소독수 교체주기, 헹굼방법, 헹굼시간 등) 이탈 시 • 공정 담당자는 즉시 작업을 중지한다. • 소독농도를 보정 하고 해당 제품은 재소독/교체 및 재헹굼하고 CCP 모니터링 일지에 이탈사항과 개선조치 사항을 기록하고 생산관리팀장, HACCP팀장에게 보고한다. • 해당로트 제품을 품질관리 팀장에게 공정품 검사를 의뢰한다.

소독	CCP-1BC	2. 기기 고장인 경우 • 공정 담당자는 즉시 작업을 중지하고 공정품을 보류한 뒤, CCP 모니터링 일지에 이탈사항을 기록하고 공무팀에 수리를 의뢰한다. • 수리완료 후 공정품은 재소독한다. • CCP 모니터링 일지에 개선조치사항을 기록하고 생산관리팀장, HACCP팀장에게 보고한다. • 해당 로트 제품을 품질관리 팀장에게 공정품 검사를 의뢰한다.
조미액 및 최종제품 pH측정	CCP-1B	1. 한계기준(조미액 pH) 초과 시 • 공정 담당자는 조미액의 pH를 보정한 후 재측정한다. 2. 한계기준(최종제품 pH) 초과 시 • 공정 담당자는 즉시 작업을 중지한다. • 공정 담당자는 공정품을 보류한 뒤, CCP 모니터링 일지에 이탈사항을 기록하고 조미액의 pH를 보정한다. • 공정 담당자는 HACCP 팀장에게 보고하고 해당로트 제품은 폐기한다. 3. pH측정기 고장인 경우 • 공정 담당자는 pH 측정기를 수리 의뢰한다. • 공정 담당자는 공정품을 보류한 뒤 정상 pH 측정기가 구비될 때까지 생산을 중단한다. • 정상 pH 측정기 구비 후 재측정한다. • CCP 모니터링 일지에 개선조치사항을 기록하고 생산관리팀장, HACCP팀장에게 보고한다.
최종제품 수분 활성도 측정	CCP-1B	1. 한계기준(최종제품 수분활성도) 초과 시 • 공정 담당자는 해당로트의 제품을 건조 또는 재처리한 후 재측정한다. • 공정 담당자는 CCP 모니터링 일지에 이탈사항과 개선조치사항을 기록하고 생산관리팀장, HACCP 팀장에게 보고한다. • 해당로트 제품을 품질관리 팀장에게 공정품 검사를 의뢰한다. 2. 수분활성도 측정기 고장인 경우 • 공정 담당자는 수분활성도 측정기를 수리 의뢰한다. • 공정 담당자는 공정품을 보류한 뒤 수분활성도가 증가하지 않도록 보관하고 정상 수분활성도 측정기가 구비될 때까지 생산을 중단한다. • 정상 수분활성도 측정기 구비 후 재측정한다. • CCP 모니터링 일지에 개선조치사항을 기록하고 생산관리팀장, HACCP팀장에게 보고한다.
금속 검출	CCP-1P	1. 제품에 금속 혼입될 경우 • 공정 담당자는 즉시 작업을 중지한다. • 해당 제품을 재통과하여 확인하고 혼입이 확인 될 경우 CCP 모니터링 일지에 이탈사항과 개선조치사항을 기록하고 생산관리팀장, HACCP팀장에게 보고한다. • 해당로트 제품을 품질관리 팀장에게 공정품 검사를 의뢰한다. 2. 기기 고장인 경우 • 공정 담당자는 즉시 작업을 중지하고 공정품을 보류한 뒤, CCP 모니터링 일지에 이탈사항을 기록하고 공무팀에 수리를 의뢰한다. • 수리 완료 후 CCP 모니터링 일지에 개선조치사항을 기록하고 생산관리팀장, HACCP팀장에게 보고한다. • 해당로트 제품은 재통과시킨다. 3. 감도 저하의 경우 • 공정 담당자는 즉시 작업을 중지하고 공정품을 보류한 뒤, CCP 모니터링 일지에 이탈사항을 기록하고 기기 감도를 측정한다. • 감도 확인 후 CCP 모니터링 일지에 개선조치사항을 기록하고 생산관리팀장, HACCP팀장에게 보고한다. • 해당로트 제품을 품질관리 팀장에게 공정품 검사를 의뢰한다.

(11) 검증절차 및 방법수립

> "**검증(Verification)**"이라 함은 HACCP관리계획의 적절성과 실행여부를 정기적으로 평가하는 일련의 활동(적용방법과 절차, 확인 및 기타 평가 등을 수행하는 행위 포함)을 말함.
> ① 미국미생물기준자문위원회(NACMCF, National Advisory Committee on Microbiological Criteria on Foods) : HACCP Plan의 유효성과 HACCP System이 계획대로 운영되고 있는지를 확인하기 위한 일련의 활동
> ② 국제식품규격위원회(CODEX) : HACCP Plan 준수여부를 확인하기 위하여 적용하는 방법, 절차, 검사 및 기타 평가 행위

여섯 번째 원칙은 HACCP 시스템이 적절하게 운영되고 있는지를 확인하기 위한 검증절차를 설정하는 것이다.

HACCP팀은 HACCP 시스템이 설정한 안전성 목표를 달성하는데 효과적인지, HACCP 관리계획에 따라 제대로 실행되는지, HACCP 관리계획의 변경 필요성이 있는지를 확인하기 위한 검증절차를 설정하여야 한다.

HACCP팀은 이러한 검증활동을 HACCP 계획을 수립하여 최초로 현장에 적용할 때, 해당식품과 관련된 새로운 정보가 발생되거나 원료·제조공정 등의 변동에 의해 HACCP 계획이 변경될 때 실시하여야 한다. 또한, 이 경우 이외에도 전반적인 재평가를 위한 검증을 연 1회 이상 실시하여야 한다.

검증내용은 크게 두 가지로 나뉜다. 즉, HACCP 계획에 대한 유효성 평가(Validation)와 HACCP 계획의 실행성 검증(Implementation)이다.

HACCP 계획의 유효성 평가라 함은 HACCP 계획이 올바르게 수립되어 있는지 확인하는 것으로 발생 가능한 모든 위해요소를 확인·분석하고 있는지, CCP가 적절하게 설정되었는지, 한계기준이 안전성을 확보하는데 충분한지, 모니터링 방법이 올바르게 설정되어 있는지 등을 과학적·기술적인 자료의 수집과 평가를 통해 확인하는 검증의 한 요소이다.

HACCP 계획의 실행성 검증은 HACCP 계획이 설계된 대로 이행되고 있는지를 확인하는 것으로 작업자가 정해진 주기로 모니터링을 올바르게 수행하고 있는지, 기준 이탈시 개선조치를 적절하게 하고 있는지, 검사·모니터링 장비를 정해진 주기에 따라 검·교정하고 있는지 등을 확인하는 것이다. 이

러한 검증활동은 선행요건프로그램의 검증활동과 병행 또는 분리하여 실시할 수 있다.

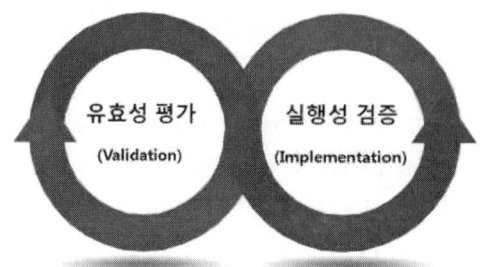

① 검증의 종류

[검증주체에 따른 분류]
- **내부검증** : 사내에서 자체적으로 검증원을 구성하여 실시하는 검증
- **외부검증** : 정부 또는 적격한 제3자가 검증을 실시하는 경우로 식품의약품안전처에서 HACCP 적용업체에 대하여 연1회 실시하는 사후 조사·평가가 이에 포함됨

[검증주기에 따른 분류]
- **최초검증** : HACCP 계획을 수립하여 최초로 현장에 적용할 때 실시하는 HACCP 계획의 유효성 평가(Validation)
- **일상검증** : 일상적으로 발생되는 HACCP 기록문서 등에 대하여 검토·확인하는 것
- **특별검증** : 새로운 위해정보가 발생시, 해당식품의 특성 변경 시, 원료·제조공정등의 변동 시, HACCP 계획의 문제점 발생 시 실시하는 검증
- **정기검증** : 정기적으로 HACCP 시스템의 적절성을 재평가 하는 검증

② 검증의 실시 시기

HACCP 관리계획의 최초 실행과정, 즉 해당 계획서가 작성된 이후 현장에 적용하면서 실제로 해당 계획이 효과가 있는지 확인하기 위하여 최초검

증(유효성 평가)을 반드시 실시하고 문제점을 개선·보완한 이후 본격적으로 HACCP 관리계획을 적용하여야 한다.

HACCP 관리계획은 식품이나 공정상에 실질적인 변경사항이 있는 경우, 또는 기존 계획서가 충분히 효과적이지 못할 수 있음을 나타내는 경우마다 특별검증(재평가)을 실시하여야 하며, 이러한 이유 중 하나에 해당되지 않는 경우에도 적어도 연1회 이상 정기검증을 실시하여야 한다.

[특별검증(재평가)을 실시하여야 하는 경우]
- 해당 식품과 관련된 새로운 안전성 정보가 있을 때
- 해당 식품이 식중독, 질병 등과 관련 될 때
- 설정된 한계기준이 맞지 않을 때
- HACCP 계획의 변경 시(신규원료 사용 및 변경, 원료 공급업체의 변경, 제조·조리 공정의 변경, 신규 또는 대체 장비 도입, 작업량의 큰 변동, 섭취대상의 변경, 공급체계의 변경, 종업원의 대폭 교체)

또한, 일상적으로 발생되는 HACCP 관련 기록들에 대한 일상검증을 주기를 정하여 실시하여야 한다. 즉, 위해를 제거 또는 감소시키기 위한 공정이 제대로 이행되었는지 확인하는 CCP 모니터링 기록 등을 해당제품이 출고되기 이전에 반드시 확인하여야 한다. 이외에 HACCP 계획의 유효성 및 실행성을 확인하기 위하여 필요한 경우 특정부분에 대하여 주, 월, 반기 등 주기를 정하여 검증을 실시할 수 있다.

③ **검증 내용**

[유효성 평가]
수립된 HACCP 계획이 해당식품이나 제조·조리라인에 적합한지 즉, HACCP 계획이 올바르게 수립되어 충분한 효과를 가지는지의 확인사항은 다음과 같다.

- 발생가능한 모든 위해요소를 확인·분석하였는지 여부
- 제품설명서, 공정흐름도의 현장 일치 여부

- CP, CCP 결정의 적절성 여부
- 한계기준이 안전성을 확보하는데 충분한지 여부
- 모니터링 체계가 올바르게 설정되어 있는지 여부, 등이다.

HACCP 계획의 유효성 평가에서는 설정한 CCP 및 한계기준이 적절한지, HACCP 계획이 효과적인지 확인하기 위한 수단으로 미생물 또는 잔류 화학물질 검사 등이 이용된다.

[HACCP 계획의 실행성 검증]

HACCP 계획이 수립된 대로 효과적으로 이행되고 있는지에 대한 확인사항은 다음과 같다.

- 작업자가 CCP 공정에서 정해진 주기로 측정이나 관찰을 수행하는지 확인하기 위한 현장 관찰 활동
- 한계기준 이탈시 개선조치를 취하고 있으며, 개선조치가 적절한 지 확인하기 위한 기록의 검토
- 개선조치 실제 실행여부와 개선조치의 적절성 확인을 위하여 기록의 완전성·정확성 등을 자격 있는 사람이 검토하고 있는지 여부
- 검사·모니터링 장비의 주기적인 검·교정 실시 여부, 등이다.

④ 검증의 실행

[검증 주체]

HACCP 시스템의 검증은 사내 자체적으로 검증원의 자격요건 등을 정하고 검증팀을 구성하여 실시하거나 검증의 객관성을 유지하기 위해 제3자인 외부 전문가를 통하여 검증을 실시할 수 있다.

[검증 계획의 수립]

HACCP 팀은 연간 검증계획을 수립하고 이를 근거로 검증 실시 이전에 검증 종류, 검증원, 검증항목, 검증일정 등을 포함한 검증실시계획을 수립한다.

[검증 활동]

검증활동은 크게 "기록의 검토", "현장조사", "시험·검사"로 구분할 수 있다.

<기록의 검토>

검토되어야 할 기록은 "첫째, 현행 HACCP 계획", "둘째, 이전 HACCP 검증보고서(선행요건프로그램 포함)", "셋째, 모니터링 활동(검·교정기록 포함)", "넷째, 개선조치 사항" 등이 있다.

첫째, HACCP 계획의 검토는 위해요소분석 결과, CCP, 한계기준, 모니터링 방법, 개선 조치 방법이 적절하게 설정되어 있으며 충분한 효과를 가지고 있는지를 평가하는 것이다.

둘째, 이전 HACCP 검증보고서는 이전에 실시한 검증보고서를 검토하는 것은 만성적인 문제점을 파악하는데 도움이 되며, 이전 감사에서의 지적사항은 보다 집중적으로 검토되어야 한다.

셋째, 모니터링 활동은 기록 중 일상적인 기록들은 일상검증을 통해 제대로 모니터링 되고 기록유지 및 개선조치가 이루어지고 있는지 검토되어야 한다. 따라서 정기·특별검증 시에는 모든 기록을 광범위하게 검토하기 보다는 업체의 특성을 고려하여 특히 중요한 부분에 해당되는 모니터링 활동 및 CCP 기록만을 검토하는 것이 효율적이다.

넷째, 개선조치 사항은 모니터링 활동이 누락되었거나, 모니터링 결과 한계기준을 벗어난 모든 사항에 대해서는 즉시 개선조치가 되고 기록되어 있는지 확인하여야 하며, 이에 상응하는 개선조치가 적절하였는지 검토하여야 한다.

<현장조사>

현장조사는 검증의 한 부분인 실행성을 확인할 수 있는 활동일 뿐만 아니라 이를 통하여 HACCP 계획이 효과적으로 운영될 수 있는 수준으로 선행요건 프로그램이 유지되고 있음을 확인할 수 있다.

현장조사의 핵심은 제조·가공·조리공정흐름도, 작업장 평면도 등이 작성된 기준서와 일치하는지를 확인하고, 모니터링 담당자와의 면담 및 기록 확인을 통하여 모니터링 활동을 제대로 수행하고 있는지를 평가하는 것이다.

검증자는 현장조사 시 다음 사항을 반드시 확인해야 한다. 1. 설정된 CCP의 유효성, 2. 담당자의 CCP 운영, 한계기준, 모니터링 및 기록관리 활동에 대한 이해, 3. 한계기준 이탈시 담당자가 취해야 할 조치사항에 대한 숙지 상태, 4. 모니터링 담당 종업원의 업무 수행상태 관찰, 5. 공정중의 모니터링 활동 기록의 일부 확인

<시험·검사>

HACCP 계획의 효율적 운영여부를 검증하는 방법의 하나는 미생물실험, 이화학적 검사 등을 통한 확인 검증하는 것이다. 모니터링 활동을 통해서 CCP 관리가 완벽하게 수행되었음을 확인하기 위함이다. 따라서 CCP가 적절히 관리되고 있는지 검증하기 위하여 주기적으로 시료를 채취하여 실험분석을 실시할 필요가 있다. 이는 모니터링 방법이 위해요소의 제어에 간접적인 수단이 되는 경우에 특히 필요하다.

이를 위한 시료채취 및 시험의 빈도는 HACCP 계획에 규정되어야 하며, CCP 관리방법, 한계기준 및 모니터링활동이 CCP를 연속적으로 관리하기에 적절한지를 검증할 수 있어야 한다. 특히, HACCP 계획이 처음 개발되거나 또는 중요한 변경이 이루어진 경우에는 CCP 관리가 적절히 이루어지고 있음을 입증할 수 있도록 시험·검사를 실시하는 것이 바람직하다.

[HACCP 검증 보고서 작성]

HACCP 검증결과는 반드시 문서화되어 영업자에 의해 검토 또는 승인되어야 하며, 해당 문서에는 검증종류, 검증원, 검증일자, 검증결과, 개선·보완내용 및 조치결과를 포함하여야 한다.

[HACCP 계획의 검증 방법]

HACCP 계획의 검증은 현행 계획의 운영현황을 파악하고 개선의 필요성을 구체적으로 제시하기 위한 것으로, 위해요소 분석결과와 관리방법, CCP의 선정, 모니터링 활동, 개선조치 및 기록관리 검토를 포함한다. 주요항목의 검증 시 고려해야 할 사항은 다음과 같다.

<위해요소 분석결과의 검증>

- 선행요건 프로그램은 최종 위해요소 분석 수행 시와 동일한 신뢰수준을 유지하면서 운영·관리되고 있는가?
- 제품 설명서, 유통경로, 용도와 소비자 등이 정확히 기술되어 있으며, 작업장 평면도, 공조시설계통도, 용수 및 배수처리계통도 등이 현장과 일치하는가?
- 예비단계에서 수집된 위해관련 정보가 충분하며, 정확한가?
- 원료, 공정별 발생가능한 위해요소를 모두 단위물질로 도출 하였는가?
- 도출된 위해요소를 원료, 실제 공정별로 공정에서 반제품, 완제품을 대상으로 시험한 통계자료를 바탕으로 발생가능성 기준이 수립되었는가?
- 현장 공정평가자료(원료, 공정별 위해요소 시험자료)를 바탕으로 발생가능성을 평가하였는가?
- 원료별, 공정별 발생가능성과 심각성을 고려하여 평가한 위해평가결과가 동일한 수준으로 판단되는가?
- 위해요소를 관리하기 위한 예방조치방법이 이 식품 및 공정에 가장 적합한 현실성 있는 방법인가?
- 관리방법이 신뢰할 수 없거나 또는 효과적이지 않다는 것을 나타내는 모니터링 기록이나 개선조치 기록이 있는가?
- 보다 효과적으로 관리할 수 있는 새로운 정보가 있는가?

<CCP의 검증>

- 현행 CCP가 위해요소 관리를 위한 공정상의 최적의 선택인가?
- 실제생산라인에서 도출된 위해요소별로 원료, 반제품, 완제품 등을 대상으로 하는 공정 평가자료를 바탕으로 CCP를 설정하였는가?
- 생산제품, 제조·조리공정, 작업장 환경 변화 등으로 인하여 현행 CCP가 위해 를 관리하기에 충분하지 않은가?
- CCP에서 관리되는 위해요소가 더 이상 심각한 위해가 아니거나 또는 다른 CCP에서 보다 효과적으로 관리되고 있는가?

<한계기준의 평가>
- 설정된 한계기준이 과학적인 근거를 충분히 가지고 있는지, 관련된 새로운 위해 관련 정보가 있는지, 이러한 정보가 기존의 한계기준을 변경하도록 요구하는지를 판단하여야 한다. 한계기준 변경 시 생산·조리제품에 대한 응용 연구결과, 문헌보고 내용, 식품안전 관련 관계법령 변경 등 모든 정보·자료를 근거로 한계기준에 대한 재평가를 수행하고 변경여부를 결정해야 한다.
- 실제생산라인에서 도출된 위해요소별로 원료, 반제품, 완제품 등을 대상으로 하는 공정 평가자료를 바탕으로 한계기준을 설정하였는가?
- CCP 공정에서 가공조건별(가열시간, 온도, 세척시간, 횟수, 가수량 등)로 위해요소 제어 또는 제거효과 시험자료를 바탕으로 유효성 평가를 하였는가?

<모니터링 활동의 재평가>
- 개별 CCP에서의 모니터링활동 내용이 정확한가?
- 모니터링은 해당 공정이 한계기준 이내에서 운영되고 있는지를 판정할 수 있는가?
- 모니터링은 관리활동이 보증될 수 있는 충분한 빈도로 실시되고 있는가?
- 안정적인 관리상태 유지를 위해서 공정조정 혹은 개선조치가 얼마나 자주 요구되는가?
- 보다 좋은 모니터링 방법이 있는가?
- 모니터링 도구 및 장비가 제대로 기능을 발휘하고 있으며, 교정된 상태를 유지하는가?
- 빈번한 일탈현상이 자동화된 모니터링 체계에 따른 문제점으로 밝혀진 경우에는 수동 모니터링체계로 변환하도록 요구될 수도 있다.

<개선조치의 평가>
현행 개선조치가 모니터링 활동 내지는 한계기준 이탈 현상을 개선하고 관리하는데 적절한가를 평가하는 것으로, 대부분 개선조치 보고서와 개선조치에

관한 HACCP 모니터링 보고서에서 관련자료를 얻을 수 있다. 재평가 과정에서 이루어진 HACCP 계획의 모든 개정 사항도 역시 개선조치를 검토할 때 고려되어야 한다.

- 한계기준에서 설정된 기준 이탈에 대하여 모두 개선조치 가능한 방법인가?
- 선 조치 후 보고 체계를 바탕으로 육하원칙에 따라 모니터링 담당자가 이해 가능하도록 구체적으로 수립되었는가?

(12) 문서화 및 기록유지

일곱 번째 원칙은 HACCP 체계를 문서화하는 효율적인 기록유지 방법을 설정하는 것이다. 기록유지는 HACCP 체계의 필수적인 요소이며, 기록유지가 없는 HACCP 체계의 운영은 비효율적이며 운영근거를 확보할 수 없기 때문에 HACCP 계획의 운영에 대한 기록의 개발 및 유지가 요구된다.

HACCP 체계에 대한 기록유지 방법 개발에 접근하는 방법 중의 하나는 이전에 유지 관리하고 있는 기록을 검토하는 것이다. 가장 좋은 기록유지 체계는 필요한 기록내용을 알기 쉽게 단순하게 통합한 것이다. 즉, 기록유지 방법을 개발할 때에는 최적의 기록담당자 및 검토자, 기록시점 및 주기, 기록의 보관 기간 및 장소 등을 고려하여 가장 이해하기 쉬운 단순한 기록서식을 개발하여야 한다. HACCP 체계의 운영과 관련된 기록목록의 예는 다음과 같다. 이 기록들은 제품을 유통시키기 전에 해당 작업장에서 HACCP 관리계획을 준수하였음을 보증하는 것이다.

① **원료**
- 규격에 적합함을 증빙하는 원료공급업체의 시험증명서
- 공급업체의 시험성적서를 검증한 업체의 지도·감독 기록
- 온도에 민감하거나 유통기한이 설정된 원료에 대한 보관온도 및 기간 기록

② **공정관리**
- CCP와 관련된 모든 모니터링 기록
- 식품 취급과정이 적절하게 지속적으로 운영하는지를 검증한 기록

③ **완제품**
- 식품의 안전한 생산을 보장할 수 있는 자료 및 기록
- 제품의 안전한 유통기한을 입증할 수 있는 자료 및 기록
- HACCP 계획의 적합성을 인정한 문서

④ **보관 및 유통**
- 보관 및 유통온도 기록
- 유통기간이 경과된 제품이 출고되지 않음을 보여주는 기록

⑤ **한계기준 일탈 및 개선조치**
- CCP의 한계기준 이탈 시 취해진 공정이나 제품에 대한 모든 개선조치 기록

⑥ **검증**
- HACCP 계획의 설정, 변경 및 재평가 기록

⑦ **종업원 교육**
- 식품위생 및 HACCP 수행에 관한 교육훈련 기록

7원칙 12절차에 따라 관리계획이 수립되게 되면 해당 계획을 HACCP 계획 일람표 양식에 따라 일목요연하게 도표화하여 기록·관리한다.

이렇게 HACCP 관리계획이 작성되면 HACCP 팀원 및 현장 종업원들에 대한 교육을 통하여 해당내용을 주지시킨 후 현장에 시범적용토록 하여 실제 현장에 적용하였을 경우 효과가 있는지, 종사자들에 의해 실행함에 있어 문제점은 없는지 등을 확인해야 한다. 이러한 과정을 "최초검증"이라 하는데, HACCP 관리계획이 수립되면 반드시 이 과정을 거쳐야 한다.

최초검증 결과 미흡사항 또는 문제점 등에 대하여는 반드시 해결책을 찾아 HACCP 관리계획에 반영·개선한 후 HACCP 시스템을 본격적으로 운영한다.

- HACCP Plan(예시)

> "HACCP관리계획(HACCP plan)"이란 식품의 원료 구입에서부터 최종 판매에 이르는 전 과정에서 위해가 발생할 우려가 있는 요소를 사전에 확인하여 허용 수준 이하로 감소시키거나 제거 또는 예방할 목적으로 HACCP 원칙에 따라 작성한 제조·가공·조리·소분·유통 공정 관리문서나 도표 또는 계획을 말한다.

식품안전관리인증계획서(HACCP PLAN)

HACCP 적용 유형(특성포함) : 예) 과자(유탕처리제품)

해당제품 : 예) ○○링, ○○과자 등

(1)	(2)	(3)	(4)	(5)	(6)	(7)	(8)	(9)	(10)
중요관리점	주요위해	한계기준	모니터링				개선조치	기록물	검증
			대상	방법	주기	담당자			
예) 1B 가열(유탕)공정	예) 병원성 미생물 잔존 (리스테리아 모노사이토젠스, 장출혈성 대장균 등)	예) 가열 온도 (유탕온도): 000~000℃	예) 가열기 설정 온도 또는 가열기 표시 온도	예) 설정온도 (표시온도) 육안 확인	예) 작업 시작 시, 작업 중 0시간 마다, 작업 종료 시	예) 가열 담당 홍길동	예) 1. 작업 중단 2. 온도 미달: - 가열기 이상 확인 - 온도 도달시 작업 재개 - 재가열(또는 폐기) 3. 온도 초과: - 가열기 이상 확인 - 냉각 후 작업 재개 - 제품 이상 확인 후 다음공정(또는 폐기)	예) 중요관리점 점검표	예) 공정 검증 작업 전 온도계측 장치 정확도 확인, 1회/년 검교정 월 1회 모니터링, 개선조치방법, 실행성 검증
		가열 시간 (유탕시간): 00분00초 ~00분00초	가열기 설정 시간 또는 투입 후 경과시간	설정시간 육안확인 또는 가열 시간 타이머 측정			1. 작업 중단 2. 시간 미달: - 가열기 이상 확인(또는 담당자 확인) - 재가열(또는 폐기) 3. 시간 초과: - 가열기 이상 확인(또는 담당자 확인) - 제품 이상 확인 후 다음공정(또는 폐기)		
		가열(유탕) 후 제품온도: 00℃ 이상	제품온도 또는 제품품온	제품온도 ○○온도계 측정			1. 작업 중단 2. 온도 미달: - 가열기 이상(온도, 시간) 확인 - 제품 상태 확인 - 재가열(또는 폐기)		

식품안전관리인증계획서(HACCP PLAN)

HACCP 적용 유형(특성포함) : 냉동수산식품(어류)(냉동 전 비가열제품)
해당제품 : 예) 고등어, 삼치

(1) 중요관리점	(2) 주요위해	(3) 한계기준	(4) 모니터링 대상	(5) 모니터링 방법	(6) 모니터링 주기	(7) 모니터링 담당자	(8) 개선조치	(9) 기록물	(10) 검증
예) 1B 소독 및 헹굼	예) 병원성 미생물 잔존 (리스테리아 모노사이토젠스, 장출혈성 대장균 등)	예) 소독 농도: 000~000ppm	예) 소독수 잔류 염소농도	예) 잔류 염소농도 테스트 페이퍼 확인	예) 매 작업 시마다	예) 소독 담당 강감찬	예) 1. 작업 중단 2. 농도 미달: - 소독수 농도 재조정 - 재소독 실시(또는 폐기) - 제품 이상 확인 후 다음공정(또는 폐기) 3. 농도 초과: - 소독수 농도 재조정 - 제품 이상 확인 후 다음공정(또는 폐기)	예) 중요관리점 점검표	예) 공정 검증 작업 전 염소측정기 정확도 확인, 1회/년 검교정 월 1회 모니터링, 개선조치방법, 실행성 검증
		소독 시간: 00분~00분	소독수 침지 시간	침지시간 타이머 확인			1. 작업 단 2. 시간 미달: - 재소독(또는 폐기) - 제품 이상 확인 후 다음공정(또는 폐기) 3. 시간 초과: - 제품 이상 확인 후 다음공정(또는 폐기)		
		소독 후 헹굼수량: 00ℓ 이상 (유수 00 ℓ/분 이상)	소독 후 헹굼수량	헹굼 수량 수량계 확인			1. 작업 중단 2. 헹굼 수량 미달: - 수량계 이상(온도, 시간) 확인 - 제품 상태 확인 - 재헹굼 - 제품 이상 확인 후 다음공정(또는 폐기)		

식품안전관리인증계획서(HACCP PLAN)

HACCP 적용 유형(특성포함) : 예) 단순전처리제품(냉장)

해당제품 : 예) 감자, 양파

(1) 중요관리점	(2) 주요위해	(3) 한계기준	(4) 모니터링 대상	(5) 모니터링 방법	(6) 모니터링 주기	(7) 모니터링 담당자	(8) 개선조치	(9) 기록물	(10) 검증
예) 1B 세척	예) 병원성 미생물 잔존 (리스테리아 모노사이토젠스, 장출혈성 대장균 등)	예) 세척 원료량: 00kg 이하	예) 원료 투입량	예) 원료 투입량 저울 확인	예) 작업 시작 시, 작업 중 0시간 마다, 작업 종료 시	예) 세척 담당 이순신	예) 1. 작업 중단 3. 온도 초과: - 원료 투입량 재조정 - 제품 이상 확인 후 다음공정(또는 폐기)	예) 중요관리점 점검표	예) 공정 검증 작업 전 수량계 정확도 확인, 1회/년 검교정 월 1회 모니터링, 개선조치방법, 실행성 검증
		세척수량: 00ℓ/분 이상	세척 시 유수량	유수량 수량계 확인			1. 작업 중단 2. 유수량 미달: - 수도 공급량 이상확인 - 수도꼭지 개방량 확인 - 제품 이상 확인 후 재세척(또는 폐기)		
		세척시간: 00˝00초	세척시간	세척시간 타이머 확인			1. 작업 중단 2. 시간 미달: - 담당자 작업방법 확인 - 제품 상태 확인 - 재세척(또는 폐기) 3. 시간 초과: - 담당자 작업방법 확인 - 제품 상태 확인 - 다음공정(또는 폐기)		

식품안전관리인증계획서(HACCP PLAN)

HACCP 적용 유형(특성포함) : 예) 절임류(식초절임)

해당제품 : 예) 단무지

(1) 중요관리점	(2) 주요위해	(3) 한계기준	(4) 모니터링 대상	(5) 모니터링 방법	(6) 모니터링 주기	(7) 모니터링 담당자	(8) 개선조치	(9) 기록물	(10) 검증
예) 1B 조미액 및 최종제품 pH 측정	예) 병원성 미생물 잔존 및 증식 (리스테리아 모노사이토젠스 장출혈성 대장균 등)	예) 조미액 pH: 3.5~3.7	예) 조미액 제조 후 pH 측정	예) 조미액의 pH를 pH 측정기로 측정	예) 조미액 제조 시마다	예) 가열 담당 허준	예) 1. 작업 중단 2. pH 미달: - pH 측정기 보정 - pH 재조정 후 측정 - 제품 이상 확인 후 다음공정(또는 폐기) 3. pH 초과: - pH 측정기 보정 - pH 재조정 후 측정 - 제품 이상 확인 후 다음공정(또는 폐기)	예) 중요관리점 점검표	예) 공정 검증 작업 전 pH측정장치 정확도 확인, 1회/년 검교정 월 1회 모니터링, 개선조치방법, 실행성 검증
		최종제품 pH: 3.7~4.0	조미액 충진 후 최종제품 pH 측정	최종제품을 마쇄 후 pH측정기로 측정	예) 매 로트별		1. 작업 중단 2. pH 미달: - pH 측정기 보정 - 제품 폐기 3. pH 초과: - pH 측정기 보정 - 조미액 pH 조정 후 재충진 - 제품 이상 확인 후 다음공정(또는 폐기)		

식품안전관리인증계획서(HACCP PLAN)

HACCP 적용 유형(특성포함) : 예) 건강기능성식품 - 비타민(분말제품)

해당제품 : 예) 비타민 믹스

(1)	(2)	(3)	(4)	(5)	(6)	(7)	(8)	(9)	(10)
중요관리점	주요위해	한계기준	모니터링				개선조치	기록물	검증
			대상	방법	주기	담당자			
예) 1B 최종제품 수분활성도 측정	예) 병원성 미생물 잔존 및 증식 (리스테리아 모노사이토젠스, 장출혈성 대장균 등)	예) 최종 제품 수분활성도 0.6 이하	예) 최종제품 수분활성도	예) 최종제품의 수분활성도를 수분활성도 측정기로 측정	예) 매 로트별	예) 공정담당 하니	예) 1. 작업 중단 2. 수분활성도 초과: - 측정기 이상 확인 - 재건조 - 재측정 - 제품 이상 확인 후 다음공정(또는 폐기)	예) 중요관리점 점검표	예) 공정 검증 작업 전 수분활성도 측정 장치 정확도 확인, 1회/년 검교정 월 1회 모니터링, 개선조치방법, 실행성 검증

식품안전관리인증계획서(HACCP PLAN)

HACCP 적용 유형(특성포함) : 예) 배추김치(1쪽씩 통과)
해당제품 : 예) 배추김치

(1) 중요관리점	(2) 주요위해	(3) 한계기준	(4) 모니터링 대상	(5) 모니터링 방법	(6) 모니터링 주기	(7) 모니터링 담당자	(8) 개선조치	(9) 기록물	(10) 검증
예) 1P 금속 검출 공정	예) 금속성 이물철 2.0mmφ, 스테인레스 3.0mmφ 이상 잔존	예) 철 2.0mmφ, 스테인레스 3.0mmφ 이상 불검출	예) 금속검출기 상태 이상	예) 설정된 크기의 표준시편을 통과 시켜 확인	예) 작업 시작 시, 작업 중 0시간 마다, 작업 종료 시	예) 가열 담당 임격정	예) 1. 작업 중단 2. 제품 혼입: - 재통과 - 제품 별도 분류 - 작업 종료 후 제품 확인 3. 기기 고장: - 공정품 보류 - 금속검출기 수리 의뢰 - 수리 완료 후 작업 재개 4. 감도 이상: - 공정품 보류 - 감도 재조정 - 기기 정상감도 확인 후 작업 재개	예) 중요관리점 점검표	예) 공정 검증 작업 전 금속검출기 정확도 확인, 1회/년 검교정 월 1회 모니터링, 개선조치방법, 실행성 검증
			예) 모든 제품	예) 금속성 이물이 포함되지 않은 것으로 확인된 제품을 시편과 함께 금속 검출기 통과					

(13) 교육·훈련

▶ 연간 교육 훈련 계획 수립
▶ 교육목적, 내용, 강사, 방법 등 고려 구체적으로 작성
▶ 종사자, HACCP팀원, 모니터링담당자, 검증요원, 사내강사 등 대상을 고려 세분화된 교육 계획 수립

① 교육훈련 내용
- 위생교육 훈련 [예)개인위생, 세척·소독방법]
- HACCP교육 훈련 [예) 모니터링, 개선조치, 검증 등]

② 교육훈련 평가
- 세부적 평가기준 수립 (점수제 등)
- 서면평가, 구두평가, 현장실행평가 등

■ 교육훈련 기관

기관명	홈페이지	연락처
푸드원텍㈜	http://www.f1tech.co.kr	02)2027-3158
경상대학교 HACCP교육원	http://haccp.gnu.ac.kr	055)763-4129
경남 HACCP 교육훈련원	http://haccp.jhc.ac.kr	055)740-1757
한국보건산업진흥원	http://edu.khidi.or.kr	043-713-8229
한국식품정보원	http://www.foodi.com/	02)2671-2690
신라대학교 산학협력단 HACCP교육훈련원	http://haccp.silla.ac.kr	051)999-6989
㈜미래컨설팅닷컴	http://www.fmtc.co.kr	02)783-9004
㈜에프디엑스	http://www.fdx.or.kr	070)8250-7812
한국식품산업협회	http://www.foodedu.or.kr	02)585-5052
㈜세스코 식품안전센터	http://www.cescofs.co.kr	1588-1119
한양대학교HACCP교육원	http://haccphanyang.com	02)2220-4206
대구대학교 산학협력단 HACCP교육원	http://haccp.daegu.ac.kr	053)850-4775
전북대학교 HACCP 교육원	http://www.biofood.re.kr	063)270-4343

[외부교육]
- 신규교육훈련시간(지정 시)
    - 영업자 교육훈련 : 2시간 이상
    - HACCP팀장 교육훈련: 16시간 이상
    - HACCP 팀원, 기타 종업원 교육, 훈련 : 4시간 이상(자체 실시가능)
- 정기교육훈련시간 (지정 후)
    - HACCP팀장 교육훈련(팀원 대체가능), HACCP팀원, 기타종업원 교육 훈련 : 연1회 4시간 이상
    - HACCP 팀원 및 기타 종업원 교육훈련: 자체 내부 교육 실시 가능.

[내부교육] : 연간교육훈련계획(자체)에 따라 운영
- 필수 교육 사항
    - 위해요소중점관리기준 원칙과 절차
    - 식품위생제도 및 식품위생 법령
    - 위해요소중점관리기준의 적용방법, 조사·평가, 자체평가 및 관련 식품위생에 관한 사항

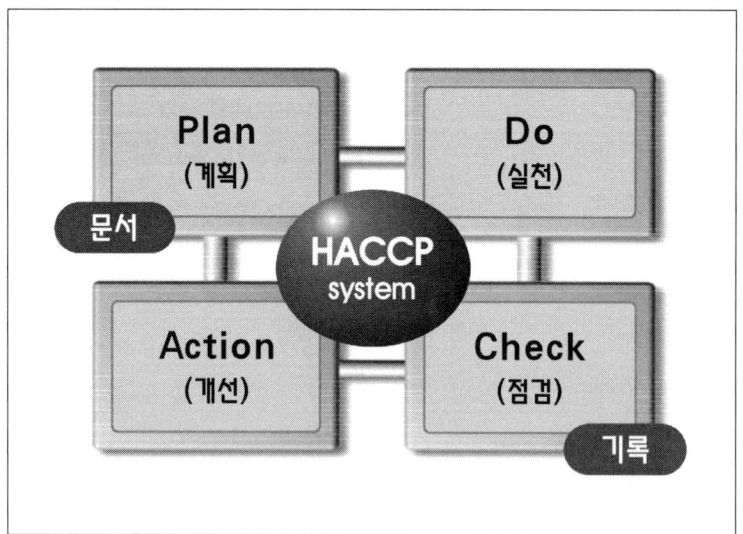

〈HACCP 시스템 요약도〉

Chap.3 해썹(HACCP) 제정고시

「식품 및 축산물 안전관리인증기준」 제정고시(식품의약품안전처 고시 제2015-97호)

[HACCP 제정고시 해설]

1. 해썹(HACCP) 제도

식품위해요소 중점관리기준(Hazard Analysis Critical Control Point)을 적용하여, 식품의 원료, 제조·가공·조리 및 유통의 모든 단계에서 발생할 수 있는 위해요소(hazard)를 분석(analysis)하고, 이를 예방, 제거 또는 허용수준 이하로 감소시킬 수 있도록 공정에 대한 중요관리점(critical control point)을 지정하여 과학적, 체계적으로 관리하기 위한 제도이다.

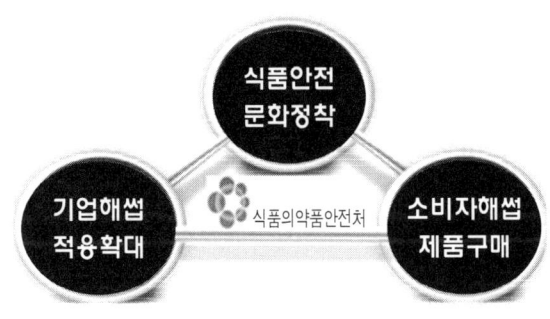

〈해썹(HACCP) 제도〉

[해썹(HACCP) 제도 연혁(식품)]

- 1995. 12 : 위해요소중점관리기준 법적근거 신설(식품위생법 제32조의2)
- 1996. 12 : 식품위해요소중점관리기준(식약청 고시) 제정
- 2002. 08 : 의무적용 법적근거 마련(식품위생법 제48조제2항)
- 2003. 08 : 의무대상품목 지정(시행규칙)
  ① 어묵류, ② 냉동식품(피자류·만두류·면류), ③ 냉동수산식품(어류·연체류·조미가공품), ④ 빙과류, ⑤ 비가열음료, ⑥ 레토르트식품, ⑦ 배추김치('06. 12 추가)

- 2005. 10 : 6개 식품 의무적용 세부기준(적용시기) 마련(식약청 고시)
- 2009. 02 : HACCP 지원사업 수탁(한국보건산업진흥원 등) 법적근거 마련
- 2014. 01 : 한국식품안전관리인증원 개원
- 2014. 11 : 신규 의무적용 8품목 지정(시행규칙)
    ① 과자·캔디류, ② 빵류·떡류, ③ 초콜릿류, ④ 어육소시지, ⑤ 음료류, ⑥ 즉석섭취식품, ⑦ 국수·유탕면류, ⑧ 특수용도식품
- 2014. 11 : HACCP 인증업무 한국식품안전관리인증원으로 위탁
- 2015. 8. 18 : HACCP 적용 부실업체 행정조치 강화(One-Strike-Out 제 시행)
    HACCP업체 정기조사·평가결과 60점 미만이거나 주요안전조항 ① 원료검수(검사)미실시, ② 지하수 살균·소독 미실시, ③ 작업장 소독·세척 미실시, ④ 중요관리점(CCP) 관리 미흡 등
- 2015. 11. 10 : 위생안전취약식품(순대, 떡볶이) 의무적용 입법예고
- 2015. 12. 22 : 식품 및 축산물 안전관리인증 기준 고시 제정

2. 해썹(HACCP) 적용현황

- 1997년 이후 HACCP 적용 품목수 꾸준히 증가
- HACCP 지정현황('14. 6) : 4,618 품목 운영(식품제조가공업 4,501 품목, 97.4%)
    - 식품제조가공업 중 자율적용 53.8%(2,424 품목), 의무적용 46.1%(2,077 품목) 운영
    - 의무적용 품목 중 냉동수산식품 54%(1,123 품목), 배추김치 17.4%(363 품목)임.

■ 업종별 적용현황

식품제조가공업	집단급식소	집단급식소 식품판매업	기타 식품판매업	식품접객업	식품소분업	총계
4,501	20	9	1	75	12	4,618

■ 의무적용 확대품목 적용현황 (2014. 12.1)

어육소시지	과자	캔디류	음료류	빵류	떡류	초콜릿	국수	유탕면류	특수용도식품	즉석섭취식품	계
4	53	25	150	79	78	50	36	10	26	58	569

3. 해썹(HACCP) 제도의 정책방향

(1) 해썹(HACCP)의 의무적용 확대

- 연매출 100억원 이상 업소 의무적용 (2017년까지 500개소)
- 어린이 기호식품, 다소비 식품 제조업소 의무적용 (2020년까지 7,141개소)
  - 8개 품목 : 과자·캔디류, 빵류·떡류, 초콜릿류, 어육소시지, 음료류, 즉석섭취식품, 국수·유탕면류 및 특수용도식품

▶ 연매출과 종사자수에 따라 4단계로 구분하여 의무적용 추진 (2014~2020년)

단계	대 상 기 준	시행시기
1단계	연매출 20억 원 이상이면서 종업원수 51인 이상인 업체	2014. 12. 01부터
2단계	연매출 5억 원 이상이면서 종업원수 21인 이상인 업체	2016. 12. 01부터
3단계	연매출 1억 원 이상이면서 종업원수 6인 이상인 업체	2018. 12. 01부터
4단계	연매출 1억 원 미만 또는 종업원수 5인 이하인 업체	2020. 12. 01부터

※ OEM(주문자위탁생산)제조업소 의무적용 (2020년까지 1,535개소 예정)

(2) 자율적 적용품목 지정 확대

① 고속도로 휴게소 내 일반음식점, 휴게음식점 등에 해썹 적용

- 고속도로 휴게소 위생수준 향상을 위해 해썹(HACCP) 지정 추진
  - 칠곡(하) 휴게소 등 34개소, 65개 식품접객업소(일반음식점, 휴게음식점) 지정 ('14. 6. 30)
- 2015년까지 국토교통부에서 해썹(HACCP) 인증 150개소 목표

② 주류 해썹(HACCP) 적용
- 주류(탁주 등)에 대한 해썹(HACCP) 지정이 가능함에 따라 수출업체 등을 중심으로 적용 활성화('2013. 07. 01 시행)
- 적용대상 : 전통주 및 막걸리 등(1,170여 개소)
  - 탁주(868), 약주(230), 청주(69), 과실주(230), 증류식 소주(48)

4. 해썹(HACCP) 관리실태의 점검과 결과

[정기평가 관리기준 미흡 증가]

● 최근 5년간 HACCP 정기평가 결과 평균 9.4%가 평가기준에 미달

■ HACCP 적용업체 평가결과

연도	대상 건수	평가 건수	평가결과		미흡업체 조사결과		
			적합	미흡(%)	시정개선	지정취소	진행중
2009	583	454	404	50(8.9)	50	0	0
2010	728	884	628	55(8.0)	57	1(0.1%)	0
2011	1,153	1,110	1,035	75(8.5)	73	2(0.2%)	0
2012	1,782	1,889	1,541	128(7.3)	128	2(0.1%)	0
2013	2,914	2,742	2,272	470(18.1)	443	27(0.8%)	0

※평가계획 건수 중 우수등급('12부터 시행-12년 75건, 13년 115건) 제외
※대상건수 중 평가불능(폐업, 지정취소 등) 업소 제외
※평가결과 미흡은 즉시 시정, 개선 조치 후 재평가 실시, 2회 이상의 시정명령을 받고도 이를 이행하지 아니한 경우 지정취소

5. 해썹(HACCP) 제도의 홍보정책

[해썹 제도 소비자 인지도 제고 등 홍보강화]

① 광고・홍보 : TV, 지하철 등의 공익광고 추진
② 대중매체 : 홍보 캐치프레이즈를 효과적으로 전달할 수 있는 모델을 선정하여 홍보물 제작

③ 현장방문 : HACCP 홍보관 및 소비자 견학 프로그램 확대 운영
 - 소비자 대상 교육 및 견학 프로그램을 통해서 시너지 효과 창출
④ 온라인 홍보 : 소셜미디어(SNS) 등, 온라인 홍보강화

HACCP 제품 = 믿고 선택할 수 있는 안전한 제품

6. 해썹(HACCP) 위생안전시설 개선자금 지원

[지원 목적]

① 안전한 식품생산 기반구축을 위해 해썹(HACCP) 적용 확대 필요
  ※정부 국정과제 세부추진과제로 선정
② 해썹(HACCP) 적용을 위해서는 일정 부분의 위생안전시설 및 설비 투자 필요
  - 식품제조업체 약 80%가 연매출액 5억원 미만의 영세업체로 재정기반 취약
    ⇒해썹(HACCP) 적용에 소요되는 위생안전시설 및 설비 설치자금(2천만원) 중 50%를 국고로 지원(1천만원 한도)하여 소규모 업체의 해썹(HACCP) 적용 확대

[행정 사항]

① 식품의약품안전처는 해썹(HACCP)을 적용하고자 하는 소규모 식품제조업체에 대하여 위생안전시설 개선자금 지원사업 및 설명회 실시.
② 한국식품안전관리인증원(KIFSMA)을 통한 현황관리, 해썹(HACCP) 적용 지원 및 독려 등.

■ 해썹(HACCP) 고시의 구성(2013. 12. 31.)

순서	제목	주요 내용
제1장-1~2조	총칙	목적, 정의
제2장-3~16조	HACCP 적용체계/운영관리	적용대상, HACCP팀 구성 적용업소 인증 및 사후관리
제3장-17~23조	교육훈련	-
제4장-24조	우대관리	-

7. 제1조, 3조 목적 및 적용대상 영업자

식품 및 축산물 안전관리인증기준
식품의약품안전처 고시 제2015-97호(제2015.12.22, 제정)

제1장 총 칙
제1조(목적) 이 기준은「식품위생법」제48조, 같은 법 시행규칙 제62조부터 제68조까지 및「건강기능식품에 관한 법률」제38조에 따른「식품안전관리인증기준」의 적용·운영 및 교육·훈련 등에 관한 사항과「축산물 위생관리법」제9조부터 제9조의4까지, 같은 법 시행규칙 제7조부터 제7조의3까지 및 제7조의5부터 제7조의8까지에 따른「축산물안전관리인증기준」의 적용·운영 등에 관한 사항을 정함을 목적으로 한다.

제2장 안전관리인증기준(HACCP) 적용 체계 및 운영 관리

제3조(적용대상 영업자) 이 기준은「식품위생법」,「건강기능식품에 관한 법률」및「축산물 위생관리법」에 따라 영업허가를 받거나 신고 또는 등록을 한 자와「축산법」에 따라 축산업의 허가 또는 등록을 한 자 중 안전관리인증기준(HACCP)을 준수하여야 하는 영업자·농업인과 그 밖에 안전관리인증기준의 준수를 원하는 영업자를 대상으로 적용한다. 다만, 국외에 소재하여 식품·축산물을 제조·가공하는 자나 수출을 목적으로 하는 자가 이 기준의 준수를 원하는 경우 이 기준을 적용하게 할 수 있다.

8. 제4조 적용품목 및 시기 등

① 이 기준은「식품위생법」및 같은 법 시행규칙,「건강기능식품에 관한 법률」,「축산물 위생관리법」및 같은 법 시행규칙에 따라 의무적으로 안전관리인증기준(HACCP)을 적용해야 하는 식품·축산물에 적용하며, 필요한 경우 그 이외의 제품에 대해서도 적용할 수 있다. 다만, 생산식품이 해당 지역 내에서만 유통되는 도서지역의 영업자이거나 생산식품을 모두 국외로 수출하는 영업자는 제외한다.
② 안전관리인증기준(HACCP) 의무적용 시기는 각 법에서 정한 바에 따르되, 연매출액 및 종업원수를 기준으로 하여 연매출액과 종업원 수의 요건을 동시에 충족하는 시기를 말하며, 연매출액 산정은 해당 사업장에서 제조·가공하는 의무적용 대상 식품·축산물의 총 매출액을 기준으로 하고, 종업원 수는「근로기준법」에 의한 영업장 전체의 상시근로자를 기준으로 한다.
③ 제2항의 규정에도 불구하고 신규영업 또는 휴업 등으로 1년간 매출액을 산정할 수 없는 경우에는 매출액 산정이 가능한 최근 3개월의 매출액을 기준으로 1년간 매출액을 산정하여 의무적용 시기를 정할 수 있다. 다만, 식품안전관리인증기준 의무적용 대상업소 중 기준 준수에 필요한 시설·설비 등의 개·보수를 위하여 일정 기간이 필요하다고 요청하여 식품의약품안전처장이 인정하는 경우에는 1년의 범위 내에서 의무적용을 유예할 수 있다.

[식품위생법]

■ 해썹(HACCP) 의무적용품목(가공식품)

어묵류	냉동식품 (피자류, 만두류, 면류)	냉동수산식품 (어류, 연체류, 조미가공품)	배추김치 '08.12.~'14.12 의무적용 완료
비가열음료	레토르트식품	빙과류	
'06.12.~'12.12 의무적용 완료			

■ 해썹(HACCP) 신규 의무적용품목(8개 품목)

① 2014. 12.~2020. 12. 신규 의무적용 진행(연매출 100억 원 이상 업체의 모든 생산품목 2012. 12.)

■ 제4조 해썹(HACCP) 적용품목 및 시기 등

[HACCP 의무적용 품목]

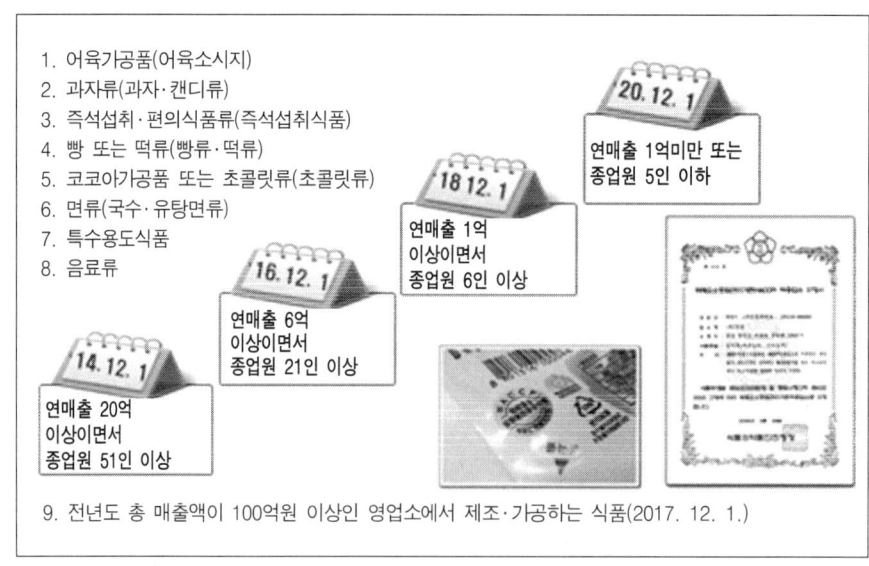

※OEM(주문자위탁생산) 제조업소 의무적용('20년까지 검토중)

9. 제5조 선행요건 관리

① 「식품위생법」 및 「건강기능식품에 관한 법률」, 「축산물 위생관리법」에 따른 안전관리인증기준(HACCP) 적용업소(도축장, 농장은 제외한다)는 다음 각 호와 관련된 별표 1의 선행요건을 준수하여야 한다.

1. 식품(식품첨가물 포함)제조·가공업소, 건강기능식품제조업소, 집단급식소식품판매업소, 축산물작업장·업소
   가. 영업장 관리
   나. 위생 관리
   다. 제조·가공·조리 시설·설비 관리
   라. 냉장·냉동 시설·설비 관리
   마. 용수 관리
   바. 보관·운송 관리
   사. 검사 관리
   아. 회수 프로그램 관리

2. 집단급식소, 식품접객업소(위탁급식영업), 도시락제조·가공업소(운반급식 포함)
   가. 영업장 관리
   나. 위생 관리
   다. 제조·가공·조리 시설·설비 관리
   라. 냉장·냉동 시설·설비 관리
   마. 용수 관리
   바. 보관·운송 관리
   사. 검사 관리
   아. 회수 프로그램 관리

3. 기타 식품판매업소
   가. 입고 관리
   나. 보관 관리
   다. 작업 관리
   라. 포장 관리
   마. 진열·판매 관리
   바. 반품·회수 관리

4. 소규모업소, 즉석판매제조가공업소, 식품소분업소, 식품접객업소(일반음식점·휴게음식점·제과점)

가. 작업장(조리장), 개인위생 관리
　　나. 방충·방서 관리
　　다. 종업원 교육
　　라. 세척·소독 관리
　　마. 입고·보관 관리
　　바. 용수 관리
　　사. 검사 관리
　　아. 냉장·냉동창고 온도 관리
　　자. 이물 관리

② 「축산물 위생관리법」에 따른 안전관리인증기준(HACCP) 적용업소 중 도축장, 농장은 다음 각 호와 관련된 선행요건을 준수하여야 한다.

1. 도축장
　　가. 위생관리 기준
　　나. 영업자·농업인 및 종업원의 교육·훈련
　　다. 검사 관리(법 제17조 및 제18조의 규정에 따른 미검사품 및 검사 불합격품 사후 관리 포함)
　　라. 회수프로그램 관리
　　마. 제조·가공 시설·설비 등 환경 관리(영업장, 방충·방서, 채광 및 조명, 환기, 배관, 배수, 용수, 탈의실, 화장실 등)

2. 농장
　　가. 차단방역 관리
　　나. 농장시설·설비 관리, 부화장시설·설비 관리
　　다. 농장위생관리, 부화장위생관리
　　라. 사료·동물용의약품·음수·용수 관리
　　마. 질병 관리
　　바. 반입 및 출하 관리
　　사. 착유관리, 알 관리(해당 축종에 한함), 종란 관리(부화장에 한함)

③ 안전관리인증기준(HACCP) 적용업소는 제1항 또는 제2항의 선행요건 준수를 위해 필요한 관리계획 등을 포함하는 선행요건관리기준서를 작성하여 비치하여야 한다. 다만, 제1항 또는 제2항의 선행요건을 포함하는 자체 위생관리기준서를 작성·비치한 경우 이를 선행요건관리기준서로 갈음 또는 대체할 수 있다.

④ 제1항 및 제2항에도 불구하고 해당 가공품 유형의 연매출액이 5억원 미만이거나 종업원 수가 21명 미만인 식품(식품첨가물 포함)제조·가공업소, 건강기능식품

> 제조업소 및 축산물가공업소와 해당 영업장의 연 매출액이 5억원 미만이거나 종업원 수가 10명 미만인 집단급식소식품판매업소, 식육포장처리업소, 축산물운반업소, 축산물보관업소, 축산물판매업소 및 식육즉석판매가공업소(이하 "소규모 업소"라 한다)는 별표 1의 소규모 업소용 선행요건을 준수할 수 있다.
>
> ⑤ 제3조의 단서규정에 따라 국외에 소재하여 식품·축산물을 제조·가공하는영업자의 경우에는 국제식품규격위원회(Codex Alimentarius Commission)의 우수위생기준(Good Hygienic Practice)을 선행요건으로 적용할 수 있다.
>
> ⑥ 제3항에 따른 선행요건관리기준서를 제정하거나 이를 개정한 때에는 일자, 담당자 및 관리책임자 또는 영업자의 이름을 적고 서명하여야 한다.

선행요건 관리기순서 작성은 HACCP 적용업소의 경우 선행요건 준수를 위해 필요한 관리계획 등을 포함하는 선행요건관리기순서를 작성하여 하고, 해당 품목의 연 매출액 5억 원 미만이거나 종업원 수가 21인 미만인 소규모 업소는 소규모 업소용 선행요건을 준수하여야 함.
 일반음식점 - 휴게음식점 - 제과점은 식품접객업소의 선행요건 준수하여야 하고 국외 소재 식품제조 - 가공업 영업자의 경우 국제식품규격위원회(Codex)의 우수위생기준(Good Hygienic Practice)을 선행요건으로 적용함.

10. 제6조 안전관리인증 기준관리

> ① 안전관리인증기준(HACCP) 적용업소는 다음 각 호의 안전관리인증기준(HACCP) 적용원칙과 별표 2의 안전관리인증기준(HACCP) 적용 순서도에 따라 제조·가공·조리·소분·유통·판매하는 식품, 가축의 사육과 축산물의 원료관리·처리·가공·포장·유통 및 판매에 사용하는 원·부재료와 해당 공정에 대하여 적절한 안전관리인증기준(HACCP) 관리계획을 수립·운영하여야 한다.
>
> 1. 위해요소 분석
> 2. 중요관리점 결정
> 3. 한계기준 설정
> 4. 모니터링 체계 확립
> 5. 개선조치 방법 수립

6. 검증 절차 및 방법 수립
7. 문서화 및 기록 유지

② 제1항에 따른 안전관리인증기준(HACCP) 관리계획은 과학적 근거나 사실에 기초하여 수립·운영하여야 하며, 중요관리점, 한계기준 등 변경사항이 있는 경우에는 이를 재검토하여야 한다.

③ 「식품위생법」에 따른 안전관리인증기준(HACCP) 적용업소는 제1항에 따른 안전관리인증기준(HACCP) 관리계획의 적절한 운영을 위하여 다음 각 호의 사항을 포함하는 안전관리인증기준(HACCP) 관리기준서를 작성·비치하여야 한다.

1. 식품(식품첨가물 포함)제조·가공업소, 건강기능식품제조업소
    가. 안전관리인증기준(HACCP)팀 구성
        (1) 조직 및 인력현황
        (2) 안전관리인증기준(HACCP)팀 구성원별 역할
        (3) 교대 근무 시 인수·인계 방법
    나. 제품설명서 작성
        (1) 제품명·제품유형 및 성상
        (2) 품목제조보고 연·월·일(해당제품에 한한다)
        (3) 작성자 및 작성 연·월·일
        (4) 성분(또는 식자재) 배합비율
        (5) 제조(포장)단위(해당제품에 한한다)
        (6) 완제품 규격
        (7) 보관·유통상(또는 배식상)의 주의사항
        (8) 유통기한(또는 배식시간)
        (9) 포장방법 및 재질(해당 제품에 한한다)
        (10) 표시사항(해당 제품에 한한다)
        (11) 기타 필요한 사항
    다. 용도 확인
        (1) 가열 또는 섭취 방법
        (2) 소비 대상
    라. 공정 흐름도 작성
        (1) 제조·가공·조리 공정도(공정별 가공방법)
        (2) 작업장 평면도(작업특성별 분리, 시설·설비 등의 배치, 제품의 흐름과정, 세척·소독조의 위치, 작업자의 이동경로, 출입문 및 창문 등을 표시한 평면도면)
        (3) 급기 및 배기 등 환기 또는 공조시설 계통도
        (4) 급수 및 배수처리 계통도
    마. 공정 흐름도 현장 확인

바. 원·부자재, 제조·가공·조리·유통에 따른 위해요소분석
　(1) 원·부자재별·공정별 생물학적·화학적·물리적 위해요소 목록 및 발생원인
　(2) 위해평가(원·부자재별, 공정별 각 위해요소에 대한 심각성과 위해발생가능성 평가)
　(3) 위해평가 결과 및 예방조치·관리 방법
사. 중요관리점 결정
　(1) 확인된 주요 위해요소를 예방·제어(또는 허용수준 이하로 감소)할 수 있는 공정상의 단계·과정 또는 공정 결정
　(2) 중요관리점 결정도 적용 결과
아. 중요관리점의 한계기준 설정
자. 중요관리점 모니터링 체계 확립
차. 개선 조치방법 수립
카. 검증 절차 및 방법 수립
　(1) 유효성 검증 방법(서류조사, 현장조사, 시험검사) 및 절차
　(2) 실행성 평가 방법(서류조사, 현장조사, 시험검사) 및 절차
타. 문서화 및 기록유지방법 설정

2. 기타 식품판매업소
　가. 안전관리인증기준(HACCP)팀 구성
　　(1) 조직 및 인력현황
　　(2) 안전관리인증기준(HACCP)팀 구성원별 역할
　　(3) 교대 근무 시 인수·인계 방법
　나. 입고·보관·작업·포장·진열·판매 등 판매 흐름도 작성
　다. 입고·보관·작업·포장·진열·판매 등 단계별 위해요소분석
　라. 중요관리점 결정
　마. 중요관리점의 한계기준 설정
　바. 중요관리점 모니터링 체계 확립
　사. 개선 조치방법 수립
　아. 검증 절차 및 방법 수립
　자. 문서화 및 기록유지방법 설정

3. 집단급식소, 식품접객업소, 집단급식소식품판매소, 즉석판매제조가공업소, 식품소분업소
　가. 안전관리인증기준(HACCP)팀 구성
　　(1) 조직 및 인력현황
　　(2) 안전관리인증기준(HACCP)팀 구성원별 역할
　　(3) 교대 근무 시 인수·인계 방법
　나. 조리·제조·소분 공정도(과정별 조리·제조·소분방법) 작성
　다. 원·부자재, 조리·제조·소분·판매에 따른 위해요소분석

(1) 원·부자재별·공정별 생물학적·화학적·물리적 위해요소 목록 및 발생원인
(2) 위해평가(원·부자재별, 조리·제조·소분 공정별 각 위해요소에 대한 심각성과 위해발생가능성 평가)
(3) 위해요소분석결과 및 예방조치·관리 방법

라. 중요관리점 결정
(1) 확인된 주요 위해요소를 예방·제어(또는 허용수준 이하로 감소)할 수 있는 공정상의 단계·과정 또는 공정 결정

마. 중요관리점의 한계기준 설정
바. 중요관리점 모니터링 체계 확립
사. 개선 조치방법 수립
아. 검증 방법 및 절차 수립
자. 문서화 및 기록유지방법 설정

④ 「축산물 위생관리법」에 따른 안전관리인증기준(HACCP) 적용업소는 제1항에 따른 안전관리인증기준(HACCP) 관리계획의 적절한 운영을 위하여 다음 각 호의 사항이 포함된 안전관리인증기준(HACCP) 관리기준서를 작성·비치하여야 한다. 다만, 축산물가공업소의 경우 식품제조·가공업소의 안전관리인증기준(HACCP) 관리기준서를 같이 활용할 수 있다.

1. 안전관리인증기준(HACCP)팀 구성
   가. 조직 및 인력현황
   나. 안전관리인증기준(HACCP)팀 구성원별 역할
   다. 교대근무 시 인수·인계방법

2. 도체설명서(도축장에 한한다)
   가. 도체식육명
   나. 도체절단방법
   다. 보관·운반·판매시 주의사항
   라. 식육용도
   마. 작성자 이름 및 작성 연월일
   바. 기타 필요한 사항

3. 제품설명서(축산물가공장, 식육포장처리장에 한한다)
   가. 제품명, 제품 유형 및 성상
   나. 품목제조보고연월일
   다. 작성자 및 작성연월일
   라. 성분배합비율
   마. 처리·가공(포장)단위
   바. 완제품의 규격
   사. 보관·유통상의 주의사항

아. 제품의 용도 및 유통기간
자. 포장방법 및 재질
차. 기타 필요한 사항

4. 축산물설명서(식육판매업, 식용란수집판매업, 식육즉석판매가공업에 한한다)
  가. 식육·포장육·식용란명
  나. 식육·포장육·식용란의 제조일자 또는 유통기한
  다. 작성자 및 작성연월일
  라. 보관·유통상의 주의사항
  마. 용도
  바. 기타 필요한 사항

5. 축산물설명서(축산물보관업, 축산물운반업에 한한다)
  가. 축산물의 종류
  나. 축산물의 포장상태 및 보관(운반)온도
  다. 작성자 및 작성연월일
  라. 보관(운반) 중 주의사항
  마. 기타 필요한 사항

6. 원유설명서(집유업, 젖소농장에 한한다)
  가. 원유의 종류
  나. 보관 및 운반 온도
  다. 작성자 및 작성연월일
  라. 구매자
  마. 집유·운반상 주의사항
  바. 용도
  사. 기타 필요한 사항

7. 가축설명서(농장, 부화장에 한한다)
  가. 용도
  나. 품종
  다. 작성자 및 작성연월일
  라. 구매자, 출하처 및 출하시 운반자
  마. 항생제 처치 및 휴약기간 경과 여부(부화장 제외)
  바. 주사침 잔류여부(부화장 제외)
  사. 항생제무첨가 사료 급여기간
  아. 기타 필요한 사항

8. 도살·처리·가공·포장·유통 및 판매 공정(과정) 등의 시설·설비(농장은 제외한다)
  가. 공정도(공정별 처리·가공·포장 및 유통 등의 방법)

Part 1. 해썹인증실무 145

나. 평면도(작업특성별 분리, 시설·설비 등의 배치, 제품의 흐름 또는 축산물의 생산·유통과정, 세척·소독조의 위치, 종업원의 이동경로, 출입문 및 창문 등을 표시한 것을 말한다)
다. 급기 및 배기 등 환기 또는 공조시설(공기여과시설 및 배출시설을 말한다) 계통도
라. 급수 및 배수처리 계통도

9. 가축 사육의 시설·설비(농장에 한한다)
   가. 사양관리 절차도
   나. 사육시설·설비(축사, 소독 및 차단시설)
   다. 농장 평면도(축종특성별 분리(축사 배치), 시설·설비 등의 배치, 가축의 이동, 차량의 이동경로, 소독조의 위치, 출입자의 이동경로 등을 표시한 것을 말한다)
   라. 가축분뇨처리장

10. 위해요소의 분석
11. 중요관리점 결정
12. 중요관리점의 한계기준 설정
13. 중요관리점 모니터링 체계 확립
14. 개선 조치방법 수립
15. 검증 절차 및 방법 수립
16. 문서화 및 기록유지방법 설정

⑤ 제1항부터 제4항까지의 규정에도 불구하고 소규모 업소는 별도로 정하여진 「소규모 업소용 안전관리인증기준(HACCP) 표준관리기준서」를 활용하여 안전관리인증기준(HACCP) 관리 계획 및 기준서를 작성·비치할 수 있다.

⑥ 제3항 및 제4항에 따른 안전관리인증기준(HACCP) 관리기준서는 업종(축종) 또는 가공품의 유형별로 작성하여야 하며, 이를 제정하거나 개정할 때에는 일자, 담당자 및 관리책임자 또는 영업자의 이름을 적고 서명하여야 한다.
HACCP 관리 계획은 제조·가공·조리·유통하는 식품에 사용하는 원·부재료와 해당 공정에 대한 적절한 HACCP관리계획을 수립·운영하여야 한다.

1. 위해요소 분석
2. 중요관리점 결정
3. 한계기준 설정
4. 모니터링 체계 확립
5. 개선조치 방법 수립
6. 검증 절차 및 방법 수립
7. 문서화 및 기록 유지

HACCP 관리계획은 과학적 근거나 사실에 기초하여 수립-운영하며 공정 또는 원재료 등의 변경사항이 있는 경우 이를 재검토 한다. HACCP 관리계획의 적절한 운영을 위하여 HACCP 관리기준서 작성-비치한다. 단, 소규모 업소는 별도의 소규모 업소용 HACCP 표준관리기준서 활용 가능하다.

11. 제9조 안전관리인증 기준 팀구성 및 팀장의 책무

① 안전관리인증기준(HACCP) 적용업소의 영업자·농업인은 안전관리인증기준(HACCP) 관리를 효과적으로 수행할 수 있도록 안전관리인증기준(HACCP) 팀장과 팀원으로 구성된 안전관리인증기준(HACCP) 팀을 구성·운영하여야 한다.

② 안전관리인증기준(HACCP) 팀장은 종업원이 맡은 업무를 효과적으로 수행할 수 있도록 선행요건관리 및 안전관리인증기준(HACCP) 관리 등에 관한 교육·훈련 계획을 수립·실시하여야 한다.

③ 안전관리인증기준(HACCP) 팀장은 원·부재료 공급업소 등 협력업소의 위생관리 상태 등을 점검하고 그 결과를 기록·유지하여야 한다. 다만, 공급업소가「식품위생법」제48조 또는「축산물 위생관리법」제9조에 따른 안전관리인증기준(HACCP) 적용업소일 경우에는 이를 생략할 수 있다.

④ 안전관리인증기준(HACCP) 팀장은 원·부자재 공급원이나 제조·가공·조리·소분·유통 공정 변경 등 안전관리인증기준(HACCP) 관리계획의 재평가 필요성을 수시로 검토하여야 하며, 개정이력 및 개선조치 등 중요 사항에 대한 기록을 보관·유지하여야 한다.

⑤ 도축장의 관리책임자는 별표 3의 안전관리인증기준(HACCP) 적용 도축장의 미생물학적 검사요령에 따라 해당 도축장에 대하여 대장균(Escherichia coli Biotype I) 검사를 실시하고 그 결과에 따라 적절한 조치를 하여야 한다.

12. 제10조 HACCP 적용업소 인증신청 등

제10조(안전관리인증기준 적용업소 인증신청 등) ①「식품위생법」제48조제3항에 따라 안전관리인증기준(HACCP) 적용업소로 인증받고자 하는 자는「식품위생법 시행규칙」제63조제1항에 따라 동 규칙 별지 제52서식의 안전관리인증기준(HACCP) 적용업소 인증신청서(전자문서로 된 신청서를 포함한다)에 적용대상 식품별 식품안전관리인증계획서를 첨부하여 한국식품안전관리인증원장에게 제출하여야 한다.

② 「축산물위생관리법」제9조제3항에 따라 안전관리인증작업장·안전관리인증업소·안전관리인증농장의 인증을 받으려는 자는 「축산물위생관리법 시행규칙」 제7조의3제1항에 따라 동 규칙 별지 제1호의3서식의 안전관리인증작업장·업소·농장(HACCP) 인증신청서(전자문서로 된 신청서를 포함한다)에 업종(축종)별 또는 가공품의 유형별 자체안전관리인증기준을 첨부하여 축산물안전관리인증원장에게 제출하여야 한다.

③ 「축산물위생관리법」 제9조제4항에 따라 안전관리통합인증업체로 인증을 받으려는 자는 「축산물위생관리법 시행규칙」별지 제1호의4서식의 안전관리통합인증업체(HACCP) 인증신청서(전자문서로 된 신청서를 포함한다)에 동 규칙 제7조의3제4항제1호부터 제5호까지의 서류를 첨부하여 축산물안전관리인증원장에게 제출하여야 한다.

④ 축산물안전관리인증원장은 「축산물위생관리법 시행규칙」 제7조의3제6항 또는 제7항에 따라 인증을 신청한 자에 대한 안전관리인증기준(HACCP)의 준수여부를 심사할 경우 안전관리인증기준(HACCP) 운영능력이 있는지를 확인하기 위하여 업종(축종)별 또는 가공품의 유형별 자체안전관리인증기준에 따른 1개월 이상의 운영실적을 확인할 수 있다.

⑤ 「축산물위생관리법」 제9조의2제2항에 따라 안전관리인증작업장·안전관리인증업소·안전관리인증농장 또는 안전관리통합인증업체의 인증 유효기간을 연장 받으려는 자는 「축산물위생관리법 시행규칙」 별지 제1호의3서식의 안전관리인증작업장·업소·농장(HACCP) 인증연장신청서(전자문서로 된 신청서를 포함한다) 또는 별지 제1호의4서식의 안전관리통합인증업체(HACCP) 인증연장신청서를 축산물안전관리인증원장에게 제출하여야 한다.

⑥ 제1항 및 제2항의 식품·축산물 안전관리인증계획서란 다음 각 호의 자료를 말한다.
1. 중요관리점 및 한계기준
2. 모니터링 체계
3. 개선조치 및 검증 절차 및 방법

⑦ 제1항 또는 제2항, 제3항에 따라 안전관리인증기준(HACCP) 인증신청서를 제출하는 영업자·농업인은 영업의 종류별·축종별, 가공품의 유형별로 신청하여야 한다.

⑧ 한국식품안전관리인증원장 또는 축산물안전관리인증원장은 제1항 또는 제2항, 제3항에 따라 제출한 서류가 기준에 미흡한 경우 일정기간을 정하여(특별한 경우를 제외하고는 15일 이내에) 보완할 것을 요구할 수 있다.

(1) HACCP 적용업소 인증신청

① 법-근거
- 식품위생법 제48조 및 식품위생법시행규칙 제 63조

② 민원서류 접수
- 민원인이 한국식품안전관리인증원 민원실에 민원서류 접수 - 방문, 우편, 팩스, 전자민원접수(E-mail : doc@haccpkorea.or.kr)

③ 확인서류

■ HACCP 적용업소 인증 신청 민원
- 식품안전관리인증기준(HACCP) 적용업소 인증신청서
- 법 제48조제1항에 따라 작성한 적용대상 식품별 식품안전관리인증계획서(중요관리점의 한계 기준, 모니터링 방법, 개선조치 및 검증방법을 기술한 자체 계획서)

■ HACCP 적용업소 지정사항 변경 신청 민원(변경사항 발생 후 30일 이내)
- 식품안전관리인증기준(HACCP)적용업소 인증사항 변경신청서
- 식품안전관리인증기준(HACCP)적용업소 인증서 원본
- 영업등록(신고)증 사본(소재지 변경의 경우에 한함)
- 중요관리점(CCP) 변경내용 설명서(공정에 대한 위해평가 및 한계기준 설정 근거 자료 포함)
- 공정흐름도
- '식품안전관리인증기준' 제12조제3항에 의한 동일공정의 유사유형인 식품을 HACCP 적용 품목으로 추가하고자 하는 민원

■ 서류 확인시 주의사항
- 수수료 납부 유무(인증 20만원, 변경 10만원)
- 민원처리기한의 산정(인증 40일, 변경 15일)

    ※ 법정 공휴일은 제외, 토요일은 포함

- 집단급식소 인증 신청인의 주체는 설치신고자
- 위탁급식을 하는 경우 「소재지」란 항목의 공장(사업장)란에 업체명, 소재지, 신고번호를 기재 했는지 확인
- 식품유형별로 신청하는 것을 원칙

※ 민원서류가 접수되면 담당자는 구비서류를 확인하고 서류 미비시 보완 또는 반려조치

① HACCP 적용업소 인증신청 민원서류 처리과정

- 서류검토(적용대상 식품별 식품안전관리인증계획서 : 중요관리점의 한계 기준, 모니터링 방법, 개선조치 및 검증방법을 기술한 자체 계획서 등)
- 신청서류 보완요구(해당 사항이 있는 경우에 한함) : 보완기간 10일 이내
- 현장심사 실시
- 보완요구(보완 후 적합의 경우에 한함) : 보완기간 3개월 이내
- 보완결과 현장 조사 및 결과보고(보완 후 적합의 경우에 한함)
- 인증서 발급(적합) 또는 부적합 통보

[HCCP 인증 후 기술지원]

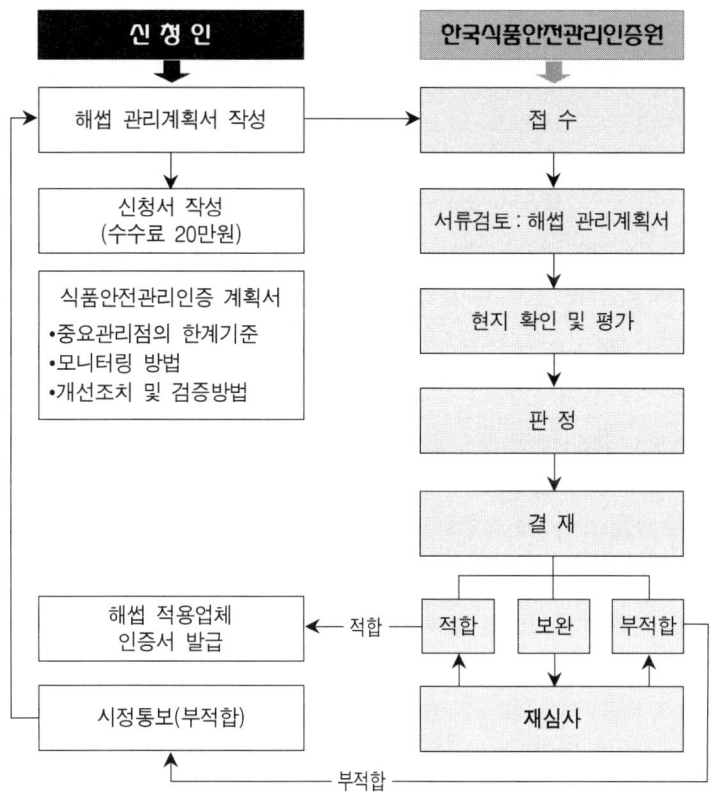

〈HACCP 인증신청 프로세스〉

13. 제11조 안전관리인증기준 적용업소 인증 등

제11조(안전관리인증기준 적용업소의 인증 등)

① 한국식품안전관리인증원장 또는 축산물안전관리인증원장은 안전관리인증기준(HACCP) 적용업소의 인증 또는 연장(연장신청은 축산물의 경우에만 한정한다) 신청을 받은 때에는 신청인이 제출한 서류를 심사한 후 별표 4의 안전관리인증기준(HACCP) 실시상황평가표에 따라 현장조사를 실시하여 평가하며, 평가당시 신청인이 제출한 자료 등의 신뢰성이 의심되는 경우 수거 및 검사 등을 통해 확인하여 그 결과를 반영할 수 있다. 이 경우 「식품위생법」 제49조제1항에 따라 식품이력추적관리를 등록한 자에 대하여는 선행요건 중 회수 프로그램 관리를 운영한 것으로 평가할 수 있다.

② 한국식품안전관리인증원장 또는 축산물안전관리인증원장은 현장조사 결과 보완이 필요한 경우에는 3개월 이내에 보완하도록 요구할 수 있으며, 보완을 요구한 기한 내에 해당사항이 보완되지 아니한 경우에는 안전관리인증기준(HACCP) 적용업소의 인증 또는 연장 절차를 종결 처리할 수 있다.

③ 한국식품안전관리인증원장 또는 축산물안전관리인증원장은 제1항에 따른 평가 결과 이 기준에 적합한 경우에는 해당 식품의 제조·가공·조리·소분·유통·판매업소 또는 해당 축산물의 가축사육 농장, 축산물의 처리·가공·포장·유통 및 판매시설이나 영업장·업소를 안전관리인증기준(HACCP) 적용업소로 인증하고, 「식품위생법 시행규칙」 별지 제53호 서식 또는 「축산물 위생관리법 시행규칙」 별지 제1호의5 또는 별지 제1호의6 서식의 인증서를 발급한다.

④ 한국식품안전관리인증원장 또는 축산물안전관리인증원장은 별표 4의 안전관리인증기준(HACCP) 실시상황평가표에 따라 현장조사를 실시하고 평가하기 위하여 제19조 안전관리인증기준(HACCP) 지도관에 준하거나 관련교육을 이수한 관계공무원, 관련협회 등으로 안전관리인증기준(HACCP) 평가단을 구성·운영할 수 있다.

⑤ 영업자·농업인이 평가기준이 마련되지 않은 품목에 대해 안전관리인증기준(HACCP) 적용작업장 등으로 인증을 받고자 하는 경우에는 「축산물 위생관리법 시행규칙」 제7조의3제1항에 따른 인증 신청 전 축산물안전관리인증원장과 협의하여야 하며, 이 경우 축산물안전관리인증원장은 식품의약품안전처장과 사전협의를 거쳐 이 고시에 따른 유사기준을 적용하여 인증할 수 있다.

[HACCP 적용업소 인증신청 평가]

(일반 HACCP)

■ 인증평가

구 분	적 합	보 완	부적합
선행요건	85% 이상	71~84%	70% 이하
HACCP	170점 이상	160~169점	159점 이하

■ 정기조사평가

구 분	적 합	부적합
선행요건	85% 이상	84% 이하
HACCP	170점 이상	169점 이하

▶ 중점항목 과락제 운영
  • HACCP 관리 3-5(CCP 모니터링 및 개선조치) : 인증평가(27/45), 정기조사(30/50)

(소규모 HACCP)

구 분	적 합	보 완	부적합
지 정	17개 이상	14~16개	14개 이하
정 기	17개 이상	-	16개 이하

• 법 제49조 제1항에 따라 식품이력추적관리를 등록한 자에 대하여는 선행요건 중 회수 프로그램 관리를 운영한 것으로 평가할 수 있다.

14. 제12조 적용업소 인증사항 변경

제12조(안전관리인증기준 적용업소 인증사항 변경)

① 제11조에 따라 안전관리인증기준(HACCP) 적용업소로 인증된 자가 중요관리점을 추가·삭제·변경하는 등 인증받은 사항을 변경하거나 소재지를 이전(이 경우에도 안전관리인증기준(HACCP)을 계속 적용하여야 한다)하는 때에는 변경 또는 이전한 날로부터 30일 이내에「식품위생법 시행규칙」별지 제54호서식 또는「축산물 위생관리법 시행규칙」별지 제1호의7 서식에 따른 변경신청서(전자문서로 된 신청서를 포함한다)에 변경 사항을 증명할 수 있는 서류를 첨부하여 한국식품안전관리인증원장 또는 축산물안전관리인증원장에게 제출하여야 한다.

② 한국식품안전관리인증원장 또는 축산물안전관리인증원장은 제1항에 따른 안전관리인증기준(HACCP) 적용업소 인증사항 변경신청을 받은 때에는 서류검토나 현장조사 등의 방법으로 변경사항을 확인하여야 한다.

③ 한국식품안전관리인증원장 또는 축산물안전관리인증원장은 제2항에 따른 확인 결과 안전관리인증기준(HACCP)을 인증받는데 지장이 없다고 인정될 때에는「식품위생법 시행규칙」별지 제53호서식 또는「축산물 위생관리법 시행규칙」별지 제1호의5서식 또는 별지 제1호의6서식에 따른 안전관리인증기준(HACCP) 적용업소 인증서에 해당사항을 기재하여 재교부하여야 한다.

④ 한국식품안전관리인증원장 또는 축산물안전관리인증원장은 제1항에 따라 신청인이 제출한 서류가 기준에 미흡한 경우 제10조제8항의 절차를 준용하여 보완을 요구할 수 있으며, 현장조사 평가결과 보완이 필요한 경우에는 제11조제2항을 준용하여 보완을 요구하거나 변경절차를 종결처리할 수 있다.

(1) HACCP 적용업소 인증사항 변경신청

① HACCP 적용업소 인증사항 변경신청 및 처리과정
- CCP(중요관리점), 소재지 변경시의 경우에만 해당
- 단순 상호명, 대표자명, 행정구역상 지, 번의 변경 등의 경우, 별도 양식 없이 민원인이 공문으로 변경 요청하면 인증서를 변경하여 발급
- '식품안전관리인증기준'제12조제3항에 의한 동일공정의 유사유형인 식품을 HACCP 적용 품목으로 추가하고자 하는 민원인이 제조공정

도, 공정흐름도, 원료 및 공정시험, CCP, 한계기준 등 위해평가 자료를 첨부하여 품목 추가 요청하면 서류검토 및 현장 확인 후 품목추가 가능

- 서류검토(변경내용 설명서 등 검토)
- 보완요구 및 완료보고(해당사항이 있는 경우에 한함)
- 현지조사 실시(식품안전관리인증기준 제12조제2항)
- 인증서 변경 발급(적합) 또는 부적합 통보

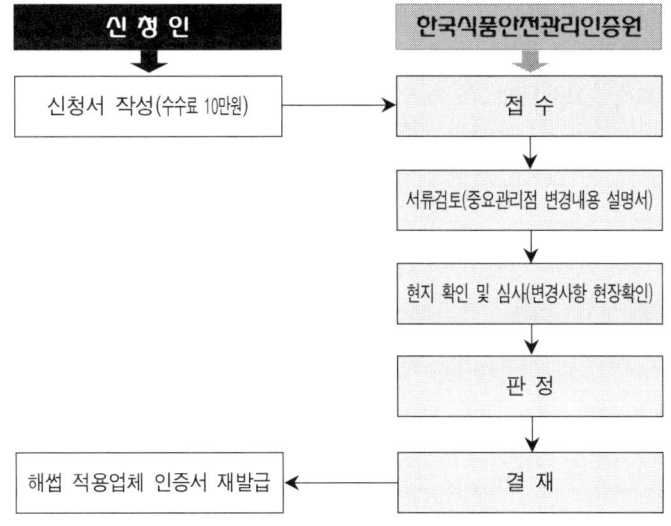

〈HACCP 적용업소 인증사항 변경처리 프로세스〉

제12조 해썹(HACCP) 적용업소 인증사항 변경은 CCP 추가‧삭제‧변경하여 소재지 이전 시 30일 이내에 변경신청서하여 제출하여야 한다. 서류검토, 현지조사 등을 확인하고 변경사항을 기재하여 재교부 인증 받은 식품에 HACCP 체계에 지장이 없음을 인정할 수 있는 경우 동일한 공정을 이용한 유사 유형의 식품을 HACCP 적용식품으로 추가한다.

15. 제14조 인증서의 반납

> 제14조(인증서의 반납)
> ① 「식품위생법」 제48조 제8항 또는 「축산물 위생관리법」 제9조의4에 따라 안전관리인증기준(HACCP) 인증취소를 통보 받은 영업자 또는 영업소 폐쇄처분을 받거나 영업을 폐업한 영업자는 제11조제3항 또는 제12조제3항에 따라 발급된 안전관리인증기준(HACCP) 적용업소 인증서를 한국식품안전관리인증원장 또는 축산물안전관리인증원장에게 지체 없이 반납하여야 하며, 영업자가 반납처리를 하지 않은 경우 한국식품안전관리인증원장 또는 축산물안전관리인증원장은 인허가기관에 폐업 등의 여부를 확인하여 자체적으로 처리할 수 있다.
>
> ② 안전관리인증기준(HACCP) 적용업소로 인증된 집단급식소 중 위탁 계약 만료 등으로 운영자가 변경되어 안전관리인증기준(HACCP)을 적용하지 않을 경우 해당 집단급식소는 안전관리인증기준(HACCP) 적용업소 인증이 취소되며, 당해 집단급식소 신고자는 안전관리인증기준(HACCP) 적용업소 인증서를 한국식품안전관리인증원장에게 즉시 반납하여야 한다.

인증서 반납은 인증 취소, 영업소 폐쇄, 폐업의 경우 인증서를 지체 없이 반납하여야 하고, 집단급식소 운영자 변경, 위탁계약 만료시 인증서가 자동 취소되므로 즉시 인증서를 자진 반납하여 한다.

(1) 인증취소 등의 기준(식품위생법 시행규칙 행정예고)

① 정기조사·평가 결과(85% 미만~60% 이상) : 시정명령
② 정기조사·결과(60% 미만) : 즉시인증취소
③ HACCP에서 정한 제조·가공 방법대로 제조·가공하지 아니한 경우 : 시정명령
④ 2개월 이상의 영업정지/그에 갈음하여 과징금을 부과 받은 경우 : 인증취소
⑤ 영업자/종업원이 법 제48조제5항에 따른 교육훈련을 받지 아니한 경우 : 시정명령
⑥ 인증 받은 식품을 미지정 업소에 위탁하여 제조-가공한 경우 : 즉시 인증취소

⑦ 변경신고를 하지 아니한 경우 : 시정명령

⑧ 위 ③, ⑤, ⑦호를 위반 2회 이상의 시정명령을 미이행 한 경우 : 즉시 인증취소

⑨ 위 ①호를 위반하여 1회 이상의 시정명령을 미이행 한 경우 : 즉시인증취소

⑩ CCP 등 주요 사항으로서 식약처장이 정하는 항목을 위반한 경우 : 즉시인증취소

(지하수 살균/소독, 원료 검사/검수, 작업장 세척/소독 미실시, CCP 위반 등)

⑪ 거짓이나 그 밖의 부정한 방법으로 식품안전관리인증을 받은 경우 : 즉시인증취소

16. 제15조 조사·평가의 범위와 주기 등

제15조(조사·평가의 범위와 주기 등)

① 지방식품의약품안전청장은 「식품위생법 시행규칙」 제66조에 따라 안전관리인증기준(HACCP) 적용업소로 인증받은 업소에 대하여 안전관리인증기준(HACCP) 준수 여부를 별표4에 따라 연 1회 이상 서류검토 및 현장조사의 방법으로 정기 조사·평가할 수 있으며, 조사·평가 당시 신청인이 제출한 자료 등의 신뢰성이 의심되거나 주요안전조항 검증 등에 필요한 경우 수거 및 검사 등을 통해 확인하여 그 결과를 반영할 수 있다. 이 경우 「식품위생법」 제49조제1항에 따라 식품이력추적관리를 등록한 자에 대하여는 선행요건 중 회수프로그램 관리를 운영한 것으로 평가할 수 있다.

② 지방식품의약품안전청장은 제1항에도 불구하고 「식품위생법」 위반사항이 발견된 업소 등에 대해서는 불시에 수시 조사·평가를 실시하고, 안전관리인증기준(HACCP)을 준수할 수 있도록 필요한 교육 또는 행정지도를 할 수 있다.

③ 지방식품의약품안전청장은 제1항 또는 제2항에 따른 안전관리인증기준(HACCP) 준수 여부를 별표 4에 따라 조사·평가하기 위하여 제19조 안전관리인증기준(HACCP) 지도관에 준하거나 관련교육을 이수한 관계공무원, 관련협회 등으로 안전관리인증기준(HACCP) 평가단을 구성·운영할 수 있다.

④ 농림축산검역본부장, 시·도지사 또는 축산물안전관리인증원장은 「축산물 위생관리법 시행규칙」 제7조의6에 따른 안전관리인증기준(HACCP) 적용업소에 대한 정기 조사·평가를 별표 4에 따라 연 1회 이상(인증 유효기간을 연장받은 날이 속한 해당연도는 정기 조사평가를 생략할 수 있다) 서류검토 및 현장조사(작업전·중 위생상태 확인 포함)의 방법으로 평가하여야 한다.

⑤ 제1항 및 제4항에도 불구하고 이미 인증받은 유사한 유형의 식품 또는 축산물이거나 제13조제1항에 따라 안전관리인증기준(HACCP) 인증 식품 또는 축산물을 추가한 경우에는 최초로 인증한 기관에서 추가로 인증받은 식품 또는 축산물을 포함하여 조사·평가를 실시하며, 이 경우 추가된 식품 또는 축산물에 대한 조사·평가를 한 것으로 본다.

⑥ 제1항 및 제4항에도 불구하고 안전관리인증기준(HACCP) 적용업소의 전년도 정기 조사평가 점수에 따라 다음 각 호와 같이 차등하여 관리할 수 있다. 다만, 「축산물 위생관리법」 제9조제2항에 따른 축산물작업자와 「축산물 위생관리법」 제9조의2에 따른 연장심사 대상에 해당하고 그 연장심사 결과가 제1호 또는 제2호의 기준 미만이거나 부적합한 경우 자체적인 조사·평가는 적용하지 아니한다.

1. 전년도 정기 조사·평가 점수의 백분율이 95% 이상인 경우 2년간 정기 조사평가를 하지 아니할 수 있으며, 해당 업소가 자체적으로 조사평가 실시. 다만, 배추김치, 기타김치, 즉석섭취식품, 신선편의식품중 비가열식품은 제외한다.
2. 전년도 정기 조사·평가 점수의 백분율이 95% 미만에서 90% 이상인 경우 1년간 정기 조사평가를 하지 아니할 수 있으며, 해당업소가 자체적으로 조사평가 실시. 다만, 배추김치, 기타김치, 즉석섭취식품, 신선편의식품 중 비가열식품은 제외한다.
3. 전년도 정기 조사·평가 점수의 백분율이 90% 미만에서 85% 이상인 경우 연 1회 이상 정기 조사·평가 실시
4. 전년도 정기 조사·평가 점수의 백분율이 85% 미만에서 70% 이상인 경우 연 1회 이상 정기 조사·평가 및 연 1회 이상 기술지원(이하 "한국식품안전관리인증원 또는 축산물안전관리인증원에서 실시하는 지원"을 말한다) 실시. 다만, 학교 집단급식소에 납품하는 경우 연 2회 이상 정기 조사·평가 및 연 1회 이상 기술지원 실시
5. 전년도 정기 조사·평가 점수의 백분율이 70% 미만인 경우 연 1회 이상 정기 조사·평가 및 연 2회 이상 기술지원 실시. 다만, 학교 집단급식소에 납품하는 경우 연 2회 이상 정기 조사·평가 및 연 2회 이상 기술지원 실시

⑦ 제6항제1호 및 제2호에 따라 자체적인 조사·평가 계획을 수립하여 업종(축종)별 실시상황평가표에 따라 조사·평가를 실시한 업소는 그 결과를 1개월 이내에 관할 지방식품의약품안전청장에게 제출하거나 농림축산검역본부장, 시·도지사 또는 축산물안전관리인증원장에게 제출하여야 한다.

(1) 정기평가

① **법적근거**(식품위생법 시행규칙 제66조)
- "지방식품의약품안전처장은 시행규칙 제66조에 따라 식품안전관리인 증기준적용업소로 인증받은 업소에 대하여 식품안전관리인증기준의 준수여부 등에 관하여 매년 1회 이상 조사·평가할 수 있다."

② **HACCP 적용업소의 조사·평가 점수에 따른 차등관리**
- 정기 조사·평가 점수의 백분율이 95% 이상인 경우 2년간 정기 조사·평가를 하지 아니할 수 있으며, 해당업소가 자체적으로 조사·평가 실시. 다만, 배추김치, 기타김치, 즉석섭취식품, 신선편의식품등 비가열섭취식품은 제외
- 정기 조사·평가 점수의 백분율이 95% 미만에서 90% 이상인 경우 1년간 정기 조사·평가를 하지 아니할 수 있으며, 해당업소가 자체적으로 조사·평가 실시. 다만, 배추김치, 기타김치, 즉석섭취식품, 신선편의식품 등 비가열섭취식품은 제외
- 정기 조사·평가 점수의 백분율이 90% 미만에서 85% 이상인 경우 연 1회 이상 정기 조사·평가 실시
- 정기 조사·평가 점수의 백분율이 85% 미만에서 70% 이상인 경우 연 1회 이상 정기 조사·평가 및 연 1회 이상 기술지원(이하 "HACCP 지원사업 위탁기관에서 실시하는 지원"을 말한다)실시. 다만, 학교 집단급식소에 납품하는 경우 연 2회 이상 정기 조사·평가 및 연 1회 이상 기술지원 실시
- 정기 조사·평가 점수의 백분율이 70% 미만인 경우 연 1회 이상 정기 조사·평가 및 연 2회 이상 기술지원 실시. 다만, 학교 집단급식소에 납품하는 경우 연 2회 이상 정기 조사·평가 및 연 2회 이상 기술지원 실시

③ **HACCP 적용업소 조사·평가의 구분**
- 정기(수시)조사·평가 : 지방청 식품안전관리과에서 연 1회 이상 실시
- 특별(수시)조사·평가 : 본처 식품소비안전과에서 무작위로 실시

④ HACCP 적용업소 조사·평가 절차
- 정기 또는 특별(수시)조사·평가 계획 수립
- 정기조사 평가 사전통보(단, 특별(수시)조사·평가의 경우 사전 미통지)
- 현장평가 실시
- 시정 행정조치(부적합 판정의 경우) 또는 개선요구(적합 판정의 경우)
- 부적합 내용에 대한 보완 완료 보고(1월 이내)
- 보완완료보고 내용에 대한 현장 확인
  - 확인 결과 보완 완료시 종결
  - 시정사항 미 이행시 지정취소 조치

17. 제20조 교육·훈련 등

제3장 식품 안전관리인증기준 적용업소 영업자 등에 대한 교육훈련

제20조(교육훈련 등)

① 식품의약품안전처장은 「식품위생법 시행규칙」 제64조제1항에 따라 안전관리인증기준(HACCP) 관리를 효과적으로 수행하기 위하여 안전관리인증기준(HACCP) 적용업소 영업자 및 종업원에 대하여 안전관리인증기준(HACCP) 교육훈련을 실시하여야 하며, 기타 안전관리인증기준(HACCP) 적용업소로 인증을 받고자 하는 자, 안전관리인증기준(HACCP) 평가를 수행할 자와 식품위생관련 공무원에 대하여 안전관리인증기준(HACCP) 교육훈련을 실시할 수 있다.

② 식품의약품안전처장은 제1항에 따른 교육훈련을 위탁 실시하기 위하여 이에 필요한 시설·강사교육과정 등을 갖춘 기관, 단체 또는 법인 중에서 별표 5의 교육훈련기관 지정 기준에 부합하는 곳을 안전관리인증기준(HACCP) 교육훈련기관(이하 "교육훈련기관"이라 한다)으로 지정할 수 있다.

③ 안전관리인증기준(HACCP) 적용업소 영업자 및 종업원은 「식품위생법 시행규칙」제64조제1항제1호에 따른 신규교육훈련을 안전관리인증기준(HACCP) 적용업소 인증일로부터 6개월 이내에 이수하여야 한다. 다만, 안전관리인증기준(HACCP) 적용업소로 인증을 받기 위하여 인증일 이전에 신규교육훈련을 이수한 영업자 및 종업원은 신규교육훈련을 받은 것으로 본다.

④ 안전관리인증기준(HACCP) 적용업소 영업자 및 종업원이 받아야 하는 신규교육훈련 시간은 다음 각 호와 같다. 다만, 영업자가 제2호의 안전관리인증기준(HACCP) 팀장 교육을 받은 경우에는 영업자 교육을 받은 것으로 본다.
1. 영업자 교육 훈련 : 2시간
2. 안전관리인증기준(HACCP) 팀장 교육 훈련 : 16시간
3. 안전관리인증기준(HACCP) 팀원, 기타 종업원 교육 훈련 : 4시간

⑤ 제4항제1호 및 제2호에 해당하는 자는 식품의약품안전처장이 지정한 교육 훈련 기관에서 교육 훈련을 받아야 하고, 제4항제3호에 해당하는 자는 「식품위생법 시행규칙」 제64조제2항에 따른 교육 훈련내용이 포함된 교육계획을 수립하여 안전관리인증기준(HACCP) 팀장이 자체적으로 실시할 수 있다.

⑥ 「식품위생법 시행규칙」 제64조제1항제2호에 따라 안전관리인증기준(HACCP) 적용업소의 안전관리인증기준(HACCP) 팀장, 안전관리인증기준(HACCP) 팀원 및 기타 종업원은 식품의약품안전처장이 지정한 교육훈련기관에서 연 1회 4시간의 정기교육훈련을 받아야 한다.
다만, 안전관리인증기준(HACCP) 팀원 및 기타 종업원 교육훈련은 동 규칙 제64조제2항에 따른 내용이 포함된 교육훈련 계획을 수립하여 안전관리인증기준(HACCP) 팀장이 자체적으로 실시할 수 있다.

⑦ 제4항 또는 제6항에서 규정한 교육훈련을 받아야 하는 안전관리인증기준(HACCP) 적용업소 중 위탁급식업소와 계약을 맺고 급식을 운영하는 집단급식소의 경우 안전관리인증기준(HACCP) 적용업소 운영주체인 위탁급식업소 영업자나 설치신고자가 영업자 신규교육훈련을 이수할 수 있다.

⑧ 정기교육훈련 개시일은 인증일로부터 1년이 경과된 시점을 기준으로 하거나 인증연도의 차기 연도를 기준으로 하여 실시할 수 있다.

<전세계 무슬림 인구분포>

자료 : CIA World factbook (2015년 현재 약 18억명 추산)

Part 2
아랍·이슬람의 이해

Arab·Islamic Understanding

Chap. 1 아랍 문화의 이해

1. 아랍의 가정과 사회 및 오른손 문화

이슬람에서의 가족은 핵가족이 아니고 대가족과 일부다처제이며, 대가족이나 일부다처제만이 이슬람에서 가족의 바탕을 이루는 조건 또는 필수사항이 된다. 따라서 오늘날 무슬림 가족은 대가족이나 일부다처제 또는 대가족과 일부다처제를 둘 다 포함하는 경우와 둘 다 아닌 경우 등 셋으로 나누어 볼 수 있다.

그러나 이슬람에서는 이 셋 중, 어느 한 형태만을 취해야 한다는 특별한 규정은 없다. 또 여기서 규정하는 무슬림의 가족에는 본인, 배우자, 직계조상과 직계후손을 포함한다.

가족의 권리와 책임은 사회의 나머지 사람들의 관심에서 벗어나서 오로지 가족 구성원만의 문제는 아니다. 가족 구성원의 공동유산은 가족 간의 관계에 의할 뿐만 아니라 같은 종교를 가진 형제들이 모인 사회 구성원에 의해 제정된다. 가족 구성원이 공유할 권리와 책임은 직계가족의 동질성과 보존, 계승, 애착, 젊은이의 사회화와 기성세대의 안정 그리고 가족의 연속성과 복지를 위한 최대한의 노력 등과 관련된다.

'꾸란(Quran)'에 따르면 만약 어떤 사람이 직계가 확인되지 않으면 형제와 동료 무슬림 의뢰인이 그를 확인해 줘야 한다. 그의 동질성에 대한 신원을 확인해 줘야 그는 사회에서 적법한 위치를 가질 수 있기 때문이다. 이슬람 이전에는 친족집단이 원래 구성원과 의절하고 또 다른 사람을 그 대신에 받아들이는 경우가 흔했다. 즉, 다른 집안사람을 양자로 들여 직계가족의 지위를 부여하였다. 그러나 이슬람에서는 이런 관례를 없애고, 개인에게 그의 본래의 신분과 호적을 갖게 했다.

낮 기도시간이 시작되는 동안에 낮잠을 피해야 하나 주흐르와 아스르 기도 사이에는 간단한 낮잠을 권한다.

- 엎드려 자는 것은 절대 안 된다.

- 밤 동안에 무엇을 만졌는지 알 수 없으므로 일어나면 곧 흐르는 물에 손을 씻는다.
- 흐르는 물이 없다면 물을 부어 손을 씻은 뒤 물그릇에 손을 담가 씻는다.
- 악수를 하거나 음식을 먹을 때, 그리고 선물을 주고받을 때는 반드시 오른손만으로 사용한다.
- 왼손은 화장실에서 용변 후 씻을 때, 신발을 닦을 때, 그리고 코를 풀 때 사용한다.
- 오른쪽으로 자야하며 왼쪽으로 자는 것도 피한다.
- 화장실에 갈 때는 먼저 왼발을 화장실에 넣는다.
- 남자들이 옆에 나란히 서서 용변을 보아서는 안 되는데 이것은 자신의 국부를 다른 사람에게 보여서는 안 되기 때문이다.
- 맨발로 화장실에 들어가서는 안 된다.
- 용변 후 청결이 필요한데, 소변 후에는 물로 씻고 화장지로 닦은 후 손은 물로 씻는다. 이 때 반드시 왼손을 쓴다.
- 끼블라 쪽으로 대소변을 보아서는 안 된다.
- 소변을 볼 때 쭈그리고 앉아서 하는 것이 최상의 자세이다.
- 목욕하는 곳에서는 소변을 보지 않는다.
- 불결한 것은 토한 것, 소변, 마취제나 알코올, 대변, 동물의 대변, 피, 고름, 금지된 동물의 젖이다.
- 이슬람식으로 잡지 않은 모든 동물은 불결한 것으로 간주한다.
- 손톱·발톱을 깎을 때는 먼저 오른손 그 다음이 왼손, 그리고 오른발, 왼발 순으로 깎는다.
- 미쓰와크(칫솔대용으로 쓰이는 나무)나 칫솔질도 입 안의 오른쪽부터 한다.

2. 청결 문화와 화장실 문화

이슬람에서 사람마다 외양의 청결이 중요함을 강조한다. "너의 알라를 찬미하라. 너희 의복을 깨끗이 하라. 그리고 불결한 것을 피하라." 이처럼 신체와 정신의 청결은 자주 '꾸란'에서 언급된다.

알라는 청결하게 한 사람들을 사랑한다. "청결한 육체에 청결한 정신이 깃

든다."는 것이 이슬람의 표어이다. 신체상 청결의 제일 조건은 '우두'인데 이 단어는 '좋음'과 '아름다움'이란 뜻에서 파생된 이슬람 전문용어로 예배 전에 신체의 특정부위를 씻는 것을 말한다.

'꾸란'에 "믿는 자여! 너희가 기도하러 갈 때 너희 얼굴과 팔꿈치, 그리고 손을 씻고 너희 머리를 훔치고 너희 발과 발목을 씻어라." 하디스에는 세정에 대한 무함마드의 실제 행동에 따라 다음의 순서와 같이 썼다.

① 먼저 손을 손목까지 씻는다.
② 입은 물로 깨끗이 닦는다.(또는 칫솔로 닦거나 양치질을 한다.)
③ 코는 콧구멍에 약간의 물을 넣어 깨끗이 하고 필요하면 코를 푼다.
④ 이마에서부터 턱까지 한쪽 귀에서 다른 쪽 귀, 그리고 얼굴을 깨끗이 씻는다.
⑤ 팔목을 오른쪽부터 씻고 나서 왼쪽을 씻는다.
⑥ 머리는 손가락을 모아서(엄지부터 새끼손가락까지 모은다) 젖은 손으로 닦고, 귀 안쪽은 집게손가락과 엄지손가락으로 닦는다.
⑦ 두 발을 발목까지 씻되 오른발을 먼저 씻는다.

만약, 스타킹이나 양말을 신었으면 벗고 세정을 한 다음 다시 신는다. 발은 매일 씻어야 한다. 우두는 이슬람식 세정으로 내적청결을 위해 외부를 청결하게 해야 한다는 것이며, 깨끗한 습관을 갖도록 하는 것이 목적이다. 건강과 깨끗함이 중요시되는 의식이다.

역시 깨끗한 의복을 입어야 하고 가능하면 향수도 사용한다. 특히, 금요예배와 명절 때처럼 사람이 많이 모이는 경우에는 목욕할 것을 하디스는 요구한다. 다시 말해서 청결은 위생적인 목적 이외에 종교적인 목적을 갖고 있다는 것이다.

무함마드는 청결이 신앙의 절반이라고 말했다고 한다. 그 예로 물이 없을 때에도 예배의 목적인 신체의 청결에서 영혼의 청결로 옮겨가기 위해 청결의 식이 계속된다는 것이다.

타얌뭄(tayammum)이란 것이 있는데, 간단한 세정이나 목욕을 할 수 없을 때 깨끗한 모래, 흙, 자갈, 돌 등에 양손바닥을 살짝 댄 후, 묻은 먼지를 양손으로 비벼 떨어버린 후, 얼굴을 한 번 쓰다듬은 다음 오른손 등을 왼손 위로, 왼손 등을 오른손 위로 하여 비빈다. 이처럼 이슬람에서는 물 대신 흙을 사용해도 청결해진다는 것이다.

최근에는 서양식 화장실이 호텔이나 레스토랑에 잘 설치되어 있지만, 시골이라든가 장거리 버스가 잠시 쉬는 정류장은 아직도 아랍식 화장실이 대부분 남아 있다. 아랍식 화장실에 들어가면 일반적으로 변기와 수도, 빈 깡통이 놓여 있거나 양동이에 물을 담아 놓은 것을 볼 수 있다. 변기는 한가운데 둥근 구멍이 뚫려 있고, 준비된 빈 깡통과 수도는 배변 처리를 하기 위한 것으로, 아랍식 화장실에서는 종이를 사용하지 않는다. 그 대신 통에 물을 담아서 왼손으로 항문을 씻거나 호스를 대고 흐르는 물에 닦는다.

남자들의 경우에는 소변을 본 후, 물로 씻어내고, 배변 후 처리를 하는 왼손은 아랍세계에서는 부정한 것으로 여겨지기 때문에 음식을 먹을 때나 악수를 할 때, 돈을 줄 때는 반드시 오른손을 사용한다.

아랍지역은 밤이면 아무 곳에서나 볼 일을 보는 경우가 많다. 시골에서는 밤이 되면 사방이 화장실이나 다름없다. 특이한 것은 남자도 소변을 볼 때 전통적인 복장 '잘라비야'를 입은 채 앉아서 볼 일을 본다.

아랍의 도시지역에서는 그래도 공중도덕이 어느 정도 지켜지지만 시골에서나 후진성이 짙은 국가에서는 아직도 화장실 문화가 없다.

3. 음식 문화와 초대 문화

식사 전에 반드시 화장실에 가서 손을 씻는다. 그리고 식사 전에는 '비스밀라히 라흐마니 라힘(자비롭고 자애로운 알라의 이름으로…)'이라고 말하고 식사를 시작한다. 식사가 끝나면 '알함두릴라(신의 가호에 감사를…/Thank God)'라고 말한다.

오른손을 사용하여 식사를 하며, 왼손은 가급적 사용하지 않는다. 수저나 포크를 요즈음은 많이 사용하고 있지만, 우리나라에서처럼 윗사람이 먼저 들고 난 후 식사를 하는 예절은 없고 모두 손을 걷어 부치고 밥그릇 주위에 둘러앉는다.

식사 중에는 가족 구성원들끼리 여러 가지 화제를 이야기하면서 오랫동안 식사를 하는데, 보통 아침식사는 차, 빵, '푸울'이라고 하는 팥같이 생긴 콩,

삶은 계란 등을 먹고, 점심은 주로 닭고기나 양고기, 샐러드, 쌀밥, 빵, 야채에 쌀을 넣어 만든 음식 등을 먹고 두어 시간 잠을 잔다.

저녁식사는 대개 10시 이후에 시작하는데 우유, 치즈, 잼, 빵, 차, 과일, 채소류 등을 가볍게 먹는다. 대표적인 요리로는 케밥이 있는데 수단과 이집트에서 따으미야는 별미이다.

이슬람에서 음주는 이집트를 제외하고 모든 지역에서 금지된다. 그래서 술을 가지고 중동에 들어가는 것도 허용되지 않는다.

도살은 이슬람식에 따라 실시하고, 동물은 목을 잘라 피를 없애고 먹는다. 그래서 짐승의 피를 먹거나 마시는 것은 금한다.

돼지고기는 이슬람에서 금한다. 돼지는 음식 찌꺼기를 먹고, 먹는 것도 가리지 않고 먹기 때문이라고 한다. 그리고 돼지는 기생충, 박테리아와 상당수의 병균을 가지고 있어 질병의 원인이 되는 것으로 간주하고 있다. 그러나 목숨을 부지하기 위해서 돼지고기를 먹는 것은 허용된다.

돼지고기, 그리고 돼지에서 뽑은 젤라틴이 든 음식과 알코올을 넣어 만든 사탕이나 알코올, 피, 뱀, 개구리 등 이슬람에서 금지한 짐승과 이슬람식으로 잡지 않은 짐승을 먹는 것은 금지된다.

음식이 뜨겁더라도 서둘러 먹거나 마셔서는 안 된다. 음식을 식히기 위해 훌훌 부는 것도 피한다.

타인과의 개인적인 접촉에 친절한 아랍인은 손님을 접대하는데 있어서도 아주 관대하다. 남에게 자기의 좋은 면을 보여 주어 좋은 평판을 얻으려는 욕망이 있는 것이다. 따라서 초대와 방문은 아랍인의 중요한 교제수단이 되며, 응접실에서 주로 만나게 된다. 또, 비록 자기들은 끼니를 굶더라도 손님을 융성하게 대접하는 것이 그들의 예의이다. 이와 같이 손님접대는 아랍인들이 체면을 중요시한다는 뜻도 된다.

음식을 많이 내놓고 그릇에 가득 담아 주는 것이 초대 예절이며, 음식이나 과일 등을 손님들 눈에 보이는 곳에 많이 놓아둔다. 손님은 많이 먹어 주어야 예의이다.

처음 초대를 받아 방문하면 인사는 장황하고 길게, 그리고 많은 덕담을 큰 소리로 이야기한다. 중요한 손님의 경우에는 모든 가족 구성원이 나와서 인사를 하지만, 일반적으로 초대한 손님이 남자인 경우에는 남자 주인이 접대하며, 부부가 초청된 경우에는 초대한 부부가 함께 나와 접대한다.

초대받은 집안의 여자에게 남자손님이 직접 이야기하는 것이 실례가 되는 나라도 있다. 이것은 남녀를 엄격히 분리하여 생활하는 이슬람 전통과 여자를 남자로부터 격리하는 전통관습에서 나온 것이다.

저녁시간에 초대받는 경우에는 음식은 별로 없고 '할와(halwa)'라는 단 과자, 그리고 차를 대접받는 것이 전부이다. 저녁식사에 초대받는 경우, 외국인은 방문 전에 간단하게 식사를 하고 가는 것이 좋다.

초대 받아 집 안에 들어서면, 먼저 인사를 나누게 되는데, 아이들이 모두 나와 인사한다. 이 때 이름 하나하나를 기억하며 대화에 임하는 게 중요하다.

주인은 초콜릿 류와 같은 단 과자와 주스를 내놓는다. 그리고 오랫동안 환담을 나눈 후 식사가 시작된다. 식사가 끝나면 '할와'와 차, 과일 등이 나온다.

초대받은 손님이 일찍 자리를 털고 일어나는 것은 큰 실례이며, 최소한 4~5시간은 있어야 한다. 손님이 떠나려고 할 때 주인은 "아직 이르지 않느냐?"라고 말한다.

접대할 때 먹고 남은 많은 양의 음식은 쓰레기통에 버리는 것이 아니고, 남은 가족(부녀자나 어린아이)들이 먹는다. 또, 아랍에서 한국인이 아랍인을 초대하는 경우, 대개는 아랍인이 약속시간보다 30분~1시간 정도 늦게 도착하는 경우가 허다하다. 이는 그들이 정확히 시간을 엄수하는 것에 익숙해 있지 않으므로 화를 내서는 안 된다.

아랍인 속담에 "빨리하는 것은 사단이 하는 짓이고 천천히 행하는 것이라야 알라가 기뻐한다."고 말한다.

4. 존댓말과 인사말

아랍어에는 애정 섞인 표현을 사용하여 사람을 부르는 경우가 많다. 대표적으로 '하비비'라는 말이 있는데, 이 말은 연장자가 아랫사람에게 말할 때 친밀감을 주기 위해 사용하는 말이다. 원래는 이성 간에 사용하는 말이다. 반대로 아랫사람이 연장자에게 이 말을 사용하는 것은 큰 실례이다.

또한, '이브니'라는 말로 간혹 사용하기도 하는데, 본래의 뜻은 '나의 아들'이다. 이 말 역시 연장자가 아랫사람을 친밀감 있게 부를 때 사용하는 말이다. 동년배끼리 이 말을 사용하는 것은 농담할 때나 비아냥거릴 때이다.

반면에 '야, 왈라드'라는 말은 '야, 꼬마야'라는 뜻으로 길가에 있는 신문팔이 아이를 부를 때 쓰인다.

아랍인의 인사는 꽤나 길다. 왜냐하면, 인사의 대답은 상대의 인사말보다 더 나은 인사로 하든지, 적어도 상대방 인사와 동등한 수준에서 응답해야 하기 때문이다. 예를 들면 '싸바훌 카이리'라고 말하는데, 이 때 '카이리'는 행운, 안녕의 뜻이다. 이보다 한 단계 더 나은 말이 '빛'이기 때문에 대답하는 말로는 '싸바한 누르'라고 말한다. 이것은 모두 '꾸란'의 말 '그대가 인사를 받을 때 더 나은 말로 하거나, 그와 동등한 말로 답하라.'에서 나온 것이다.

5. 금기사항과 선물

아랍사회에서의 금기사항은 거의 이슬람 교리에 따른 것들이 대부분이다. 따라서 이슬람교를 믿지 않는 외국인들을 당황시키는 일들이 많다. 술과 마약은 정신을 흐리게 하는 것이라고 하여 금기시하고 있으나, 이집트에서는 맥주가 생산되어 음식점이나 호텔 등에서 마실 수가 있다. 하지만 제한된 장소, 즉 콥트인 가게에서만 음주가 허용된다. 돼지고기나 짐승의 피를 재료로 한 음식은 먹지 않는다.

여자나 남자 공히 반바지 차림이나 노출이 심한 옷은 입지 않는 것이 좋다. 수영장에서도 여자들은 옷을 입고 '히잡'을 쓰고 수영을 하기도 한다. 따라서 수영장은 클럽의 한쪽 구석에 위치하고 있다.

예배드리는 사람 앞을 가로질러 가거나 주위에서 떠든다든가, 라마단 단식 기간 중 무슬림 앞에서 식사를 하는 것도 금기사항이다.

결혼이나 약혼하지 않았어도 반지를 끼는 것은 허용된다. 그러나 남자가 금반지를 끼는 것은 금지된다. 은반지를 선호한다. 오른쪽이나 왼쪽에 어느 곳에 끼워도 된다.

은이나 금으로 된 식기는 금지한다. 식사는 혼자하는 것을 반대하지 않지만, 가족과 같이 하는 것이 더 낫다. 흰 머리카락의 염색은 검은색을 제외하고 다른 색으로 염색할 수 있다.

'꾸란'과 성경을 소중히 다룬다. 마루에 아무렇게나 팽개쳐서는 안 되고 여러 책 더미 밑에 놓아서도 안 된다.

그들은 '꾸란'을 펴기 전에 손을 씻는 의식을 가질 정도로 정결하게 다룬다. 가끔 성경에 낙서하는 것을 봤을 때 그들은 상당히 당황하거나 충격을 받는다. 무슬림은 다른 종교를 어떤 형태로든 모방하거나 흉내를 내서는 안 된다고 생각한다.

그들의 문화를 존중해 주어야 한다. 그래서 식사를 대접할 때 돼지고기나 술을 내놓지 말아야 한다. 또, 왼손으로 음식을 먹거나 왼손으로 물건을 주고받아서도 안 된다.

아랍은 선물문화가 발달되어 있다. 상대방에게 선물을 주는 것은 조그만 선물이라도 관심을 표명하는 것으로 여기기 때문에 선물을 주고받는 것을 무척 좋아한다. 따라서 여행을 갔다 오면 반드시 가족, 친척, 친구들에게 선물을 주어야만 하고, 여행을 떠나기 전에 구체적으로 선물 목록을 이야기하기도 한다. 생일에는 꽃, 액세서리류를 많이 선물하고, 입학이나 졸업 기념으로는 만년필, 책, 시계 등을 선물한다.

한국 사람이 사업을 위해 아랍 국가를 방문하려면 한국적인 선물이나 아랍에서 나지 않는 한국의 맛있는 사과나 배를 선물하면 좋다. 술이 금기사항이기도 하지만 때로는 술이 가장 좋은 선물로 둔갑하기도 한다. 아마도 이것은 자기들이 직접 술을 살 수 없는 사회여건 때문인 것 같다. 그러나 뇌물로 비칠 수 있는 선물은 삼가는 게 좋다.

6. 이웃관계와 친구관계

무함마드에 따르면 천국은 어머니들의 발밑에 있다고 한다. 그래서 부모와 자식 간의 관계가 이슬람 예절의 중요한 자리를 차지한다. 타인에게 공손한 예절이 필요하다면 부모에 대한 예절은 종교적인 의무가 되는 것이다.

무슬림들은 강한 혈연관계를 가지므로 그들 간의 애정과 책임은 부모와 자식 간에만 국한되지 않고 모든 친척에게까지 연장된다. 무슬림은 빚을 지고 죽으면 친척들이 가능한 한 빨리 그 빚을 청산하라고 권한다.

이슬람 예절에서 가족의 연대감과 책임감을 강요한다. 나이 드신 분 앞에서 다리를 꼬고 앉지 않는 것도 이웃 어른에 대한 존경심에서 온 것이다.

이웃이란 개념은 동일계층의 사람들을 뜻한다. 단지 공간적으로 가까이 산다고 해서 이웃이 되는 것은 절대로 아니다. 한국에서는 이웃사촌이라는 말을 많이 쓴다. 멀리 있는 가족친지보다 가까이에 사는 이웃이 더 낫다는 말이다. 그러나 아랍속담에 "집을 구하기 전에는 먼저 이웃을 찾으라."는 말이 있다. 이 말은 다른 말로 하면 건물을 보기 전에 사람을 보라는 뜻도 담겨 있다. 이웃의 건물보다 그 집에 사는 사람이 누구인가가 중요하다는 것이다.

시골의 경우, 어느 집에서나 대소사나 애경사가 있으면 이웃사람을 초청하고, 또 초청받은 이웃은 반드시 방문을 하지만, 도시에서는 이웃사람을 초청하는 일은 줄어들고 있다.

아랍에서는 혈연 다음으로 지연이 중시된다. 수단의 누메이리 전 대통령은 동골라 출신이다. 그래서 동골라 출신이 누메이리 재임기간에 중용이 된 바 있고, 무바라크 대통령이 이집트 메노피아 지방 출신임에 따라 정부 관리들도 메노피아 출신이 많다. 한 마디로 아랍에서 이웃관계는 가족관계 이상으로 중요하다.

아랍속담에 이런 말이 있다. "친구가 곤경에 처해 있으면, 신발을 벗어주고 걸어라." 친구관계는 형제 이상으로 헌신하고 보살펴 준다는 것이다. 이는 친구관계를 형제애 관계로 인식하고 있기 때문이다. 친구가 역경에 처해 있을 때는 무조건 도와주어야 한다. 이것은 그들이 많은 동정심을 가지고 있기 때문이기도 하지만, 자기가 역경에 처할 경우 도움을 받기 위해 돕는다는 것이다. 따라서 친구들끼리는 끊임없이 안부를 물어야 하고, 많은 수식어를 사용하여 장황하게 표현한다.

친구의 애경사에는 가까이 있으면 반드시 찾아가야 되고, 멀리 있는 경우는 반드시 전보라도 보내야 한다. 만약, 이렇게 하지 않으면 상대방은 배신을 느끼게 되며, 주위에서 호된 비난을 받는다.

이집트에서의 친구는 동일계층, 동류집안의 사람들끼리 사귄다. 가족들은 그들 구성원 중의 한 사람이 사귀는 친구의 됨됨이 및 교우관계를 자주 충고한다. 사회적으로 출세한 사람이 자신의 친구인 경우, 주변 사람들에게 자기가 바로 그 사람의 친구임을 과시하기도 한다.

7. 제스처(Gesture)

비언어적 행동 중에 손짓, 몸짓, 자세, 눈동작, 얼굴표정, 전신동작 등과 같은 동작으로 아랍인은 말로 하기 보다는 제스처(gesture)로 표현하기를 무척 좋아한다. 제스처는 아랍세계에서 거의 비슷하다. 아랍은 각국마다 조금씩 방언에 차이가 나기 때문에 어떤 지역에 가면 언어가 전혀 알아듣기 힘들어도 제스처는 어느 정도 공통적이어서 쉽게 이해할 수 있다.

다음의 제스처의 의미를 알아보자.

① 가볍게 고개를 상하로 끄덕이며 동시에 양 눈을 껌벅인다.('예', '그렇다.'는 긍정을 의미)
② 눈썹을 치켜세우며 입술을 오므리고 혀를 잇몸 가까이 대고 혀 차는 소리를 낸다. 동시에 머리를 위로 약간 쳐든다.('아니오' 부정을 의미)
③ 위의 동작을 연속으로 행하면서 집게손가락을 세운 상태에서 손을 눈앞에 올려 좌우로 흔들어댄다.('아니오' 부정을 의미하며, 아랍어 단어 la와 함께 행한다.)
④ 엄지 끝과 다른 손가락 끝을 한데 모아 위로 향하게 한 다음, 가슴 앞에서 위아래로 조금 힘을 준다.('참고 기다려라', '천천히', '조금'을 의미)
⑤ 한쪽 팔을 들어 올린 상태에서 엄지 끝과 집게손가락 끝이 닿으며 나머지 손가락은 세운 모양. 즉, 엄지와 집게의 동작은 원을 이루는 모양이 된다.('정확하다', '완벽하다'는 의미)
⑥ 오른손 손바닥을 펴서 상대방을 향하여 얼굴 높이로 든다.('안녕'을 의미)
⑦ 오른손을 목 밑 가까이에 대고 약간 상체를 앞으로 기울인다.('고맙다'는 의미)
⑧ 턱 끝을 오른손 엄지와 집게 사이에 놓고 잡아당기는 동작을 한다. 자주 "에입(수치, 부끄럽다)"이라는 단어가 동반된다. 여기서 턱 끝은 아랍인에게는 전통적으로 명예나 체면과 통한다.(어떤 행위나 말을 부인한다는 의미)
⑨ 손가락을 함께 모아 손을 아래로 향해 쥐고 자기 쪽을 향해 손짓한다(손짓으로 다른 사람을 부를 때 쓴다). 이때 손가락을 세워 손짓하는 것은 무례한 짓으로 받아들인다.
⑩ 집게손가락을 펴면 "1"을 의미하고, "6"은 다섯 손가락을 편 후 집게손

가락을 하나 더 편다.(숫자를 표시한다.)

⑪ 두 손을 펴서 아래로 늘어뜨리고 손바닥을 하늘을 향해 편다.('내가 어떻게 아니? 나는 몰라'라는 의미)

⑫ 다섯 개의 오른손가락을 모아 목 아래를 가리킨다.('나'를 가리킨다.)

⑬ 오른손 네 개의 손가락을 모아 주먹을 쥐고 엄지를 위로 향해 엄지와 집게손가락을 비빈다.('돈을 센다.', '돈이야'의 의미)

⑭ 오른손 엄지손가락을 펴서 입술을 상하로 가로지른다.('쉿, 조용히 해' 의미)

⑮ 상가 방문 시에는 상주 앞에까지 걸어가서 손바닥을 위로 향해 마주 들고 '꾸란' 몇 구절을 암송하거나 상주에게 위로의 말을 건넨다.

일반적으로 남자와 여자 간의 포옹은 찾아볼 수 없다. 여성은 여성들끼리 남성은 남성들끼리 포옹하는 데는 별 하자가 없다. 절친한 사람끼리는 포옹하며 인사하는 게 흔하다. 옛 아랍친구를 만날 때 포옹함으로써 옛정을 표현할 수 있는데, 대개는 처음 만났을 때 상당한 거리를 두고 인사를 하게 된다.

8. 아기의 출생

'꾸란'에 아기 출생에 관한 특별한 주의사항은 없다. 무함마드 언행록에만 단지 할례가 언급된다. 아이가 태어나면 포대기에 둘둘 싸서 가족과 친지들이 모인 곳으로 안고 나온다. 무슬림 이맘이 갓난아이의 오른쪽 귀에 대고 기도문을 낭송하고, 부모는 이웃의 가난한 자들에게 자선을 베푼다.

하디스에 따르면 자선에 쓰이는 은량이 갓난아이의 머리칼 무게와 같아야 한다고 하였다. 친구나 이웃들이 집을 방문하여 갓난아이에게 선물을 준다. 아기의 탄생 후 일곱째 날 아끼까라고 하는 희생제가 드려지는데 남자아이의 경우는 두 마리의 양이나 염소가 희생되고, 여아의 경우는 한 마리의 양이나 염소가 희생된다. 희생제에 쓰이는 동물들은 흠이 없어야 하고, 희생제 때, 아이의 아버지는 다음과 같이 기도한다.

"오 알라여, 나는 이것을 아들 대신에 드리니 양의 피는 아들의 피요, 양의 살은 아들의 살이며, 양의 뼈는 아들의 뼈요, 양의 털은 아들의 머리털입니다. 알라여, 가장 높으신 알라의 이름으로 아들 대신에 이 양을 바칩니다."

기도를 한 후, 이 동물은 살가죽이 벗겨지고 3등분한 후에 한 쪽은 산파에게, 다른 한쪽은 가난한 이들에게, 나머지는 식구들을 위해 쓰인다.

> 무함마드는 이런 의식을 행하지 않으면 심판의 날에 알라가 부모의 이름으로 그 아이의 이름을 불러 주지 않을 것이라고 부모들에게 경고한 것으로 전해진다. 이를 무시하면 그 아이의 생애를 통해 아이의 손이 선하지 못할 거라고 생각한다.

기도를 하면, 금생의 어떠한 불행에서도 구해 주며 사단의 영향으로부터 안전하다고 말한다. 육체는 그 의식 때문에 정결해졌으므로, 부활의 날에도 깨끗할 거라고 말한다. 유아가 이 의식이 끝난 후에 죽는다 할지라도 그 아이는 천국에 가고 부모는 지옥에 가야 하지만, 그 아이가 부모 대신에 알라에게 기도하면 부모도 천국에 들어갈 기회를 얻을 거라고 말한다.

또한, 아이의 이름을 짓는 것이 상당히 중요한데 아이가 칠일 째 되면 이름을 지어 부르는 게 보통이다. 가족 중에서 가장 나이 많은 사람이나 '꾸란'을 암송할 수 있는 신자가 이름을 지어주는데, 대개는 '꾸란'에서 이름을 뽑는다. 아이가 말을 하게 되자마자 또는 태어난 지 4년 4개월 4일째 되면 '비쓰밀라히 라흐마니 라힘(자비롭고 자애로운 알라의 이름으로)'을 배운다.

이슬람에서는 안식일의 개념이 없기 때문에 금요일 날, 일을 안하는 것은 권장되지 않는다. 그러나 무슬림이 하루를 쉬어야 한다면 토요일이나 주일이 아닌 금요일이어야 한다.

> 노래를 부르는 것은 일반적으로 금지하지만 결혼식의 경우에는 허용된다. 피로연에 갈 수 있는 데도 결혼초대를 거절하는 것은 무례가 된다. 또한, 어느 가정이나 자녀를 과다하게 칭찬하지 마라. 어느 문화 속에서 사람들은 흉안이 관련되어 이 칭찬을 탐낸다고 여긴다.

9. 희생제와 일부다처제

[희생제]

희생제는 큰 명절이라고도 불리는데 터키에서는 '쿠르반바이람'이라 하고, 이것은 이슬람력에서 가장 중요한 축일이다. 이슬람력 12번째 달 10일이 '희생제'인데 이 날은 메카에서 순례를 마치는 날이다. 순례를 하지 않는 사람들에게 이 날은 동물의 희생 제물을 바치게 되는 날이 뒤이어 오는 공중기도의 하나가 되지만 메카에서 순례를 행하는 사람들에게는 희생제물을 바치는 일이 순례의식의 끝맺음을 뜻한다.

이 축일은 아브라함이 신의 섭리에 따라 그의 아들을 희생 제물로 바치지 않고 양을 바친 것을 기념하기 위한 날이다. 하나님에 대한 아브라함의 순종이 확인됐을 때 천사 가브리엘이 그의 아들 대신에 마지막 순간에 양 한 마리를 가져왔던 것이다. '꾸란'에는 아들의 이름은 나와 있지 않으나 이슬람에서 희생 제물로 바치려던 아들은 이스마엘이라고 주장한다.

이스마엘이 약속된 희생 제물이었다고 주장하는 주석가들에게 아브라함이 그 당시 유일한 그의 아들을 희생 제물로 바칠 정도로 그의 순종이 깊고 지극했다고 말한다. 그래서 두 번째 아들 이삭은 하나님이 그의 온전한 순종을 보시고 베풀어 준 보답이라고 이해한다.

이슬람에서 아브라함이 희생 제물을 바치던 곳이 메케 외곽의 미나였다고 주장한다. 미나의 기둥들에 순례기간에 돌은 던지는데 아브라함에게 희생 제사를 그만두라고 세 번 유혹한 악마를 쫓는 의식이다.

희생제를 드리는 아침에 사람들이 공중 기도장소에 모여 그 공동체나 도시 구성원 모두가 함께 기도를 한다. 기도 후에 이맘은 국가를 위해, 또는 공동체를 위해 양 한 마리를 희생시키고 나서 자기 가족을 위해 또 한 마리를 희생시킨다. 신자들은 집에 돌아와서 가장이 양이나 낙타, 황소를 그의 가족을 위해 희생시킨다. 그 후, 희생된 동물을 며칠 동안에 걸쳐 소비해 버린다.

희생제는 반드시 가장이 아니더라도 주로 남자에 의해 치러지는데 그는 메카를 향해서 먼저 의식을 행하려는 행동의 목적과 성격을 분명히 언급하는 의식적인 의도를 표명해야 한다. 희생제를 맡는 사람의 이름이 언급되고 나서 비쓰밀라히 알라후 아크바르라고 말한다. 그리고 단숨에 동물의 목을 자른다.

여자가 가계를 꾸려 가는 경우에는 남자나 친척 또는 동네 모스크의 이맘에게 부탁하여 도살해 달라고 한다. 여자는 성인남자가 없을 때에 도살이 가능하지만 남자에게 맡기는 게 상례이다. 축연은 3일 동안 계속되고 주로 가족과 친척이 방문한다.

희생제는 하나님에 대한 성별의식을 새롭게 하는데 있고, 원시적인 사제기능을 영속시키는데 있다. 무함마드는 그와 그의 피난민들이 메디나에서 메카 순례를 이행할 수 없었을 때, 즉 이슬람력 2년에 희생제를 제도화시켰다.

[일부다처제]

이슬람의 가족제도에서는 일부다처제의 특성을 가질 수 없는 상황이 있다. 즉, 이슬람이 일부다처제 형태가 절대적으로 필요하지 않다거나 명확하게 금지하지도 않았으며, 더구나 이슬람에서 일부다처제는 누구에게나 반드시 적용되는 규칙이 아니다. 주어진 상황에서 사회적인 조건은 물론, 개인의 판단과 양심에 크게 의존한다.

현대 이슬람의 가족제도연구에서도 일부다처제의 복잡성과 다원성이 지적된 바 있으나 일부다처제는 반드시 비이성정적인 것은 아니라고 조심스런 결론을 내리는 학자도 있다. 일부다처제는 남자에게 특권이라든가 여자에게 저주가 되는 것도 아니란 것이다.

일부다처제는 개인, 사회, 경제 등과 같은 여러 가지 이유와 관련되었다. 사회적인 활동 면에서의 이유들은 서로 상호작용하고 동시에 전통, 공중도덕, 관습과 법 등, 사회적인 힘들과도 상호작용한다. 이런 상호작용은 앞서 말한 이유들에 대해 대중적인 인식을 강화시켜 주며 그런 경우 일부다처제는 다소 수용적인 입장을 갖는다. 혹자는 낮은 성비율이 일부다처제를 돕는다고 하나 이것이 여러 요인 중의 하나는 될지언정 일부다처제와 낮은 성비율이 꼭 필요한 관계는 아니다.

린톤은 생물학적, 인구학적으로 볼 때 여성이 아이를 낳아 집단의 노동력을 증가시켜 주는 것은 바람직하다고 보았다. 어떤 경우에 일부다처제는 남자는 물론, 여자에게도 지위를 상징하기도 한다. 즉, 남자에게는 위신과 부(富)의 상징으로, 여자에게는 그런 남자와 결혼했다는 명예의 문제가 있다.

게다가 둘 이상의 여성이 가사를 분담하면 가사의 짐은 덜어지는 효과도 있다. 이것은 전통사회에서 흔한 사실이었다. 집단으로 볼 때 일부다처제는 가족 간 동맹의 기능을 하는데 고대에는 부족 간 그리고 국가 간 우호 친선 관계를 위해 이루어졌다.

이처럼 일부다처제는 어느 정도 개인적 또는 사회적인 문제 해결에 도움을 주었다. 그러나 또 다른 새로운 문제를 야기하는데 그것은 부인 간의 질투로 남편의 애정을 얻기 위한 경쟁과 자녀 간의 재산다툼이 있다는 것이다.

일부다처제는 여러 종교에서도 허용되었는데 이슬람이 긴밀히 유착되어 지금은 무슬림들이 사는 곳에는 어디서나 볼 수 있다. 고대 이집트, 페르시아, 슬라브족, 인도-유럽민족, 그리고 이슬람 이전의 아랍인들에게서도 일부다처제는 허용되어 그런 예가 많았다.

함무라비 법전에서도 일부일처제가 규정된 법이지만 예외적으로 남자에게 두 번째 부인을 얻거나 첩을 얻도록 허용했다. 그러나 첩은 어떠한 권리도 없었고, 그의 자녀는 사생아였다. 그리스 로마인들의 혼인은 엄격한 일부일처인데도 결혼한 남자와 정부 간의 만남은 흔했다.

중동의 가족제도와 더불어 히브리인의 가족도 일부다처제가 그 특징이었다. 구약성경에는 남자가 취할 수 있는 아내나 첩의 수효에 있어서 제한이 없었다. 모든 사사는 여러 명의 아내를 두었다. 솔로몬 왕은 700명의 아내, 그리고 300명의 첩이 있었다. 그의 아들은 18명의 아내와 60명의 첩을 두었고, 르호보암의 28명의 아들은 각기 많은 아내를 거느렸다.

그러나 탈무드에서 현명한 남자는 4명의 아내보다 더 많이 혼인하지 않는 것이라고 했다. 4명의 아내는 곧 야곱의 숫자였다. 일부일처가 아주 이상형이지만 일부다처제와 첩의 제도가 전혀 알려지지 않은 것은 아니었다.

어떤 학자는 일부다처제가 히브리 유목인 사이의 규범이었지만, 사사나 제왕시절에 흔했고 세월이 흐르면서 일부일처를 선호해 갔다고 한다. 일부 랍비들은 복수혼인을 금했고 아내나 아들이 없을 때에만 허용했다.

혹자는 히브리 유목민, 제왕, 그리고 사사들 사이에 일부다처제가 빈번히 일어난 것은 보편적인 관례에 대한 증거라고 하나 이런 추론은 성립되지 않는다. 기존의 관례에 대한 합법성과 그것이 자주 발생했다는 것과는 서로 아무런 관계가 없다.

유대인들이 여러 시대를 걸쳐 얼마간 일부다처제를 시행하고 있음은 확실하다. 이런 예로 중세 때 유럽의 유대인들은 그 때까지도 일부다처제를 시행하고 있었기 때문이다. 그리고 그런 일부다처제가 무슬림 국가에서 시행되고 있으며, 이슬람은 일부다처제를 허용한다.

10. 결혼

'아랍의 남자는 네 명의 아내를 갖는다.'라든지 '무슬림이 되면 네 명까지의 여자와 혼인하여 네 명의 아내를 둘 수 있다.'고 하는 이야기를 듣는데, 이것은 '꾸란'에 나와 있는 내용이기 때문에 넷까지 아내를 둔 사실도 있으나 대부분은 경제력과 공평을 문제 삼아 한 명의 아내를 둔다.

아랍에서 혼인문제는 개인의 문제가 아닌 가족전체의 문제이다. 따라서 신랑은 자기 인생의 반려자를 스스로 선택하는 것이 아니라, 가족 구성원이 공동으로 물색하여 서로 상의하여 택한다.

옛날에는 대부분의 경우, 혼전에 결혼 당사자들이 서로 선을 보지 않은 채 혼인을 했으나 지금은 나라별로 조금은 달라서 개방적인 곳에서는 신랑신부의 의견이 받아들여진다. 예를 들면, 사촌누이와 꼭 혼인해야 한다는 것도 있지만, 오늘날에는 이런 관례가 조금씩 허물어져 간다는 점이다. 특히, 한국에서처럼 사랑만 있으면 곧 결혼할 수 있다는 이야기는 아랍인에게 선망의 이야기로 들린다.

결혼 당사자의 행복여부가 혼인의 중심이 되지 않고, 오직 가족 간의 이해득실이 그 핵심이 되는 것이다. 사랑이 혼인서약의 중요한 부분으로 여기지 않는다. 이것은 개인보다는 집안을 중시하는 이슬람적 혈연의식의 대표적인 특징으로서 개인 간의 결혼이 아닌 집안과 집안, 씨족과 씨족, 부족과 부족의 결혼으로 생각하기 때문이다.

즉, 결혼의 전제조건은 신랑과 신부가 누구의 아들이고 누구의 딸이냐 하는 것이다. 무슬림 남자가 기독교 여자나 유대교 여자와 결혼하는 것은 가능하나, 무슬림 여자가 기독교 남자하고 결혼하는 것은 불가능하다.

아랍에서의 결혼은 신부 값을 보내고 계약서가 교환됨으로써 성립된다. 이러한 관습은 예나 지금이나 거의 변하지 않고 있다. 두 집안 사이를 분주하게 드나드는 중매쟁이들에 의해서 결혼준비가 진행된다.

보통은 신랑 신부가 어렸을 때 청혼을 하는 경우도 있고, 아버지가 죽으면서 유언으로 아들, 딸의 결혼을 정하는 경우도 있는데, 대개 여자는 11~13세가 되면 혼인 얘기가 오간다. 가족 안에서 결혼 상대자가 정해지고, 만약 가족 밖에서 찾게 되면 재산과 사회적 지위가 주요 변수로 작용한다.

남자 측에서 준비하는 신부 값과 이혼 시 지불해야 할 위자료의 액수, 그리고 여성 측이 갖추게 될 장신구에 대해서 쌍방이 대체로 합의하고 양해되면, 남자 측으로부터 정식 결혼신청을 받는다. 그리고 여자측이 결혼신청을 받아들이면, 두 집안의 대표자 사이에 최종적인 신부 값의 액수와 장신구의 수가 결정된다.

두 집안의 대표자로는 신랑, 신부의 보호자인 부친이 되는 것이 본래의 전통이지만, 금전에 관계되는 이야기는 서로 하기가 거북한지 '와킬'이라고 불리는 대리인이 표면에 나서는 경우가 많다. 혼인서약식에는 여성의 아버지나 가까운 친척 또는 남자 형제가 여성의 의사를 대신한다. 그러나 요즈음 아랍국가에서는 혼인서약이 법원 공무원 앞에서 이루어진다.

Chap. 2   이슬람(Islam)의 이해

1. 이슬람의 시작

이슬람(Islam)은 7세기 초 갑자기 세계사의 무대에 나타났다. 이슬람은 아랍의 예언자 무함마드가 제창한 일신교로 계시 종교이므로 어느 면에서는 역사적 변화를 고찰하기는 어려울 수도 있다. 그럼에도 이슬람은 유대교, 기독교와 더불어 유일신을 믿는 세 번째 종교이다. 따라서 이슬람의 본질과 내용을 이해하기 위해서는 그 형성되었던 역사적 과정을 알아볼 필요가 있다.

이슬람(Islam) 이전의 아라비아에는 주로 베두인(Bedouin)들이 살고 있었다. 유목민이었던 베두인들과는 다른 정착민인 오아시스 도시 주민들 또한 살고 있었다. 정착민과 유목민 모두는 부족으로 구성이 되었다. 그들의 혈통관계 및 엄격한 사회, 도덕적 통념 등은 그들의 삶에서 결속력을 유지하는 힘이 있었다. 이 두 집단은 다신론을 받아들였으며 '진'이라고 불리는 보이지 않는 영적 존재를 믿고 있었다.

570년경 메카에서는 꾸라이쉬 부족의 하심 가문에서 무함마드라는 아이가 태어났다. 무함마드는 '칭송을 받는 자'라는 뜻을 가지고 있다.

전통에 의하면 무함마드는 기이한 출생 경력을 가지고 있다. 그가 태어날 때 하늘에서는 별 하나가 대낮같이 환하게 빛을 비추었다고 한다. 그리고 아기의 탯줄은 스스로 끊어졌는데, 이는 이미 예언된 것이었다고 전해진다. 갓난아기 시절에 두 천사의 방문을 받기도 하였다고 한다.

그는 유복자였으며 6살의 나이에 어머니를 여의였다. 고아가 된 무함마드는 할아버지의 보호를 받게 된다. 하지만, 얼마 지나지 않아 할아버지마저 여의게 된다. 그는 결국 그의 삼촌 아부 탈리브의 아래에서 성장하였고, 무함마드는 스물다섯 살에 카디자라는 여인과 결혼하는데, 그녀는 상인의 과부였고, 무함마드보다 나이가 훨씬 많은 부자였다.

무함마드는 여행을 통해 다양한 종교를 접하게 되었고, 메카 근처 히라 산 속 동굴에서 자주 명상에 잠기곤 했다. 610년 그곳에서 하늘의 사자였던 천사 가브리엘을 만나게 되고, 가브리엘은 훗날 '꾸란'의 96장에 해당하는 내용을 낭송하라고 명령한다. 그리고 그는 점차 가브리엘의 계시를 받아들인다.

그는 신의 유일성에 대한 확신과 세계 심판에 대한 경고가 주를 이루는 메시지를 설교한다. 처음에 메카 사람들은 무함마드의 선포를 냉담하게 받아들인다. 그러나 무함마드가 메카 사람들의 도덕적 타락을 비난하며 그들이 섬기던 신을 버리자 메카 사람들은 그를 위험인물로 간주한다.

무함마드를 추종하는 무리와 무함마드를 반대하는 세력이 생기게 된다. 무함마드의 삼촌과 부인이 연이어 사망하고 그는 메디나로 떠난다. 그곳에서 성장을 하게 된 무함마드와 무함마드의 세력은 몇 년간에 걸쳐 이슬람을 인정하지 않는 메카인들과 싸우게 된다. 즉, 바드르 전투와 무덤의 전쟁을 통해 결정적인 승리를 거둔 무함마드는 메카로 귀환하게 된다. 그리고 무함마드는 메카 국의 수장이 되었으며 메카로 온 수많은 사신들로부터 이슬람으로의 개종을 약속 받는다.

632년 6월 8일 무함마드는 열병으로 갑작스럽게 사망했는데, 그때 이미 아라비아 반도의 대부분은 그의 통치를 받고 있었다. 무함마드는 죽기 전에 메디나로부터 메카에 있는 카바로의 순례를 계획했었다. 이를 '하지'라고 부르고 정형화되어 전 세계의 무슬림은 생애에 한 번은 반드시 메카를 순례하게 되어 있다.

끊임없이 싸움을 했던 종족들은 이제 모든 종족의 경계를 뛰어 넘어 유일한 공동의 신을 숭배하는 신앙인들의 공동체, 움마를 형성했다. 그러면서 무슬림은 하나의 법을 따르게 되었고 그들의 출신지를 초월하여 이슬람과 아랍어를 전 세계에 전하게 되었다.

무함마드는 아들이 없었다. 그래서 후계자를 정하지도 않았다. 그러므로 무함마드의 측근에서 가장 신뢰를 받던 사람들은 무함마드가 죽자 고대 아라비아의 관습에 따라 공동체의 지도자를 선출하기로 합의하여 그들은 무함마드의 두 번째 부인 아이샤의 아버지, 아부 바크르를 첫 후계자로 정한다. 그의 생애와 행동은 모든 면에서 수니파의 모범이 된다. 그 뒤를 잇는 정통 칼리파(후계자)는 우마르, 우스만, 알리이다.

2. 이슬람교 신앙

아랍어인 '이슬람'은 신의 뜻에 대한 '헌신'과 '복종'을 의미한다. 자음인 s·l·m은 이슬람교도를 뜻하는 '무슬림'에도 들어있는데, 무슬림은 '신에게 스스로 헌신하는 자'라는 뜻이다. 이 어근에 모음 'a'를 붙여서 '살람'이 되면 '평화'를 의미한다.

세계 3대 종교로서 가장 후대에 생긴 이슬람교의 핵심은 유일신 알라에 대한 무조건적인 믿음이다. 인간과 대화를 나누는 이 신은 숭고하고 전능하며 온화하고 자비하다. 그는 주인이며 교사이고, 인간은 그의 종이다. 알라신은 세상을 창조했으며 보존해나가고, 모든 사건들을 결정한다. 그래서 지구상의 17억 명에 이르는 무슬림은 마지막 날에 알라신이 심판할 것이라고 믿어 의심치 않는다.

천사들은 빛의 형상을 띠며 알라 옆에 서 있고, 그들의 주요 임무는 알라를 찬양하며 보좌하는 것이다. 천사들은 알라 옆에서 어려운 상황에 처한 인간들을 도와주며 인간을 대신하여 알라 신에게 청원한다. 지브릴, 곧 가브리엘은 "꾸란"을 전달한 가장 중요한 존재다.

그와 반대로 타락한 천사 이블리스는 악마로 '샤이탄'으로 명명되었다. 그리고 천사들과 인간들의 중재자로서 불에서 기원한 영적 존재들이 있는데, 이들을 '진'이라고 불렀다.

이들은 유대-그리스도교 전통과는 다르게 원죄 개념을 거부한다. 왜냐하면,

땅 위에 사는 사람들은 스스로 노력하면 구원을 얻을 수 있으므로 그에 따른 책임 있는 행동이 필요하다고 보기 때문이다. 독실한 신자들은 낙원에 들어가는 것이 약속된다. 그 반대로 악인들은 지옥에 보내져서 고통을 당한다. 물론, 그곳에서도 알라에게 용서를 받을 수 있는 기회가 주어진다.

이슬람에는 삼위일체의 교리, 성별식, 종교회의가 없지만, 유대교나 그리스도교와 공통점이 많다. 가장 큰 공통점은 무슬림이 유대교와 그리스도교의 모든 예언자들을 경외하는 것이다. 어떤 면에서 이슬람은 다른 유일신 종교와 근본적인 차이가 있다.

이슬람에서는 예수가 십자가에서 죽었다는 것을 부인하며 예수가 행한 인간과 신과의 화해를 위한 수고를 언급하지 않고 그의 신성조차 부인한다. 대신 이슬람에서는 무함마드를 내세우며, 그가 최후의 예언자라고 한다. 그리고 무함마드 역시 신의 말씀을 선포했는데 그것이 바로 "꾸란"이며, 그가 전한 말들이 최종적으로 유효한 계시문서인 것이다.

"꾸란"에 대해서 간단하게 짚고 넘어가도록 하겠다. "꾸란"은 알라의 거룩한 말씀들로 예언자 무함마드에게 하례로 계시되었다. "꾸란"의 내용은 이슬람에 대한 설명으로 하늘에 '보존된 서판'에서 기원했다고 주장한다. 그러므로 매우 신성하기 때문에 모방할 수 없는 그 책의 모체 곧 '울 알 키타브' 무슬림에게 최우선하는 모든 행위의 규범으로, 가르침과 교화의 수단으로 쓰인다.

"꾸란"은 권면, 예언자와 심판에 관한 이야기, 종말의 때에 대한 가르침을 포함하며, 무슬림의 일상생활에 필수적인 책으로서 법적이면서 종교적인 의무와 계명을 언급한다. 그것은 '종교적인' 생활 영역뿐만 아니라 '세속적인' 삶의 영역까지 포괄한다. 이렇게 이슬람은 종교적이고 세속적인 생활 영역들을 따로 구별하지 않는다.

전체적으로 보면 "꾸란"은 114개의 장, 아랍어로는 '수라'로 구성되어 있다. 이 장들은 운율을 맞춘 절, 곧 아야트로 짜였고 뒤로 갈수록 길이가 짧아지는 순서로 배열되어 있다.

아랍어로 '읽다', '낭송하다'의 뜻인 까라아에서 파생된 알 '꾸란', 곧 '꾸란'의 언어는 고급 아랍어였다. 이슬람에서 "꾸란"은 완벽한 알라의 말씀이기 때문에 다른 말로 번역하는 것은 불가능하며, 번역은 단지 어렴풋이 의미를 이해할 수 있을 뿐이라고 생각된다. 그래서 "꾸란"을 낭송하는 모든 신자는 아랍어로 읽어야만 한다. 그 결과 "꾸란"은 아랍어와 그 문자를 확산시키는데, 큰 몫을 담당했다.

예언자 무함마드에 의하면 이슬람은 다섯 기둥(첫 번째 기둥-신앙 증언, 두 번째 기둥-메카를 향한 예배, 세 번째 기둥-라마단 단식, 네 번째 기둥-헌금, 다섯 번째 기둥-메카 순례)들에 근거한다. 무슬림이라면 지켜야 할 다섯 가지 기본적인 의무들을 말한다.

첫째 기둥은 신앙 고백으로 '증거하다', '알린다'는 뜻인 아랍어 '샤히다'에서 비롯된 '샤하다'라고 부른다. 다음은 매일의 기도인 '살라트', 라마단 달의 금식인 '사움', 구제 헌금인 '자하트', 메카 수례인 '하지'가 있으며, 여섯 번째 기둥으로는 성전인 지하드를 언급한다. 이를 개인의 의무로 일반화시키지는 않고 '많은 사람들'이 진행 중인 싸움에 참여하고자 하는 의도를 지닌 것만으로도 충분하게 여긴다.

첫 번째 의무인 '샤하다'에 대해 알아보면, "나는 알라 이외에는 다른 신이 없다는 것을 증거 합니다. 그리고 나는 무함마드가 그의 사자라는 것을 증거 합니다." 이 말은 아랍어 권에서 이슬람의 모든 종교 의식에서 언급된다.

그리고 전승에 의하면 무함마드는 이 말을 대천사 가브리엘로부터 받았다. 그래서 이 말은 각각의 무슬림이 어떤 신앙 노선, 어떤 종파에 속하든지 유효하며, 일생동안 그것을 반복해야 한다. 무슬림은 가장 단순하면서도 개인적인 신앙의 행위인 샤하다로 예언자 무함마드의 정당성과 신과 그의 모든 피조물들이 하나임을 증언한다. 그리고 무슬림이 아닌 사람이 이슬람으로 개종할 때에는 그가 남자든 여자든 상관없이 샤하다를 증인들 앞에서 의식적이고 정직한 마음가짐으로 세 번 고백해야 한다.

두 번째 기둥인 '살라트'에 대해 알아보면, 이는 정신적이고 법적인 관점에서 두 번째로 중요한 임무인 매일 드리는 의례적인 기도이다. 신과 자발적이고 개인적인 대화형식의 기도인 '두아'에서는 신도가 자신의 감정과 요청을 자유롭게 말할 수 있지만, 공식적인 기도인 '살라트'의 과정은 상세하게 규정되어 있다.

살라트는 가능하면 다른 사람들과 함께 매일 다섯 번 해야 한다. 살라트를 하는 시간은 새벽과 해뜨기 전, 정오, 오후 중간 쯤, 해질 때, 잠자리에 들기 전으로 정해져 있다.

환자, 노약자, 정신이 혼란한 자, 불안정한 상태, 여행하는 자들은 살라트 의무가 면제된다. 살라트가 효력을 나타내는 조건은 의복과 장소의 정결이다. 장소의 정결을 위해서는 양탄자, 수건 또는 그와 비슷한 것을 깐다. 또한, 기도하는 사람도 정결한 상태에서 의례를 치러야 한다. 때문에 시아파의 경우, 기도 시작 전에 씻는 행위인 '우두'를 항상 치른다.

한편, 수니파의 경우에는 더러운 경우에만 '우두'를 치른다. 씻을 때는 세 번의 손동작과 함께 겨드랑이, 머리, 발을 씻어야 하고, 계속해서 입을 씻고, 코를 풀며, 귀를 비비는 것도 권하고 있다.

"꾸란"은 깨끗한 물이 없을 때 흙이나 모래 또는 상징적으로 부싯돌을 이용한 마른 목욕도 허락한다. 여인과 동침했거나 월경, 출산을 했을 때는 큰 목욕, 곧 전신을 씻는 '구슬'을 하라고 규정한다. 이러한 모든 목욕 의례는 육체적인 건강뿐만 아니라, 참회, 죄로부터 돌아서서 신에게 귀의한다는 상징적 의미가 있다.

아드한, 곧 '무에진(기도를 알리는 이)'의 외침이 들리면 무슬림들은 모스크에 모인다. 그리고 기도하는 사람들은 얼굴을 메카 방향으로 향하고 일렬로 늘어서서 기도한다. 남자와 여자는 엄격하게 구분하여 기도한다. 여자는 집에서 기도하거나 모스크의 정해진 공간, 또는 남자의 시선이 닿지 않는 공간에서 기도해야 한다. 일상에서도 마찬가지다.

예배가 시작될 때는 똑바로 일어선다. 신도들은 손을 머리와 나란히 들고 자신을 거룩한 상태로 들어가게 해 달라며 기도의 의도를 설명하는 '니야'와 '신은 위대하다'는 뜻의 "알라후 아크바르"를 외치는 '타크비르'를 말한다.

그리고 기도하는 사람은 배 앞에 손을 포개고 바스말라와 "꾸란" 첫 수라의 첫 소절인 파티하를 낭송하고, 계속해서 "꾸란"의 다음 절은 조용하게 낭송한다. 그러고 나서 몸을 앞으로 숙이고, 손바닥을 무릎 약간 위에 대고는 다시 "알라후 아크바르"라고 말하고 연이어 세 번 "전능하신 나의 신에게 명예와 찬양을 돌립니다."라고 읊조린다.

이어서 기도하는 자는 전적으로 헌신하는 표시로 "알라후 아크바르"를 외치며 엎드리고 경배의 표시로 이마를 땅에 대기 위하여 무릎을 꿇는 행위를 두 번 반복한다. 기도하는 사람은 동작 중간에 무릎을 꿇고 앉아 있어야 하고, 다시 "꾸란"의 첫 장 첫 소절을 낭송해야 한다.

그 다음 '샤하다'로 끝을 맺는 확신의 기도 '타샤후드'를 바친다. 마지막으로 고개를 돌려 주위 사람들을 보며 '평화와 자비의 신이 당신과 함께 하기를 빕니다.'는 뜻으로 "앗살라 알라이큼 와 라마투 릴라"라고 주위 사람들에게 인사한다.

세 번째 기둥은 재산이 없거나 혹은 빈궁한 동료 신자들과 함께 몫을 나누는 구제 헌금이다. 자카트는 '순수하다', '정의롭다'는 뜻인 아랍어 '자카'에서 유래했으며, 정확하게 정해진 퍼센티지에 따라 재산을 부과하며 법적으로 규정된 세금이다. 한편, 임의적이고 자발적인 구제 헌금 '사다까'는 기부자 자신이 그 액수를 결정한다.

자카트는 성년이 된 건강하고 자유로운 무슬림이면 누구든지 내야하며, 미성년자나 환자들도 특별법에 따라서 내기도 한다. 부유한 무슬림은 자카트를 통해서 사회적인 책임의식을 갖게 되고 편안을 누리게 한 신에게 감사를 바치게 된다.

게다가 구제를 위한 세금을 납부하는 것은 개인적인 소유의 합법화, 소유욕을 정화하기 위한 행위로서 효력을 발휘한다. 수세기 동안 자카트는 대부분의 국가에서 통제 없이 거두고 분배했던 반면, 최근 파키스탄 같은 몇몇 국가에서는 자카트를 사회보장을 위한 분담금을 마련하려는 목적에서 국가가 거두어들이고, 빈곤층과 건강 복지사업 외에 교육예산, 공공주택을 마련하는 데 사용한다.

네 번째 기둥으로는 사움을 들 수 있다. 성년이며 건강한 모든 무슬림은 이슬람 달력 아홉 번째 달인 라마단에 29일 또는 30일간 의례적인 금식을 계속한다. 무슬림들은 이른 아침 해뜨기 전부터 해가 지기까지 음식물을 섭취하거나 음료수를 마셔서는 안 되며, 담배 같은 기호식품, 성행위, 거짓말, 저주, 싸움과 같은 나쁜 생각과 행위들이 금지된다.

노인, 병든 자, 월경하는 여자와 아이들은 금식의 의무에서 해방된다. 그러나 임산부, 여행자, 중노동자는 금식을 연기하는 것이 허락되지만 나중에 반드시 행해야 한다. 라마단은 선행과 회개와 화해의 시간이다. 이 시간은 평화를 이루기 위한 유익한 시간이 되어야 한다. 라마단은 27일째 날인 '운명의 밤'이라는 뜻의 '라이아트 알 까드르'와 금식을 끝내는 '작은' 축제인 '이드 알 피트르'로 종결된다.

다섯 번째이며 개인의 의무로 잘 보지 않는 여섯 번째의 의무를 제외하면 마지막 기둥이 되는 '하지'는 모든 도시들의 어머니가 되는 메카를 향한 순례이다. 모든 무슬림은 생애에 한 번은 이슬람에서 가장 중요한 종교적 의미를 띤 이 여행에 참여해야 한다. 물론, 건강과 재정적인 수단이 전제되어 있다. 사람들은 순례여행을 두 종류로 구분한다. '움라'라고 하는 '작은' 순례는 개인적으로 이루어지며 특정한 날짜와 관계없다. 또 하나의 '큰' 순례는 훨씬 더 많은 수고를 요하는 여행으로 '하지'라고 한다. 하지는 이슬람력의 마지막 달에 거행된다. 이 기간에 수많은 무슬림 형제자매들과 친교가 이루어진다. 순례는 '이흐람', 곧 특별히 축복을 받은 상태에서 끝마쳐야 인정받는다. 특히, 순례자는 면도하는 것, 향수를 뿌리는 것, 머리나 손톱을 자르는 것은 금지된다. 또한 사냥, 싸움, 성적인 접촉은 엄격히 제한된다.

순례자들은 '하람'의 경계를 넘기 전에 일상의 옷을 벗어버리고 특별히 긴 옷을 걸쳐야 한다. '하람'이란 메카 대사원을 마스지드 알 하람(al-Masjid al-Harām)이라 한다. 지다, 메디나 사이의 300킬로미터에 이르는 긴 지역으로 예언자 무함마드가 거룩한 지역이라고 선언한 곳이다. 순례자들이 하람에서 착용하는 긴 옷은 두 장의 꿰매지 않은 흰 천을 허리와 어깨에 둘러 걸치는 것이다. 머리 덮개는 서로 어긋나게 해서 둘러메고 신발 대신 샌들을 신는다. 이 모든 규정의 목적은 신도가 현세적인 존재로부터 벗어나기 위함이다. 이렇게 함으로써 순례자는 자신의 출생, 또는 사회적, 경제적인 위치를 새롭게 자각하며, 마지막 심판의 날에 신을 대면하여 그 앞에 선다는 사실을 깨닫게 될 것이다.

순례의 의례는 이슬람력 12월 8일에 카바를 일곱 번 순회하는 것으로 시작된다. 그 후에야 순례자는 처음으로 개인적인 기도를 할 수 있다. 마지막 기도는 '아브라함 광장'에 있는 카바 정면에서 하게 되는데, 곧 이어서 순례자는 근처에 있는 사파와 마르와 언덕 사이에 있는 길을 달리는듯한 걸음걸이로 일곱 번 오고 가야만 한다. 그것은 아브라함의 부인 하갈이 아들 이스마엘을 위해 물을 찾아 방황한 모습을 회상하게 하려는 것이다. 이어서 순례자는 잠잠이라고 불리는 거룩한 우물에서 물을 마신다. 이 우물은 신이 이스마엘과 하갈을 위해 솟아나게 한 것이라고 한다.

다음날 순례자들은 메카 밖으로 20킬로미터 떨어져 있는 아라파트 평지에

모여 점심부터 해질 때까지 명상하고 신을 부르면서 시간을 보낸다. 이 때 '탈비야'라고 불리는 기도, 즉 '당신을 섬기는 자에게, 나의 신이여'라는 뜻인 "람바이카 를라후마"가 중심역할을 한다. 몇몇 신도들은 이 시간에 은총의 산인 '자발 알 라흐마'에 오른다. '나프르'는 여러 신도들과 메카 방향으로 함께 달리는 의례로서 중간 지점인 무즈달리파에서 밤을 지내고 다음날까지 계속 이어진다.

각각의 순례자들은 다음날 아침, 근처에 있는 미나에서 세 개의 기둥에 일곱 개의 돌을 던져야 한다. 이는 기둥, 곧 악마에게 돌을 던진다는 상징적인 의미를 띠고 있다. 이어서 아브라함의 희생제물을 기억하기 위해 의례적으로 염소나 양, 또는 낙타를 잡는 의례를 치른다.

순례자들은 머리카락을 자르거나 면도칼로 아주 깨끗하게 밀어서 스스로 안전하게 거룩한 상태가 되게 한 후 다시 메카로 돌아간다. 그리고 목욕을 하고 다시 예전의 평상복을 입고 일상생활로 돌아간다. 그 달의 마지막 이틀에는 많은 신도들이 돌을 던지려고 다시 미나로 간다. 강요된 것은 아니지만 일반적으로 카바를 다시 일곱 번 순회하는 것이 순례의 마지막이 된다.

3. 이슬람의 생활

'꾸란'과 순나는 단지 정신과 사회의 근간이 되는 문제만 해결하는 것이 아니라, 별로 중요해 보이지 않는 수많은 일상생활의 영역에까지 의미를 부여한다. 곧 이슬람은 종교와 정치를 나누지 않으며, 낮은 차원의 육체적 영역과 고상한 정신적 관심사에는 별 차이가 없음을 보여준다. 따라서 세속적인 영역과 거룩한 영역의 구분이 없다.

많은 종교들은 돈과 같은 세속적인 가치 추구를 다소 부정적으로 여기는 경향이 있다. 하지만, 이슬람에서는 성적인 것뿐만 아니라 물질적인 것도 신이 준 것임을 기본적으로 인정하기 때문에 다소 긍정적인 경향이 있다. 또한, 무함마드 자신도 오랫동안 상인으로 활동했다는 사실에 주목해야 한다.

이슬람은 공산주의와 달리 부자와 가난한 자의 공존을 인정한다. 하지만, 수입 자체가 목적이 되어서는 안된다는 점에서 자본주의와도 구별된다. 즉, 영업행위와 도덕은 분리되지 않는다. 대신 재산을 가지고 있는 사람은 책임이 있다.

정결한 것과 부정한 것을 구분하는 이슬람의 입장에 따라 음식도 나뉜다. 즉, 생명체를 정결한 것과 부정한 것으로 나누므로, 그러한 생명체에서 비롯된 음식물도 먹을 것과 먹지 못할 것으로 나뉜다.

이슬람에서는 죽은 짐승과 돼지고기를 먹는 것, 술을 즐기는 것은 금지된다. 그러나 술을 마시는 것은 우마이야 왕조 당시뿐만 아니라 오늘날 이슬람 사회에서도 처벌의 대상은 아니다.

"꾸란"은 의복과 관련해서는 자제해야 할 것과 적절한 예의를 지킬 것을 가르친다. 남자들이 비단을 두르지 못하도록 제한하는 것은 하디스에서만 전해진다. 여인들은 집 밖에서는 얼굴과 목을 감싸야 한다. 그리고 여인들은 몸매가 드러나는 것에 대해서 주의를 해야 하고 속이 비치는 옷감이나 도에 넘치는 장신구를 해서도 안 된다. 결론적으로 이 규정은 남성을 자극하는 것을 피하고자 함이다. 신도들은 종교적인 행위를 할 때는 특별히 정해진 옷을 입고 옷을 청결하게 유지해야 한다. 일반적으로 상징적인 의미를 지닌 색은 정해져 있지 않지만 녹색과 흰색은 오늘날까지 예언자 무함마드의 색으로 간주된다. 검정색은 압바스 왕조의 색이며, 붉은 색은 시아파의 색이다.

무슬림은 겸손과 존경의 표시로 그들의 머리를 덮었다. 머리를 감싸는 많은 모자들 중 하나는 '타끼야', 즉 흰 바탕에 수를 놓은 면으로 된 조그만 모자이다. 타끼야는 오늘날 이슬람주의자들이 서양에 반대한다는 표식이 되기도 한다. 많은 사람들이 예언자의 모범을 따라 긴 수건으로 타끼야 주변을 둘러 터번을 만든다. 그리고 오늘날까지 근동지방과 아라비아의 걸프만 사이에서는 검은 천을 꼬아서 만든 줄인 '이깔'을 가지고 관을 만든 수건 '쿠피야'를 머리에 쓴다. 한두 세대 전에 가장 선호했던 머리 장식은 버섯 모양으로 된 빨간 모자였다. 그것은 튀니지에 유래하며 '샤시야'라고 부른다.

이슬람 문화권에서는 여성이 머리에 베일을 덮은 모습을 흔히 볼 수 있다. 우선 베일의 다양한 형식을 구분하는 것이 필요하다. 그 중에서 가장 중요한 것은 '부르카'이다. 이것은 바닥까지 닿는 나팔꽃 모양의 치마가 달린 모자이며 눈만 내놓을 수 있고, 북인도, 아프가니스탄, 파키스탄, 아라비아 반도에서 착용된다. 두 번째는 페르시아어로 '천막'을 뜻하는 '차도르'이다. 서양에서 종종 베일이라고 여겨진 차도르는 몸과 머리를 감싸는 검은 외투이며, 머리는 덮지만 얼굴은 가리지 않는다. '꾸란'과 샤리아는 사춘기 이후의 소녀와 여인들이 공식석상에서 목에서부터 복사뼈 그리고 팔뚝까지 몸을 가려야 한다고 요구한다.

베일을 쓰는 이유는 다양하다. 베일은 일차적으로 도시에서 착용되었고, 옷감을 통해서 그 여성의 사회적인 부와 높은 신분을 나타냈던 것으로 보인다. 베일은 공식적으로 베일을 두르지 않은 여자 노예들과 달리 그들이 집 밖에서 일할 필요가 없다는 것을 보여준다.

한편 농업지역과 베두인 사회에서는 여인들이 일해야 했으므로, 그들은 방해가 되는 베일 대신 최대한 머리를 가리는 수건을 두른다. 게다가 이렇게 천을 두르는데 실용적인 기능도 무시되어서는 안 된다. 베일은 태양, 모래, 먼지를 막아주고, 또한 나쁜 의도를 가진 음험한 눈빛으로부터 여성을 보호해 준다. 베일은 아름다움에 대한 질투를 막아주고, 젊은 처녀들과 임산부들을 감싸주며, 때로는 익명성을 보장해 해방감을 느끼게 해준다.

또한, 베일은 부족에 대한 소속감을 부여하며, 민간 신앙에 따르면 상체를 감싸므로 사악한 영이 안으로 들어오는 것을 막는다고 한다. 하지만, 베일이 미덕이라는 명목으로 남성들에 의해 강조되는 성적 압력이라는 주장이 나오면서 이슬람 사회 내부의 탈 이슬람으로 베일을 벗으려는 시도도 있다. 반면에 베일을 스스로 쓰는 많은 여성들이 있고, 이들은 이슬람 사회 내부의 탈 이슬람 경향에 항거하는 의미를 지니기도 한다.

무함마드가 사회, 정치적으로 달성한 업적은 고대의 골육상쟁을 막고 서로 도우며 평화롭게 지내도록 지도했을 뿐만 아니라, 여성의 지위를 격상시킨 일이다. 무함마드는 관습적으로 인정된 결혼하지 않은 남녀관계 대신 일부다처제와 이혼이 가능함을 법으로 규정했다. 뿐만 아니라 여성에게 상속권과 재산 소유를 허락했다. 따라서 여성의 법적 지위가 보장되었고 여성은 자녀들과 함께 사회적 보장을 확실히 누리게 되었다. 더 나아가 초기 이슬람이 그랬듯이 능동적으로 정치에 참여할 수 있도록 허용되었다. 그러나 압바스 왕조에 이르자 여성을 공식적인 생활 영역에서 밀어내고 베일을 강요하며 하렘에만 머무르게 하는 것이 일반화되었다.

이슬람은 여성과 남성을 신 앞에서 완전히 대등한 존재로 본다. 그들의 본성에 따라 다른 역할을 하되 한쪽이 다른 쪽의 위에 군림하는 것은 아니라고 한다. 그럼에도 불구하고 시리아는 남성이 우위에 있다고 믿는다. 예를 들면,

남자는 이슬람으로 개종하지 않고 다른 신앙을 가진 여인과 결혼할 수 있다. 하지만 무슬림 여성은 반드시 무슬림 남자와 결혼해야 한다. 보다 큰 몫의 유산이 남성에게 돌아가고 법정에서 남자의 증언은 여자의 증언보다 비중이 두 배나 크다. 남자들은 이슬람 율법에 따라 동시에 네 명의 부인을 둘 수 있다. 그러나 여성의 경우 다른 남자와 정을 통하다 현장에서 발각되면 가장 지독한 벌을 받게 된다.

남편은 일방적으로 이혼을 요구할 수 있으며 세 번의 월경주기가 지나면 이혼이 성립되기도 한다. 보통 부인은 남편의사에 복종하며, 남편은 부인에게 집 밖 외출을 금할 수도 있고 그녀의 친척이 아닌 남자들의 방문을 허용하지 않을 수 있다. 만약 이러한 금기 사항을 어길 경우 부인을 체벌할 수도 있다.

이슬람 세계에서 여성의 역할에 대한 견해는 19세기부터 변화하기 시작했다. 적어도 도시에 거주하는 소녀들은 점점 더 많이 고등교육을 받게 되었고, 그 결과 여성들은 보다 좋은 직업을 가질 수 있게 되었다. 그리고 선거권을 가지게 된다. 하지만, 몇몇 지역에서는 지금까지 힘겹게 확보한 여성의 자유를 다시 제한하려 하고 있다.

이슬람의 달력은 달의 주기를 따른다. 1년은 12개월, 한 달은 29일과 30일 교차하므로 일 년은 354일이 된다. 이슬람의 첫날은 7월 15~16일에 시작되었다. 이 방법은 농경이나 행정에서 대단히 비실용적이라고 판명되어서 이를 개혁하려는 시도는 있었다. 지금은 일반적으로 서양의 달력을 사용하고 고대 이슬람의 달력은 종교적인 축일을 결정하는데 이용이 된다.

이슬람력에는 두 개의 기본 되는 축제가 있다. 하나는 '금식을 마치는 축제'인 '이드 알 피트르'이고 다른 하나는 '희생제'인 '이드 알 아드하'이다.

'이드 알 피트르'는 작은 축제, 곧 '알 이드 앗 사지르'로 알려져 있으며 금식기간 마지막 날인 샤왈달(10월에 해당) 첫날에 시작되어 사흘간 계속된다. 이 '작은 축제'는 고통스러운 절제의 시간 중에도 신이 보호해준 것을 감사하는 기쁨의 축제이다. 사람들은 공동기도를 드린 후에 무덤을 방문한다. 또 사람들은 선물을 주고받고 오래된 불신과 반목을 묻어버리며 궁핍한 사람에게 구제금을 준다.

큰 축제인 '알 이드 알 카비르'로 알려진 희생제 '이드 알 아드하'도 기간은 마찬가지로 사흘간 계속된다. 이 축제는 이슬람의 둘히자달(12월에 해당) 10

일에 시작된다. 집중적인 기조 외에 축제의 하이라이트는 동물 한 마리 잡는 장면이다. 그리고 그들은 그 고기를 사람들과 함께 나눈다.

사람들은 무하람달의 첫날, 즉 무함마드가 메디나로 헤지라를 행한 그날을 이슬람의 첫날, 이슬람의 새해 첫날로 생각한다. 그 외에 '아슈라', '마울리드 안 나비'(무함마드의 탄생일 축제), '라일라트 알 미라지'(무함마드가 하늘로 승천한 밤), '라일라트 알 까드르'(운명의 밤) 등의 축제들이 있다.

[무슬림의 일생]

무슬림의 일생에 대해서 일례를 간단히 살펴보면, 아기가 세상에 태어나면 무슬림들은 특히 아름다운 의식을 치른다. 탯줄을 자르고 나면 곧바로 어른들은 신생아의 오른쪽 귀에 대고 기도 소리를 들려주는데 이것을 '이까마'라고 불며, 그와 비슷한 다른 기도 소리를 왼쪽 귀에도 들려준다. 7일 후 아기는 가족과 친지들 앞에서 이름을 받는다. 또한 사람들은 이러한 예식 '아끼까' 중에 아이의 머리를 깎아준다. 무슬림 남자의 유년기 중에 가장 중요한 예식은 할례 곧 '키탄'을 받는 것이다. 할례시행 시기는 상황에 따라서 달라질 수 있지만 대체로 태어난 지 7일에서 4일 사이, 또는 일곱 살 또는 성년이 되었을 때 거행된다. 또한, 소년이 할례를 받기 전날 밤에 화려한 옷을 입는다거나 마을이나 지역의 거리를 순회하고 돌아오는 것은 가장 널리 퍼져있는 풍습이다. 그리고 그 소년은 할례의 고통에 대한 보상으로 그 축제에 어울리는 음식물을 선물로 받는다.

'꾸란'을 배우는 것과 관련해서는 두 개의 예식이 있는데, 이것들은 유년기의 경사를 기념하는 축제이다. 아이가 학교에 들어갈 나이인 다섯 살이 되면 "꾸란"을 낭독하는 첫 번째는 수업을 받는 것을 축하하는 가족 축제가 벌어지는 것이고, 두 번째는 몇 년이 흘러 소년이 "꾸란"을 완전히, 혹은 적어도 절반까지 능숙하게 읽을 줄 알면 "꾸란" 수업 기간이 끝나며 그 때도 축제를 통한 예식이 이루어진다.

사람의 일생에서 가장 중요한 것은 결혼식이다. 결혼식은 "꾸란"에서 높은 가치를 지닌다. 이슬람의 결혼식은 신랑과 신부가 강한 도덕적인 의무로 맺어지는 축제이다. 결혼 서약은 법적으로 지켜져야 하며 일반적인 시민법의 계약과 같다. 이 계약은 일반적으로 개인의 상황에 따라서 판사의 사무실이나 모스크에서 이루어진다. 결혼식에는 두 사람의 결혼 서약을 증명하는 성인 무슬림 두 명의 입회가 필수적이다. 또 결혼 서약은 신부가 결혼에 동의하며 지참금의 액수에 대해서 동의했음을 서명하는 것으로 확증된다.

신부는 즉시 지참금의 일부를 받고 경우에 따라서 이혼할 경우에 나머지를 받는다. 이를 통해 신부는 재산 분배를 위한 권리를 획득하며 사회적인 보장을 누릴 수가 있다. 법적 해결이 성공적으로 이루어지면 거기에 참여한 사람들은 '꾸란'의 처음 단락 '파티하'를 낭송하며 신 앞에서 그 서약을 굳게 지킬 것을 맹세한다.

무슬림은 죽음을 엄숙하고 품위 있는 것으로 본다. 그들은 죽음이 가까이 왔다고 느끼면 다시 한 번 목욕재개를 하고 신앙 고백을 낭송한다. 임종 후에는 죽은 자의 옷을 벗기고 몸을 깨끗하게 씻어주어야 한다. 그리고 몸의 열려진 모든 부분은 악령이 들어가는 것을 막기 위해 솜 같은 것으로 막은 후 통으로 된 깨끗한 천으로 감싼다. 이와 같은 과정을 치르는 동안에 참여한 사람들은 '꾸란'을 낭송한다.

또한, 유산 문제가 결정되면 사람들은 가능한 한 고인을 죽은 당일 가장 가까운 모스크로 옮겨야 한다. 거기서는 그 지역의 이맘이 인도하는 죽은 자를 위한 기도가 행해진다. 그 후 가능한 빨리 무덤으로 향해지며 그때 애도 행렬에 참여하는 사람들은 쉬지 않고 신앙고백을 해야 한다. 죽은 이는 관에 넣거나 아니면 단지 천으로만 감싸는 방식 중 하나를 선택하여 장례를 지내며, 시신은 항상 오른쪽으로 눕히고, 얼굴은 메카 방향으로 향하게 한다.

4. 수니파 · 시아파

이슬람 내에서 다수를 차지하는 정통파인 수니파는 시아파와 대립한다. 그들은 무함마드가 죽자마자 곧바로 분열했는데, 그 원인은 신학이나 교리적인 문제가 아니었다. 오늘날 전 세계 이슬람의 10퍼센트를 차지하는 시아파 역시 '꾸란'을 신적 계시의 원천으로 인정한다.

무함마드의 생애와 행적을 모범으로 보고 이슬람의 거룩한 의무들을 인정한다. 그러나 수니파와 시아파의 갈등은 누가 이슬람 공동체 안에서 최고의 권위를 가지고 있는가의 문제에서 비롯되었다.

수니파는 기본적으로 무함마드의 후손이면서 신앙심이 돈독하고 종교와 정치에 능통하다면 누구라도 칼리파(후계자)로 받아들인다.

그러나 시아파는 오늘날까지도 무함마드의 사촌 알리와 무함마드의 딸 파티마의 혼인 관계에서 나온 후손들, 곧 '알리덴'이 모든 이슬람 공동체를 이끌어 가야 합당하다고 주장한다. 따라서 시아파는 처음의 세 칼리파와 우마이야 왕조, 압바스 왕조의 통치자들을 인정하지 않는다. 대신 '이맘'이라고 불리는 종교 지도자를 신의 빛을 전하기 위해 확실하게 선택된 사람으로 여기며 존경한다. 시아파는 수니파와 달리 억압받는 소수이므로 이들은 고난을 위한 각오와 순교자들에 대한 숭배를 부추긴다. 그들은 메카를 향하는 순례인 하지 이외에도 위대한 이맘들과 그들의 가장 가까운 친지들이 매장된 무덤을 방문해야 한다.

이와 같이 시아파들의 끝없는 분열을 야기하는 근본적인 이유는 그들의 구원에 대한 강한 동경에서 비롯된다. 구원을 기다리면서 지상의 통치자에 대한 합법성에 대해 지속적으로 문제를 제기하고 통치자들의 통치(무함마드의 후손이 아닌 자들의 통치)를 폭정이라고 주장한다. 따라서 시아파는 계속해서 사회적인 불만과 혁명을 야기하고자 한다.

시아파는 적대적인 분위기에서 동료 신도들을 보호하거나 공동체를 보전하기 위한 수단을 강구해왔다. 현재 시아파는 페르시아 지역에서 가장 큰 정치적인 영향력을 발휘하고 있다. 시아파 내에서는 후계구도의 규칙과 관련하여 의견이 분분했으며 이로 인해 8세기부터 심각한 분열을 초래했다. 종교 사학자들은 시아파의 분파를 일곱 개의 큰 파벌과 하위 집단들로 분류했으나 대부분 오래 전에 사라졌거나 규합되기도 했다. 오늘날 시아파는 세 노선으로 구분된다. 시아파의 가장 큰 분파로 12명의 이맘들이 무함마드의 합법적인 계승자라고 믿는 12이맘파가 있다. 이들은 '이트나 아샤리'라고 불린다. 5이맘파이자 자이드파는 우마이야 왕조에 대항하여 싸우다 패한 네 번째 이맘의 아들 자이드를 합법적인 마지막 이맘이라고 주장한다. 7이맘파, '사비야'라고 불리는 이 파는 이스마일파로 시아파 내에서도 가장 분열이 많아 노선이 의심스러울 정도이다. 그들은 여섯 번째 이맘의 아들 이스마일에서 이맘의 계보가 끝났다고 확신한다. 그 외에도 아사신파, 드르주파, 알라위파, 카와리지파 등 여러 파들이 있다.

Chap. 3 중동 · 이슬람 경제의 이해

1. 중동 경제

일반적으로 가장 많이 착각하는 것이 아랍세계는 폐쇄적이라는 선입견이다. 사실은 그렇지 않다. 아랍세계는 활기차며 세계적으로 잘 연결되어 있으며, 3억 5천여만 명의 소비자가 존재한다. 이 지역을 부정적인 시각으로 보는 외부 세계의 고정 관념에도 불구하고, 아랍인들 역시 다른 어느 곳의 소비자와 마찬가지로 수준 높은 제품을 원한다. 현지 기업이든 다국적 기업이든, 아랍의 무한한 기회를 포착한 기업들은 아랍세계 전역에서 시장을 형성하고 있다.

아랍의 소비자들은 쇼핑을 할 때 그 무엇보다도 자신과 가족을 위해 제품의 품질에 신경을 쓴다. 아랍사람들은 쇼핑할 때 종교적 신념보다도 제품 품질에 더 신경을 쓴다. 그리고 아랍 소비자는 생각보다 큰 소비력을 갖고 있다. 평균적인 아랍의 소비자는 평균적인 중국의 소비자보다 더 많은 자원을 가졌을 뿐만 아니라 자신들이 갖고 있는 것을 더 많이 지출하는 경향이 있다.

관광 중심지인 아랍은 페트라에서 피라미드, 부르즈 칼리파라는 세계 최고층 빌딩, 고대 로마 유적지까지 아랍세계의 엄청난 문화적 다양성은 관광객들을 경탄하게 한다. 2010년 600억 달러가 넘는 관광 수익을 올렸다.

아랍세계의 다양성을 감안하면, 이 지역 전체에 걸쳐 소비자들의 행동이 서로 다르다는 결론이 나온다. 예를 들어 구강 위생에 대한 관심은 나라에 따라 차이가 난다. 어느 시장 연구원이 20년 전 사우디아라비아에 처음 왔을 때 치약이 없었지만, 지금은 생활방식이 크게 변해 사우디아라비아 쇼핑객의 77%는 치약을 쇼핑 리스트에 포함시킨다는 것이다. UAE는 80%, 레바논은 86%, 쿠웨이트는 87%인데, 레바논의 소비자는 1년에 1.25개의 칫솔을 사용함으로써 아랍세계에서 가장 높은 비율이다.

문제는 아랍 가정에서 치약을 사용 않는 것이 아니라 치약 한 통을 다 소비하는데 몇 달이 걸린다는 데 있다. 그래서 P&G나 유니레버는 몇몇 나라에서 학생들에게 하루에 두 번 양치질을 하도록 권장하고, 학부모와 교사들로 하여금 학생들에게 더 자주 양치질을 하도록 일깨우는 프로그램을 시작했다.

　샴푸의 경우, 2005년 시장조사 결과에 의하면 사우디아라비아와 레바논의 여성은 100%가 사용한다. 시리아의 경우 84%로 감소했고, 이집트는 54%로 급감했다. P&G의 한 매니저에 의하면 비누를 많이 사용하는 이집트의 여성은 샴푸를 사치품으로 여긴다는 설명이다.

　아랍 남성은 대체로 규칙적으로 면도기를 사용한다. 면도는 아랍 남성이 무시할 수 없는 유일한 개인위생 습관이다. 그래서 2009년 P&G의 제품 매니저는 소비자가 사용하는 면도기를 더 우수하고 비싼 면도기로 전환하려고 애쓰고 있다고 말한다. 즉, P&G는 값싼 1회용 면도기로 탄탄한 비즈니스를 확보 중이지만, 좀 더 비싸더라도 재사용이 가능한 질레트(gillette) 브랜드로 유인하고 있다.

　유니레버는 사우디아라비아 제다에서 라이프보이 비누를 생산하기 때문에 이 비누의 포장은 돈 많고 수익성 높은 현지시장을 타깃으로 하고 있다. 레바논 시장은 사우디아라비아에 비해 규모가 작기 때문에 레바논을 위해 특별히 맞춤 제작은 하지 않는다. 이처럼 사우디아라비아는 아랍 전역에 영향을 미친다. 문화적으로 다양한 레바논 시장은 비종교적인 포장을 선호하지만 다른 나라에서 출시된 포장도 유통되고 있다.

　아랍세계에서 P&G만큼 성공한 다국적 기업은 없다. 이 회사에서 생산하는 '타이드'는 거의 모든 아랍 국가의 세탁용 세제라는 고유명사다. 이집트에서는 세탁용 세제를 '아리엘'이라고 부르지만, 사실상 이 역시 P&G 제품이다. 아랍 소비자는 자신에게 우호적인 기업에게는 호의적이다. 그래서 P&G 브랜드의 충성도가 만들어진 것이다.

　아랍세계는 다양한 신앙을 가진 사람들이 살고 있는 곳이지만, 이슬람은 이 지역 전체의 소비자 시장을 형성하는데 많은 영향을 끼친다. 기업은 일상적인 예배를 위해 업무를 중단하고, 식당은 라마단 단식에 맞춰 영업시간을 변경하는 등 이슬람은 개인의 종교적 믿음과 상관없이 사실상 아랍 시장의 모든 소비자와 모든 기업에 영향을 미치고 있다. 성공한 기업들은 이슬람이 이 지역에 미치는 영향을 기회로 활용하고 있다.

　아랍 여성은 소비자 시장에 엄청난 영향력을 발휘하고 있다. 저자가 제다에서 만난 로레알 관계자에 따르면 사우디아라비아의 미용 제품 시장을 6억 달러 규모로 보았다. 걸프협력회의, 즉 GCC 6개국의 소비자들이 화장품 구매에 쓰는 비용은 1인당 세계 최고수준이라고 덧붙여 말했다.

먼저 GCC(Gulf Cooperation Council)는 걸프협력기구로서, 공식명칭은 걸프만 아랍국가협력기구라고 한다. 이 기구는 아라비안 만에 위치한 6개 아랍 국가들의 정치 및 경제 연합체로 1981년에 창설되었다. 이 6개 국가는 바레인, 쿠웨이트, 오만, 카타르, 사우디아라비아, 아랍에미리트이다. 하지만, 아라비아 반도에서 유일하게 가입하지 않은 국가가 예멘인데, 2016년 가입을 목표로 협상이 진행 중이라고 한다. 사실 이 GCC 국가끼리는 다른 나라와 협상을 할 때, 개별 국가로서 협상하는 것이 아니라 GCC라는 단위로 협상하는 것을 추진했었는데, 바레인과 오만이 미국과 FTA를 체결하면서 이것이 흐지부지 되기도 하였다.

우리나라의 경우, GCC와 2008년 7월부터 FTA 협상을 시작했지만 아직까지 결론이 나지 않고 있다고 한다. 이것은 우리와 이웃인 일본, 중국도 포함되는데 이러한 주요한 원인으로는 자동차 문제가 가장 큰 문제라고 보고 있다고 언급하였다.

다음은 GCC 국가들의 공통적인 특성에 대해서 이야기 하고자 한다. GCC 국가들은 막대한 국부펀드를 바탕으로 글로벌 투자를 확대하려는 추세인데 중국 이외에 현금을 걷어 들이는 곳이 GCC이기 때문에 이 국가들이 투자에 관심을 가지게 되는 것도 이러한 이유라고 볼 수 있다. 2011년 9월 기준으로 중동 전체 국부 펀드 규모는 1조 7천억 달러인데 이것은 전 세계 국부펀드의 약 36%라고 한다. 또한 국가별 순위에서 상위 10개 국가 중 4개가 중동 국가인데 아랍에미리트(UAE), 사우디아라비아, 쿠웨이트, 카타르가 여기에 포함되어 있다. 특히 2011년 10월 기준으로 아랍에미리트의 국부펀드는 약 7,190억 달러로 세계 2위이며 사우디아라비아는 4,780억 달러로 세계 4위, 쿠웨이트는 약 2,960억 달러로 세계 6위, 카타르는 약 850억 달러로 세계 8위라고 한다. GCC 국가들의 대표적인 글로벌 투자 회사들로는 UAE의 에티살라트 회사, 사우디 텔레콤 회사, 카타르 국부 펀드의 유럽 자산 인수 등이 있다. 이러한 GCC의 국가들의 또 다른 공통점으로는 외국인 비율이 상당히 높다는 점이다. 특히 카타르의 경우에는 외국인의 비율이 거의 90%에 육박한다고 하는데 이로 인해 외국인 노동자에 의한 치안의 불안요소가 많다고 한다.

또한, GCC의 공통점으로 서구 기업과 상품에 대해 높은 호감도를 가지고 있다는 점이 있다. 대표적으로 서구의 패스트푸드 체인점인 KFC나 유명 브랜드인 캘빈 클라인, 베네통, 자라, 버버리 등의 매장들이 걸프시장에 넓게 자리 잡고 있다고 한다. 심지어 수백만 순례객 들이 찾는 메카의 대 사원 바로 옆에도 KFC가 있다는 점은 상당히 충격적이라고 볼 수 있다. 마지막으로는 가족 중심의 기업 지배구조를 들 수 있다. GCC의 전역에 약 2만개의 가족 기업이 있으며 이러한 가족 기업 형태는 GCC 전체 민영 기업의 약 98% 정도를 차지하고 있다고 한다. 놀라웠던 것은 이 리스트 안에 우리가 알고 있는 오사마 빈 라덴 가문도 포함되어 있다는 점인데 빈 라덴 가문의 경우 2009년 기준으로 7위에 등록 되어있으며 건설 산업 분야가 주요 산업이라고 한다.

다음은 GCC의 중심국가인 사우디아라비아와 UAE에 대해서 살펴보면, 이 두 국가가 전체 GCC 인구의 80%를 차지하고 있으며 GCC 전체 GDP의 70%를 차지하고 있다는 점에서 상당히 중요한 두 국가라고 볼 수 있다.

먼저, 아랍에미리트(UAE) 에 대해 설명 하면 아랍에미리트는 세습제 왕정국가로서 1971년에 영국으로부터 독립을 했고 7개의 에미리트(Emirate)가 연방국을 결성하여 만든 국가라고 한다. 여기서 Emirate는 미국의 State와 비슷한 개념이라고 생각하면 되고 아랍에미리트 경제에 있어서 두 곳이 주축이라고 볼 수 있는데, 우리가 잘 알고 있는 아랍에미리트의 수도 아부다비와 7성급 호텔인 '알 아랍 버즈 호텔'이 있는 두바이이다. 이 두 곳은 GDP의 합이 85% 정도로 상당히 많은 비중을 차지한다고 볼 수 있다. 수도인 아부다비가 석유 산업이나 에너지에 의존하는 편이라면 두바이의 경우는 무역, 관광 분야에 의존하고 있는 추세이다. 또한, 셰이크 라쉬드는 "두바이는 영원히 상업도시로 남을 것이다."라는 말과 함께 석유가 없다는 전제 하에 두바이의 산업을 개발하는 방향으로 이끌어야 한다고 언급하기도 했다. 이러한 것을 보여주는 케이스로 제벨 알리 자유무역지대가 있는데 처음에 이곳을 만들 때는 많은 사람들이 이렇게 크게까지 만들 필요가 있느냐고 언급했지만 현재는 이곳을 확장하려는 확장공사가 이루어지고 있다고도 한다.

아랍세계에서 여성의 패션은 단순히 아바야, 즉 머리스카프로 시작해서 끝나는 것이 아니다. 사실 이 지역은 다양한 패션 디자이너를 배출했다. 이중 많은 패션 디자이너는 전통 가치와 의상을 고수하면서 자신을 표현하고자 하는 아랍 여성의 욕구에서 사업의 기회를 잡는다. 카타르와 예멘에서는 여성이 이끄는 단체가 등장해 여성 기업가들을 장려하고 있다. 이 지역의 여성 인권이 점점 커지고 있다는 점도 여성 소비자의 구매력을 높일 수 있는 긍정적인 신호다.

이외에도 인터넷과 휴대폰을 이용한 전자 상거래와 기타 기술을 이용한 비즈니스, 아랍 미디어와 오락 시장에 관한 소개도 이어진다. 또한 약 100만 명에 이르는 아랍 디아스포라를 주목해야 한다고 강조한다. 이들 재외 아랍인은 아랍세계에 매년 수십 억 달러를 투자하며, 고국으로 귀국해 새로운 비즈니스를 선도하고 있기 때문이다.

풍부한 석유자원을 가진 일부 아랍의 국가들은 주변 국가들보다 빠른 경제성장을 하고 있다. 2010년에 우리나라는 원유 1,387억 리터를 수입하였으며, 그중 81.8%가 중동에서 생산한 것이다.

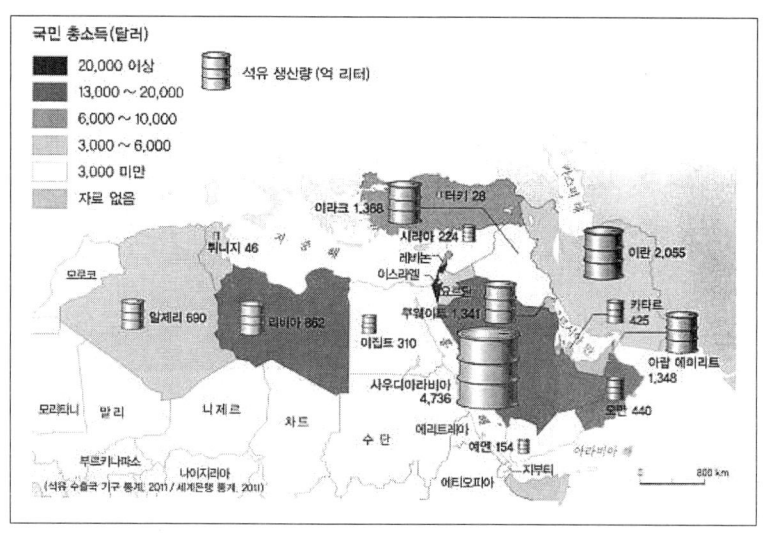

〈석유생산과 국민총소득〉

현재 석유 공급 불안을 야기하고 있는 산유국 중 이란은 미국·이스라엘 등과 대외갈등을 겪고 있고, 이라크·나이지리아·카자흐스탄은 내정 불안정에 시달리고 있다. 이란에서 발생된 불안은 국제원자력기구(IAEA)가 이란의 핵무기개발 의혹을 제기하면서 시작됐다. 이란 중앙은행의 금융거래를 제재하는 국방수권법을 연초에 발효한 미국이 동맹국들의 참여를 독려하면서 대

(對)이란 제재에 강력히 나섰다. 유럽연합은 이란산 원유 수입을 전면 중단할 것을 선언하면서 미국의 이 같은 움직임에 동참했다. 이에 반발해 이란은 세계 원유 해상수송 물량의 3분의 1이 통과하는 호르무즈 해협을 봉쇄하겠다고 위협하는 한편, 제재에 동참하는 국가들에 대해서는 원유수출을 중단하겠다고 압박하고 있다. 이들 산유국 중 하나라도 석유공급에 차질을 초래한다면 유가는 먼저 번의 리비아의 공급차질 당시보다 더 큰 폭으로 상승할 수 있다. 이들 4개 산유국 모두에서 석유공급 차질이 동시에 빚어진다면 유가는 세계 경제에 치명타를 날릴 정도로 폭등할 것이다.

미국은 이란의 핵개발 억제를 위해 경제적·외교적 수단을 계속 취할 것이다. 그러나 재정악화와 경기부진을 겪고 있는 미국에 이란사태가 극단적인 파국으로 치닫는 것이 반가운 일은 아닐 것이다. 미국의 재정상황은 글로벌 금융위기를 기점으로 악화되어 지난 3년간 재정적자가 국내총생산(GDP)의 8% 이상을 기록하고 있고 국가채무는 72.4% 늘어나 15조 달러를 돌파했다. 열악한 재정으로 인해 군비지출을 줄여야 할 미국이 새로운 전쟁을 수행하기가 쉽지 않을 것이다. 또한 민간경제도 부진에서 뚜렷이 벗어나지 못한 상태인데, 이란사태가 심화될 경우 유가 상승이 경기 회복의 불씨에 찬물을 끼얹을 수 있다.

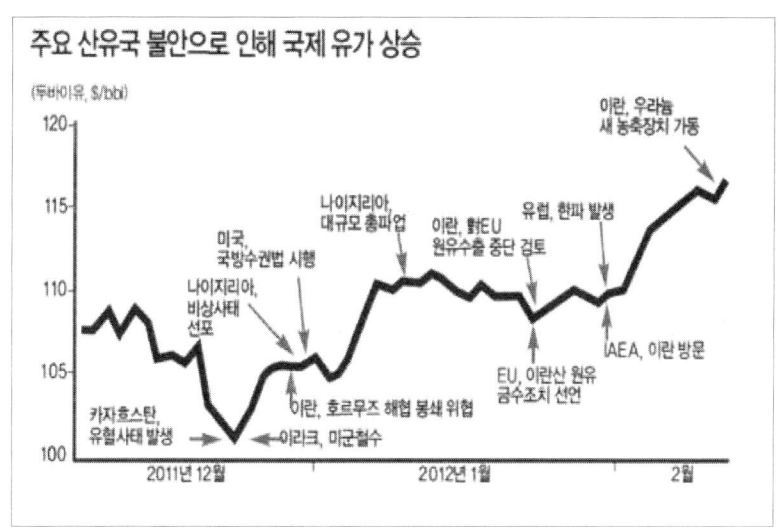

〈두바이유 국제유가 상승 흐름〉

미국은 이란사태가 더 이상 악화되는 것을 방지하고자 조심할 것으로 예상된다. 이스라엘 역시 중동 내 최고 수준의 전력을 갖춘 이란과 정면충돌하는 것이 쉽지 않기 때문에 미국의 제재 기조에 동조할 가능성이 높아 보인다. 오바마 대통령도 이스라엘의 이란 공격에 대해 부정적 입장을 보이며 외교적 해결을 선호한다고 밝히기도 했다.

미국 주도의 경제제재가 이란 경제에 큰 충격을 줄 경우에는 당시 아흐마디네자드 정부의 핵개발 의지를 약화시킬 가능성이 있겠지만 그 경제제재가 과거 일련의 제재들처럼 이란 경제에 직격탄을 날리기는 힘들 것으로 보인다. 미국의 이란 제재에 유럽연합 등 일부 국가만이 제한적으로 참여할 것으로 보이기 때문이다.

미국의 대(對)이란 제재에 유럽연합은 이미 이란산 원유수입 중단을 결정했다. 전체 원유 수입에서 이란산 원유의 비중이 10%인 일본은 이란산 원유 수입을 전면적으로 중단하기가 어려울 것이다.

중국, 인도 등 주요 개발도상국도 이란산 원유 수입을 제한하지 않을 것으로 예상된다. 중국과 인도는 유럽 국가들과는 달리 경제성장률에 대한 석유 수요 탄력성이 0.5 이상으로 높다.

성장을 위해 석유를 많이 소모해야 하는 경제구조를 가지고 있고 수입 원유에서 이란산 의존도도 높다. 1987년 미국이 이란산 원유 수입을 금지하자 이란이 다른 국가에 저가로 원유를 수출한 사례와 같이 이번에도 이란이 원유 금수조치의 장벽을 비켜나갈 가능성이 높다.

세계 7대 석유소비 대국인 우리나라는 원유 수입에서 중동산 비중이 87.1%(2011년 기준)일 정도로 지역 편중이 심하다. 특히 전체 수입 원유 중 이란산 원유 비중이 특히 높고 호르무즈 해협을 경유하는 원유와 천연가스의 수입 의존도도 높다. 호르무즈 해협의 봉쇄 가능성이 높지는 않다 하더라도 만약의 상황에 대한 리스크 노출이 매우 크다.

따라서 단기적으로는 사우디아라비아, 아랍에미리트(UAE) 등 다른 산유국을 대상으로 안정적인 대체 공급선을 확보할 필요가 있다. 보다 넓게는 극단적인 사태에 대비해 비축유 확충을 검토하면서 미국, 호주, 러시아, 인도네시아 등에도 유사시 석유와 천연가스를 공급받을 수 있는 안전판 마련에도 힘써야 할 것이다.

중장기적으로는 석유 수입선 다변화와 자주 개발율 제고에 박차를 가할 필요가 있다. 이란 핵개발 갈등, 이라크와 나이지리아의 정세불안이 쉽게 해결되지 않을 것으로 보이는 가운데 상대적으로 정국이 안정된 OPEC 비회원국의 원유 공급능력은 한계에 도달해 있기 때문에 세계 석유공급의 불안정성이 추세적으로 확대될 전망이다.

이러한 석유공급 불안정성 심화에 대비해 중장기 차원의 석유 수입선 다변화와 석유 수입의 안정성 제고, 석유소비 절감 노력이 요구된다.

안정적인 석유 확보를 위해 지속적으로 유라시아, 미주 등으로 석유 수입선을 다변화할 필요가 있다. 석유 수급의 안정성 확보를 위해서는 해외유전 개발에 우리 기업들이 참여해 유사시 석유를 우선적으로 공급받을 수 있는 석유 자주개발을 확대할 필요가 있다.

석유소비 절감과 관련해서는 국내 석유소비의 3분의 1(2010년 기준)을 차지하는 수송 부문에서 하이브리드 자동차, 전기차 등을 통한 녹색화가 중요한 과제가 될 것이다.

2. 이슬람 경제

중동지역의 연구는 객관적 입장에서 중동을 이해하고 분석하는 기법이 동원되어야 함에도 불구하고, 그러한 업적보다는 현실적인 합목적성에 의해 연구돼온 경향이 짙다. 그동안 연구대상 국가의 한정성과 연구분야의 편중성이 이를 반영한다고 할 수 있으며, 이는 연구대상이 경제부국이나 분쟁당사국 등 이해관계국들에게 치중되어 온 점에 기인한다.

석유문제나 분쟁당사국 연구에서 탈피하여 보다 심층적인 지역적 분석과 국가별 연구가 선행되어야 할 점이 21세기를 맞이하는 중동지역학이 추구해야할 과제이다. 그러므로 중동경제학(中東經濟學)이라는 지역경제연구를 위해서는 특수이론으로써 일반 이론에 접근하는 방법론과 자세로 그저 서구경제학에 의존하여 통계수치를 비교·분석하는 방법에서 탈피한 중동경제의 본질적인 이해에 더욱 더 연구의 초점이 맞춰져야 할 것이다.

이슬람경제라는 용어는 우리에게 다소 생소하게 들릴지도 모른다. 그렇다! 이슬람의 경제는 확실히 한국경제나 유럽경제라는 말과는 차이가 있다. 한국

경제는 분명히 한국이라고 하는 한 국가의 경제를 말하는 것이며, 유럽경제는 유럽 공동체의 경제 또는 경제권을 의미한다. 이 경우, 경제라는 의미는 대부분 자본주의라는 틀 속에서 운용되는 경제를 말한다. 하지만, 이슬람경제는 자본주의 경제도 아니고, 사회주의 경제도 아닌 제3의 경제를 말한다.

이슬람(Islam)은 '꾸란'과 무함마드의 언행록인 하디스(Hadith)가 교리이며, 신앙의 기본인 종교이다. 이슬람은 무슬림(이슬람교도)들에게 일종의 종교세에 해당하는 자카트를 의무화하고 투기를 하지 말며, 이자(利子)를 금지하고 있다. 이러한 가르침에 대해 평범한 무슬림들은 그렇게 하면 경제에 무엇이 일어나고, 또 어떻게 일어나느냐는 의문을 가질 수 있다. 이에 대한 대답을 제시해주는 것이 이슬람 경제이고, 이것을 현대경제학과 연계시켜 보려는 의도가 이슬람 경제학이다.

따라서 이슬람 경제학은, '무슬림의 행위에 관한 연구'임에 틀림없으며, 실증적이라기보다는 규범적인 학문이다. 이슬람 경제학은 또한 "신, 즉 알라와 이슬람의 성법(聖法)인 샤리아(Shariah)라는 법적 테두리 내에서 이슬람적 사고와 그것의 틀에 바탕을 둔 그들 나름대로의 독특한 학문체계"라 볼 수 있다. 이슬람은 종교사회와 세속사회 간의 갈등을 조화시키려는 노력뿐만 아니라 그들 나름대로의 이론을 서구경제학, 특히 자본주의 경제와 접목시켜 보려는 시도를 계속하고 있다.

물론, 여러 형태의 다양한 접근방법이 제시되고는 있지만, 아직도 뚜렷한 대안(代案)을 찾지 못하고 있는 것이 현재의 실정이다.

이슬람 경제학의 가장 큰 발전 가운데 하나가 무이자 은행(interest-free banking)이라 볼 수 있다. 자본주의 경제에 길들여진 우리에겐 매우 생소한 용어이기는 하지만, 현재 150개 이상의 무이자은행이 이슬람권에서 운용되고 있고, 그 추세는 더욱 더 확대되고 있다.

무이자의 개념은 '꾸란' 제2장 "상업에 의한 이윤은 허락하고 있으나, 고리대금에 의한 이자(利子)는 금한다."라는 알라의 계시에 기인하고 있다. 이슬람에서 말하는 고리(高利)란 '고율의 이자'를 말하는 것이 아니라, '대부된 원금 외에 부과되는 단, 1%의 이자'라도 고리가 된다. 물론, 이러한 사상은 우리에게 생소하게 들릴지 모르나, 서양에서도 그리스, 로마에서 중세에 이르기까지 단 1%의 이자 징수라도 죄악시하였다.

1754년 종교개혁 이후부터 법정 이자율이 발표되고, 이때부터 그 법정 이자율 이상을 받는 이자가 고리대금으로 규정되었다. 이러한 사상은 아리스토텔레스의 화폐불임설에 영향을 받은 것으로, 화폐의 목적은 교환에 있는 것이지 식리(殖利)에 있는 것이 아니라고 보았다.

아무튼 1970년대 초 이슬람은행(Islamic banking)이 세계 금융가에 정적을 깨트리며 홀연히 출현하였다. 윤리적 가치를 갖는 이슬람은행의 개념이 알려졌을 때, 세계의 금융계는 하나의 유토피아적인 이상으로 취급하였다. 자본주의 경제체제 하에서 수세기 동안 살아온 그들은 윤리가 금융과 어떤 연관을 가질 수 있을까 반문하였다. 하지만, 그러한 태도는 점차 변하기 시작했다.

오늘날 이슬람은행은 약 800억 달러의 자금을 관리하고 있다. 이슬람은행의 고객은 무슬림 국가에 국한되지 않고, 유럽, 미국 및 거리가 먼 타 국가들에게로 확대되고 있다. 이슬람 가치체계에 기반을 두고 있기에 이슬람은행은 무슬림뿐만 아니라 비 무슬림들로부터도 재원을 확보한다.

현재 150개 이상의 이슬람 금융기관이 수천 명의 직원들과 함께 전세계에서 영업을 하고 있다. 또한, 이슬람 방식으로 인정되는 금융기구에 대한 관심의 고조는 이슬람은행제도에 능동적으로 참여하고 있는 서구(西歐)를 포함하여 전통은행의 발전을 촉진하고 있다.

이슬람은 '과거와 현재', '전통과 개혁', '보수와 혁신'이 한 덩어리인 문자 그대로 이슬람공동체(umma)이다. 과거의 전통과 율법을 현대의 경제체제에 접목시키려는 의도는 비록 미완성이기는 하지만, 오늘날 좋은 반향을 일으키고 있다.

그 구체적인 형태가 이슬람은행(Islamic banking)이며, 이슬람 자체의 포용성은 현대이론의 틀 속에서 그들 나름대로의 경제체제를 유지하기 위한 새로운 틀을 모색하고 있다.

이슬람 경제는 자본주의나 사회주의 경제체제가 아닌 제3의 경제체제를 말한다. 이슬람(Islam)은 '꾸란'과 무함마드의 언행록인 하디스(Hadith)가 교리이며, 신앙의 기본인 종교이다.

이슬람 경제는 과거의 전통과 이슬람 율법인 샤리아(Shariah)를 현대의 경제체제에 접목시키려는 시도를 하고 있고, 이러한 의도는 오늘날 좋은 반향을 일으키고 있다.

그 구체적인 한 형태가 '이슬람금융(Islamic finance)'이며, 이슬람은 그 자체의 '포용성'을 통하여 현대 경제이론의 틀 속에서 그들 나름대로의 경제체제를 유지하기 위한 새로운 틀을 모색하고 있다.

이슬람의 자유로운 경제활동은 무슬림들의 의무이다. 리바(이자)는 착취 수단이기에 금지된다. 공정한 상거래에 의한 이윤획득은 합법적이다. 따라서 합법적인 수단에 의한 부(富)의 축적은 인정하지만, 합법적으로 축적된 부(富)라 하더라도 전적으로 자유롭게 사용할 수 없다. 도덕적 혹은 사회적으로 폐단이 되는 모든 소비방법은 금지된다.

(1) 경제활동은 무슬림의 의무

경제적으로 창조적인 활동에 있어서 힘든 일과 참여는 모든 무슬림의 의무이다('꾸란', 62:10). 무슬림의 경제활동은 단지 개인적인 필요를 충족시키기 위해 획득하거나 생산하는데 한정되지 않는다. 무슬림들이 그들 자신이 소비하는 것 이상으로 생산하지 않는다면, 자카트나 자선세(alms tax)를 통해 세정(洗淨) 과정에 참가할 수 없기에 더 많이 생산해야 한다.

(2) 이자는 비생산적, 착취

이자라는 개념으로 잘 알려진 리바(riba) 금지의 윤리적, 경제적 정당성은 세 갈래로 갈라진 삼지창에 비유되곤 한다. 리바는 불공평하며, 착취적이고, 비생산적이다. 이슬람에서 손해의 위험은 채권 및 채무자간에 공평하게 분담되어야 한다. 다시 말하면 이자형태의 '고정되거나 미리결정 된' 보상을 징수하기보다는 채권자가 자신의 자금조달로 도운 모험사업(venture)으로부터 나오는 이윤을 서로 공평하게 나눠야한다. 이러한 의미에서 상업 활동에서 어떠한 이윤도 도덕적, 경제적으로 정당해야 한다.

(3) 이윤 획득은 합법적 수단

이윤획득은 어떤 사람이 경제적인 모험과 그로 인해 경제에 기여할 때는 합법적이다. 무함마드 당시 메카 상인들은 일상적으로 이자대출, 투기 혹은 요행을 바라는 거래에 많이 종사하였다. 이러한 배경은 '꾸란'에서 교역으로부터의 이익과 리바로부터 이자 간에 구별을 세밀하게 만들었다. 일부 이슬람 학자들은 이자 기반경제는 통화창조가 생산적인 투자에 연계되지 않았기에 본래부터 통화팽창적(inflationary)이었고 실업과 빈곤의 원인이었다고 한다.

(4) 부(富)의 합법적인 사용

이슬람은 합법적인 수단에 의한 부(富)의 축적은 인정하지만, 그렇다고 합법적으로 축적된 부(富)도 전적으로 자유롭게 사용될 수 없다. 도덕적 혹은 사회적으로 폐단이 되는 모든 소비방법은 금지된다. 재산을 도박으로 탕진할 수 없으며, 술을 마실 수도 없고, 간통을 할 수도, 돈을 음악이나 춤 또는 다른 자기 쾌락의 수단으로 사용할 수도 없다. 비단으로 된 옷을 입을 수도 없고, 남자는 금으로 된 장식물을 사용하는 것이 금지되고, 그림이나 조각으로 집을 꾸밀 수도 없다.

첫째, 소비하고 남은 잉여의 부는 빈곤한 자들을 위해 사용해야 한다.
둘째, 타인에게 돈을 빌려주었을 때는 이자 없이 원금만 돌려받아야 한다.
셋째, 부의 축적이 특정 소수에게 집중되는 것은 인정하지 않는다.
넷째, 모든 공유재산은 계속 사업에 투자되어 순환되어야 하며, 그렇지 못할 경우 매년 잉여물의 2.5%를 자카트(zakhat)에 희사해야 한다.
다섯째, 자카트를 통해 부가 사회의 모든 구성원에게 재분배 되는 가장 완벽한 사회보장제도이다.

여섯째, 무슬림은 누구나 자카트 공공기금을 이용할 수 있기에 노후를 위한 보험에 가입할 필요가 없다.

일곱째, 자카트 외에 집중된 부를 분산시키는 방법에는 상속법이 있다.

3. 이슬람 경전에 나타난 경제관

이슬람에서는 신의 보상을 통한 상업활동이 매우 중시되고 있으며, 합법적으로 얻은 부는 공평한 분배와 사회적 공헌을 통해서 신에 대한 인간의 의무를 충실히 지킬 것을 강조한다.

(1) 신은 모든 재산의 주인

이슬람에 따르면, 인간의 출생은 신에 의해 '우주의 연회(banquet)'로 인도되는 것이며, 이 연회에는 지구와 우주의 모든 물질 뿐만 아니라 자연법칙, 즉 신의법칙, 인간 자신의 육체, 감각 및 정신적인 능력 등도 포함된다.

"'신은 주인(主人)'이라는 개념 하에서 생산자이건 소비자이건 인간은
모두 신의 신탁(信託)하에 놓여진 '알라의 부(富)'를 사용하는 것이다"

(2) 부(富)에 대한 긍정적 입장

이슬람에 따르면, 부는 신의 하사품(下賜品)으로 간주된다. 무함마드는 "가난은 이슬람을 부인하는 것과 같다."고 했듯이 이슬람은 가난을 인정하지 않는다. 이슬람은 가난에 대해 부정적인 입장을 취하며, 부에 대해서는 긍정적인 입장을 취한다.

하디스에 따르면, "알라는 그를 섬기는 자들이 부귀나 소비의 형태로 그의 생애동안 부여해준 하사품의 증거를 나타내 보이는 것을 좋아한다."

(3) 재화(財貨)는 신의 하사품

이슬람체제에서 재화는 신이 인간에게 부여한 하사품(bounty)이며, '꾸란'은 항상 소비적인 재화에 대해 언급할 때, 그 재화에 도덕적이고 이데올로기적인 가치를 부여한다. 따라서 이슬람에서 금지된 물질은 재화로 간주되지 않는다.

주류, 돼지(고기), 우상이나 신분 등은 이슬람 경제에서는 소유권의 대상이 되지 못하며 거래될 수도 없다. 또한 윤리적인 측면에서 바람직하지 못한, 예를 들면, 음란행위 등에 이용되는 물건 등은 이슬람에서는 재화로 간주되지 않는다.

> "어떠한 선(善)도 가지지 못하고 인간을 개선시키는데 도움을 주지 못하는 것은 이슬람의 개념에 따르면 재화가 아니며, 또한 무슬림의 재산이나 소유물로 간주될 수 없다."

할랄(Halal)과 하람(Haram)

'할랄(Halal)'은 이슬람교도인 무슬림이 먹고 사용할 수 있는 제품들을 말하며, 알라가 허용한 것으로 '합법적'이라는 것의 아랍어로 '할랄'이라 한다.

'하람(Haram)'은 금지한 것을 말한다. '꾸란'에서는 죽은 짐승의 고기, 돼지고기, 알라 이외의 이름을 빌어 도살한 고기('꾸란', 2 : 173 : 5 : 3)와, 인간의 정신이나 도덕, 신체에 유해하다고 간주되는 음료, 취하게 하는 것과 도박 등은 금지한다('꾸란', 5: 90-91). 예를 들면, 불법적으로 번 돈, 이자수수, 살인행위, 마약, 술, 돼지고기 등은 '하람'에 해당한다.

이자는 금하지만, 합법적인 상업활동은 장려한다. 술과 돼지고기는 금하지만, 취하지 않는 음료(대표적으로 커피)나 다른 고기의 식용은 허용한다.

(4) 경제적 실용주의

초기 이슬람의 모든 훈령은 상업행위에 대해 상당한 유연성과 실용주의 경향을 보이면서 신의 배려와 예외(例外)도 언급한다. 즉, 라마단(ramadan : 이슬람력으로 9번째 달)의 금식(禁食) 중에도 병자와 여행자는 금식을 연기할 수 있고, 고통의 원인이 될 수 있는 사람들에게 가난한 사람을 부양하는 것 같은 행위도 보상받을 수 있다는 유연성을 보이고 있다('꾸란', 2 : 184-5).

"자비롭고 자애로운 알라의 이름으로 - (비쓰밀라히 라흐마니 라힘)"

샤리아에서 '예외 인정'과 마크루(Makuruh)

- "…고의가 아니고 어쩔 수 없이 먹을 경우는 죄악이 아니다."('꾸란', 2 : 173)
- 마크루(Makruh)는 이슬람에서 권장되지 않는 것(혐오행위)으로 흡연이나 기도할 때 지나친 물의 사용, 게으름 등을 말한다.

---

(5) 상업활동의 장려

무함마드는 상업활동에 대해 매우 관대함을 보이고 있다. 무함마드 자신도 대상(caravan) 교역에 종사하였기에 상업의 중요성은 '꾸란'의 여러 구절에서 자세히 언급되고 있다. 또한, 상업의 합법성은 '꾸란'의 여러 구절에서 찾을 수 있으며, 여기서 예언자는 상행위에 대한 정직하고 솔직한 태도를 가르치고 있다('꾸란', 106 : 1-4).

(6) 상업활동은 합법적 경제행위

메카에 대한 성지순례와 관련하여 무함마드는 '꾸란' 2장에서 상업과 관련한 몇 가지 방향을 제시하고 있다. 따라서 성지순례기간 동안에도 무슬림들의 상업활동은 허락되었다.

> "(성지순례 기간 중 상업(商業)에 대하여) '네 주인(主人)으로부터 하사품(下賜品)을 구하는 것은 죄가 아니다.'('꾸란', 2: 198)"

'꾸란' 4장에서도 성지순례기간 동안의 상업활동 이외의 불법거래를 금지하기 위하여 부모로부터 남겨진 재산도 서로의 동의가 없는 한, 남의 것을 빼앗거나 소비하지 말라고 언급하고 있다('꾸란', 4: 33).

(7) 공정한 상업행위

더욱이 공정한 상업행위와 생계수단으로서의 상업활동에 대해서도 방향을 제시하고 있다. '꾸란'(30: 45-46)에서는 바다에서 무역을 통한 생계유지를 언급하고 있다. 성지순례 기간 동안의 상업에 대해서도 모든 허락이 이루어졌음에도 불구하고, '꾸란'의 다른 장(62: 9 이하)에서 예언자 시대에 상행위(商行爲)에 열정을 갖고 있던 아랍인들이 알라를 칭송하기 위해 거래를 중단하는 것은 모두에게 만족스러운 것은 아니었다.

(8) 재화의 도덕적 효용성

좋은 일을 위해 사용하거나 소비하는 행위는 그 자체가 이슬람에서 덕(德)으로 간주된다. 그러므로 신자는 신의 명령에 복종하고 인류를 위해 창조한 하사품과 상품을 자신들이 즐김으로써 신의 즐거움을 구한다. 소비와 만족은 그것이 어떠한 해악을 가져오지 않는 한 이슬람에서 비난받지 않는다.

> "현대 경제학에서는 시장에서 교환될 수 있는 것은 어느 것이든 '경제적 효용'을 가지는 반면, 이슬람에서는 이것이 재화를 정의하는 필요한 필요조건이지 충분조건은 아니다. 다시 말하면, 재화가 경제적 효용성을 갖기 위해서는 시장에서 교환될 수 있을 뿐만 아니라 도덕적으로 유용해야 한다."

4. 이슬람 경제의 이해

(1) 자카트(zakhat)

자카트는 이슬람의 다섯 기둥(five pillars of Islam), 즉 오주(五柱) 가운데 하나이며, 그 법적 의미는 '부(富)에 대한 권리' 또는 '수혜자에게 제공하도록 알라에 의해 계시된 부의 일종'을 말한다. 샤리아에서 자카트는 "무슬림으로서 자유인이어야 하며, 성숙하고 이성을 판단할 수 있는 자로서 재산의 소유자가 지불하는 것이다"라고 정의한다. 이러한 자카트의 정의는 다음과 같다.

첫째, 사유재산제도와 자유경쟁이 허용되는 국가의 경제원칙이 적용되는 체제하에서의 조세이다.
둘째, 과세할 수 있는 부를 소유한 사람을 고려하지 않는 부(富) 그 자체에 대한 세금이다. 다시 말하면, 납부자가 미성년자이건 바보이건 노예이건 간에 문제되지 않는다.
셋째, 시장가치를 갖는 모든 부는 '꾸란'에 명시된 금지명령에 의해 특별히 면세된 재화를 제외하고는 자카트를 의무화하고 있다.

자카트(zakhat)

자카트는 이슬람의 다섯 기둥(five pillars of Islam), 즉 오주(五柱) 가운데 하나이며, 그 법적 의미는 '부(富)에 대한 권리' 또는 '수혜자에게 제공하도록 알라에 의해 계시된 부의 일종'을 말한다. 자카트의 가장 중요한 목적중 하나는 마음을 정화(淨化)하는 것이다. 한 인간의 개체 가운데 가장 중요한 것이 마음(心)이다. 샤리아에서 자카트는 "무슬림으로서 자유인이어야 하며, 성숙하고 이성을 판단할 수 있는 자로서 재산의 소유자가 지불하는 것이다"라고 정의한다. 자카트는 개인 총자산에 대해 매년 부과되는 특별세로 국가에 의해 징수되는 세금의 일종이며, 주로 여러 형태의 사회보험과 같은 특수 목적을 위해 사용되며 이 기금은 정부지출로 사용될 수 없다. 자카트는 개인이 갖고 있는 모든 종류의 부에 적용되며 연초의 면세한도액을 상회하면 그해의 저축액도 이에 포함된다. 이러한 특성 때문에 자카트는 이슬람 거시경제제도에서 중요한 역할을 한다.

이슬람의 다섯 기둥, 5주(五柱)

이슬람에서는 무슬림이 실천해야할 5개의 기둥이 있는데, ① 고백(샤하다), ② 예배(살라트), ③ 희사(자카트), ④ 단식(사움), ⑤ 성지순례(하지)가 그것이다. 성전(聖戰)은 '지하드'라 불리며 순니파에 속한 소수 종파에서 이슬람의 6개 기둥에 포함시키기도 한다. 지하드에 종사하는 사람들을 '무자헤딘(戰士)'라 부르며, 성전이라는 말은 유대교와 기독교에서도 쓰인다.

(2) 이자의 금지

이슬람법체계에서 '꾸란'과 순나에서 '리바 알-나시아(Riba al-Nasiah)로 이자를 금지하고 있다.

① 동서양의 이자 사상

동양에서는 한국을 비롯하여 중국이나 일본 모두 오랜 옛날부터 식리(殖利)를 죄악시 않았다. 다만, 국가가 일정한 이식제한령(利殖制限令)을 공포하고 그 법정이자율 이상을 고리대(高利貸)라 하였다. 서양에서는 그리스, 로마에서 중세에 이르기까지 단, 1%의 이자라도 징수하는 것을 죄악시하였다.(아리스토텔레스(Aristoteles : BC 384~322)의 '화폐불임설(貨幣不姙說)'의 영향.)

아무튼 유대교, 기독교 및 이슬람 모두 이자금지 사상을 갖고 있었다. 세 종교 모두 번영은 증여에 의한 것이 아니라면, 최소한 이자 없는 대출을 통해 필요한 사람을 도와주는 의무가 되어야 한다고 설교하였다.

일반적으로 유대전통은 이자를 금지하였다(레위기, 25 : 36). 그러나 비유대인에게 화폐를 빌려주는데 대해 이자를 허용하는 빠져나갈 구멍을 갖고 있었다(신명기, 19 : 19~20).

> "너희들은 외국인에게 이자를 부과해도 좋지만, 이스라엘 형제들에게 그렇게 하지 마라(신명기, 19~20)."

산업혁명 이후 이자허용 사상이 보편화 되었다. 종교개혁(1517) 이후부터 법정이자율이 발표되고, 그 이후부터는 법정이자율 이상을 받는 이자는 고리대였다. 이자허용 사상은 산업화의 출현과 자본주의 사상의 승리와 함께, 특히 영국에서 보편화되었다.

② 이자금지 사상의 배경

이자(riba)의 금지는 이슬람교리의 측면에서 보면 일종의 불로소득(不勞所得)이라는 인식이다. 아울러 이자금지 사상은 이슬람에 한하는 것이 아니고, 유대교나 기독교에도 나타난다. 이슬람 출현 시기에 메카는 이미 국제적인 상업도시로서 경제적 번영을 누리고 있었으며, 고리대금업에 의한 부의 수탈이나 축적이 횡행하였다. 역사에 따르면, 이슬람교도들에게 리바를 금지하였기에 오히려 이교도 지역에서 영리를 추구하는 유대교도들에게 금융업을 독점시키는 결과가 되었다고 한다.

> 성경과 '꾸란'은 이자금지 사상, 불교와 유교경전들은 이자허용 사상을 갖고 있었다. 불교와 유교는 이자 자체를 죄악시하지 않았다. 오히려 불교에서는 재산형성의 방법으로, 유교에서는 흉년의 기근 때 서민들의 생계를 유지할 수 있는 방편(富者貧之母)으로 적극 권유하고 있으나 성경이나 '꾸란'과는 크게 대조를 이룬다. '꾸란'은 현재까지도 이자금지 사상을 가장 강력하게 유지하고 있다.
> 이슬람의 이자금지 사상은 '꾸란'의 메디나 계시 제2장 암소의, 장 제275절 가운데 "상업은 허락하지만, 리바(이자)는 금한다."는 알라의 계시에 기인한다.

> 알라가 "상업은 허락하였고 리바는 금지하였다"는 내용이 포함된 '꾸란'(2: 275)의 구절
>
> "리바를 탐식(貪食)하는 자들은 정신이상으로 몰고가는 사탄에 의해 혼미해진 사람의 경우를 제외하고는 (부활의 날에) 존속하지 않을 것이다. 그 이유는 그들이 "상업은 단지 리바와 같은 것"이라고 말하기 때문이다. 그러나 알라는 상업은 허락하였고 리바는 금지하였다."('꾸란', 2 : 275)

③ 리바(이자)의 의미

리바는 '고율의 이자'를 말하는 것이 아니라 "대부된 원금(또는 현물)에 추가되는 단 1%의 이자(또는 부가가치)"를 말한다. 리바라는 단어는 '초과 혹은 부가'라는 의미를 갖는다.(빌려준 혹은 지불한) 원래의 총액(원금) 이상 또는 초과한 부가분(附加分)을 말한다.

④ 리바(이자)의 종류

리바(riba)에는 두 가지 종류가 있다. 첫째는 리바 알-나시아(riba al-nasia)로 '화폐 대출에 대한 이자(利子)'이며, 둘째는 리바 알-화들(riba al-fadl), 즉 '재화에 대한 수익'이다. 리바는 대출이나 판매, 구입 및 제공의 목적으로 이뤄진다. 일반적으로 부가(附加)라는 의미는 약속된 기간에 지불되는 음식에 대해서는 음식과 같은 것 또는 준비된 돈에 대해서는 돈을 매도하거나, 보다 많은 같은 종류의 물건에 그와 같은 것을 교환함으로써 얻은 것을 의미한다.

이슬람금융에서 리바(이자)의 해석

리바의 해석은 마치 물과 같아서, 액체 상태에선 물로 설명되지만, 고체 상태에선 얼음으로, 기체 상태에선 수증기로 해석된다. 그렇기에 이슬람 금융에서 리바의 해석에는 각별한 주의가 요망된다.

따라서 "리바의 금지는 이자의 금지라기보다는 고리대금이나 불법적인 이자나 수익(收益)의 금지로 해석"해야 적절하다. 우리 문헌에 널리 퍼져 있는 "이자가 금지된 이슬람은행 또는 무이자은행"은 해석상 오해를 불러일으킬 가능성이 있기에 원어의 의미를 살려 "이슬람은행은 리바가 금지된다."는 표현이 더 정확하다.

이슬람은행의 국내 유치에 관한 논쟁에서도 "이자 없는 은행을 허락할 수 없다"는 논지 때문에 국내 유치에 부정적 영향을 미침은 물론, '은행법의 개정'도 요구되고 있는 실정이다. 이슬람 금융에서 이자는 원의(原義)를 살려, "리바가 금지된다"고 표현해야 되며, "이슬람 금융은 리바를 금지하지만 수익배분을 허락하는 금융"으로 정의돼야 한다.

※ 리바(riba)는 중동 이슬람에서 이자를 뜻하며, 금지하고 있다.

5. 이슬람 경제권의 부상

이슬람세계는 이슬람을 신봉하는 세계적인 무슬림공동체를 말한다. 전 세계적인 무슬림 공동체는 움마(ummah)로 대변되는 집단적인 개념으로 인식되며, 동료 무슬림의 통합과 수호를 강조하는 종교이다. 이러한 무슬림공동체는 수많은 국가에 분포하고 있으며, 종교에 의해 연결된 유일한 인종 집단이다. 이슬람은 중동과 아프리카 및 아시아의 일부 지역에 널리 퍼진 종교이다. 대규모 이슬람공동체는 아랍지역 이외의 중국, 동유럽의 발칸반도 및 러시아에도 존재한다. 무슬림 인구의 약20%는 아랍국가에 거주하며, 인도 아(亞)대륙에 약 30% 정도 거주하고, 인구수에서 최대 무슬림국가인 인도네시아에 15.6%의 무슬림들이 살고 있다.

〈이슬람공동체를 움마(ummah)라 한다〉

이슬람회의기구(OIC)는 4대륙에 걸친 57개국의 회원국을 갖는 UN 다음으로 세계에서 두 번째로 큰 정부 간의 기구이다. OIC 가맹국 이외의 회원국까지 합치면 전 세계적으로 약 60개 국가가 이슬람 국가의 범주로 분류된다.

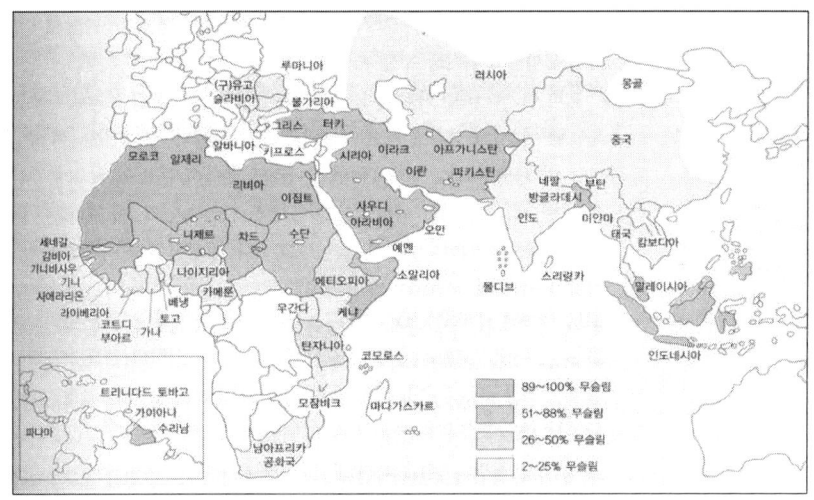

〈이슬람경제권〉

이슬람경제권이란 단순히 지정학적으로 중동국가나 아랍국가를 의미하는 것이 아니며, 이슬람을 신봉하는 전 세계 60여개의 국가군을 연결하는 경제권을 의미한다. 따라서 이슬람경제권은 지정학적 범위를 초월하여 세계 인구의 20~25%를 차지하는 약 18억 명(2015년 현재 추산)의 전 세계 이슬람국가를 연결하는 '종교적 경제권'이라 정의할 수 있다. <출처: Wikipedia, 2009.>

중동 산유국들은 자원이 고갈될 다음 세대를 차분히 준비해 왔고, 이슬람은행이나 국부펀드 같은 금융기구를 통해 거대한 자본축적을 형성해왔다.

'가족형 기업'이 많고 에이전트(agent)제도가 발전한 중동기업의 특성은 산업이나 금융부문에서도 동일한 미래비전을 갖고 있다. 그래서 투자하는 분야도 발전소나 에너지 분야 같은 미래 산업에 대규모 집중투자하고 있다.

이슬람은행업(Islamic banking)도 같은 배경으로 제1차 석유위기후인 1970년대 초 탄생하였다. 전 세계 이슬람은행의 자산은 세계 2009년 기준 1조 410억 달러로, 2006년 이후 연평균 24%의 높은 증가율을 보이고 있다. 2010년 현재 전 세계 54개국에서 655개의 이슬람은행이 다양한 금융서비스를 제공하고 있다. 현재 이슬람금융은 무슬림 국가에 국한되지 않고, 유럽, 미국 및 아시아로 파급되어 빠른 속도로 성장하고 있다. 또한 걸프산유국에 대규모 자본이 집중돼 있는 국부펀드(SWF)의 2012년 현재 자산 규모는 약 5조 달러이고, 그 가운데 약 30% 정도가 걸프산유국에 몰려 있다. 2017년이 되면 전 세계 국부펀드 규모가 13.5조~17.5조 달러에 달할 것이라는 전망과 함께 중국을 비롯한 아시아 국가들은 국부펀드에 많은 투자를 하고 있다.

터키의 이스탄불은 가는 곳마다 역사가 살아 숨을 쉬는 고장이다. 바라보는 각도마다 펼쳐지는 풍경마다 한 폭의 풍경화다. 많은 사람들이 찾아와 휴식과 함께 생각에 빠지는 이유도 타임머신(time machine)과도 같은 신비함을 맛보기 위해서 일 것이다. 고고학박물관의 미라가 호기심을 자아내고 예레바탄 사라이의 메두사가 신기하기만 하다. 블루 모스크의 웅장함과 아야소피아 성당의 화려한 마리아상의 신비로움이 바로 타임머신이다.

술탄아흐멧 모스크를 돌아 나와 시원한 분수대 앞에서 바라보는 색 바랜 붉은 벽의 하기아소피아는 그 자체가 하나의 백과사전이며 그래서 유네스코가 정한 세계문화의 함축된 박물관(Müzesi)이다. 그 해답은 단순하다. 사원을 아름답게 건축한 선조들의 노력이 긴 세월동안 보태진 것이 역사이고, 후손들은 열심히 그 파편들을 모아 소중히 보관한 것이, 오늘날 수많은 관광객을 끌어 모으는 동기가 된 것이다. 단순히 귀중한 유산을 수집한 것이 아니고 그 유산을 먼 훗날까지 연결시키겠다는 생각이 이스탄불의 정신인 것 같다. 선조들의 땀 흘린 노력을 헛되지 않게 기리고 연결하려는 현세대의 노력이 그 아름다운 조화를 일궈낸 것이다. 필요없다고 버린 것이 아니라 긴 역사에서 어쩔 수 없는 변화 속에서 잃어버린 역사의 흔적을 찾아낸 것이 오늘의 아름다움을 간직하게 된 것이다.

소피아사원은 그 함축적 의미보다는 자연경관과 잘 어울리는 아름다움 그 자체였다. 우리주변에서도 흔히 볼 수 있는 고목의 플라타너스, 귀공자 같은 주목, 선비의 아름다운 배롱나무들과 일년생 화초들은 우리의 그것과 다를 바 없지만, 오래된 건물과 어우러진 초목의 배치며 색깔의 조화가 아름답다.

소중한 건물이라고 한군데 모여 있다고 역사가 아니요, 아름다운 꽃과 나무라고 그저 숲을 이룰 정도로 많이 심어졌다고 조경(造景)이 아니며 정원 또한 아니다. 적당한 조화와 배치 그리고 균형이 이루어 낸 것이 그 아름다움이고, 지나치지 않을 정도로 자연을 그대로 유지한 것이 역사와 인간 그리고 자연을 함께 묶어 호흡하게 된 동기이다. 아주 단순한 사실을 까맣게 잊고 살아온 것이 그 동안 중동연구에서 오류였음을 인정하는 순간이다.

이 점이 중동연구에서 반드시 배워야 할 점이다. 슬픈 역사라고 숨긴다고 가려지는 게 오늘이 아니다. 발달한 과학문명은 수만 년 전 인간도 DNA 분석을 통해 모든 비밀과 베일을 벗겨내고 있다. 지금까지 역사가 미스터리(mystery)라면, 21세기 이후의 역사는 고대의 타임머신을 해석하여 새로운 미래의 타임머신을 만들어야 한다. 넓다고 생각한 지구가 한 가족이 되어 글로벌화(Globalization)되었다. 지구촌 어디든 기쁨과 슬픔이 순식간에 전해지며, 서로 모르던 문화도 TV나 인터넷을 통해 쉽게 알려진다. 신(神)이 원하지 않더라도 매사의 행동이 일일이 체크되는 현대문명 속에서 인간은 다시 신(神)을 찾아서 외계로 눈을 돌리고 있다. 그렇기에 중동 연구도 이제 단순한 지역학 차원을 넘어 학제 간에 대한 것만 아니라 국가 간의 광범위한 형태로 전개되어야 한다.

지역학 자체는 슬픈 역사를 갖고 있다. 그런 지역학적으로도 중동경제 항상 강대국의 힘의 논리에 따라 움직이는 경제의 연구는 그리 쉽지 않다. 그 가운데서도 연구방법과 목적을 설정하는 일이란 한국의 입장에선 더욱 어렵다. 중동의 산유부국은 걸프만에 집중되어 있고, 현실적인 석유(oil) 문제나, 현안문제인 물(water) 또는 식량(food)에 대한 진정한 중동경제를 연구하기 위해선 본질적인 중동의 이해가 선행되어야 하겠다.

중동경제를 깊이 알려면 타임머신 속의 한 조각 부품을 완성해야 한다. 그래서 선사시대(先史時代)의 삶도 알아야 하고, 이집트나 페르세폴리스에 있는 벽화에서 인간교류, 즉 교역의 역사도 알아야 한다. 아울러 실크로드(Silk Road)로 이어지는 동서 간 교역의 뿌리도 찾아 페르시아-아라비아 상인의 정신을 더 연구해야 할 것이다. 현대 교역의 뿌리는 바로 중동에 있고, 메소포타미아 지역에서 진행형인 테러와의 전쟁도 그 원천을 더 캐내야 한다. 세계의 모든 종교가 이곳에서 나왔을 정도로 정신적 유산이 풍부한 지역도 바로 중동이다.

고대의 사람들이 낯선 길에서 만난 이방인들과의 대화에서 가장 필요했던 언어가 숫자였을 것이고 그래서 손가락이나 매듭으로 의사소통을 했을 것이다. 다시 말하면, "주고받을 그 무언가가 필요했을 것"이다. 그것이 교역의 시초가 되었을 것이다. 그리고 복잡한 계산은 조개껍질이나 다른 대체 물품으로 보관했을 것이다. 이것이 후에 화폐로 대치되었고 회계장부가 되었을 것이다.

이제 놀라운 현대 정보기술(IT)에 의해 전세계를 하나로 묶는 정교한 기술은 발가벗고 누워서 모래사장에서 일광욕을 즐기는 한 인간의 나체를 위치추적시스템(GPS)을 통하여 실시간으로 전세계 사람들에게도 보여주는 투명한 세상이 되었다. 따라서 누구든 컴퓨터를 통해서 언제든지 세상을 훤히 들여다볼 수 있는 세상이 되었다. 하지만, 아직도 "숲을 보되 나무를 보지 못하는 우(愚)를 범하는 경우가 종종 있다." 잘못 전달된 아니면 검증되지 않은 빈약한 정보나 지식의 남발로 오해가 속출하는 경우가 있지만, 세계가 하나로 통합되고는 있다. 그걸 벗어나 자유롭게 살길 원하는 사람들도 많다. 그래서 인간사회에서 충돌은 불가피한 현상이다. 쉽게 말하면 신세계 질서를 창조하려는 사람들과 획일화를 거부하는 인간 본연의 삶을 추구하려는 전통주의자들 간의 충돌이지 결코 문명의 충돌이 아니다.

중동은 독특한 지리적 특성을 지니고 있다. 유럽과 아시아 그리고 아프리카 대륙을 잇는 중심지로서 특히 유럽과 아시아를 연결하는 중심축 역할을 하는 지역이 중동지역이다. 이러한 이유로 과거의 역사에서 이 지역은 동-서의 요충지로서 항상 중요한 역할을 했으며, 중동의 도시들은 유럽, 아시아, 아프리카에 이르는 교역의 중심무대로 일컬어지게 되었다. 동서남북의 교역품들이 사막이나 스텝 혹은 바다를 가로질러 나일강, 유프라테스강 및 티그리스강을 따라 운반되었다. 중앙아시아를 통한 대규모 캐러번 루트(Caravan Route)는 중국에 이르게 되었고, 서유럽인들은 에게해, 다다넬스 해협, 또는 보스프러스 해협을 경유하여 우랄산맥을 통과하는 무역로를 개척하기도 하였다. 아울러 홍해(紅海)나 페르시아만은 동아프리카와 인도로 통하는 교역로로서 번영을 구가하였다.

이러한 지리적 특성으로 중동국가들은 수세기 동안 대륙간 교역에 있어서 중요한 무역로로서 지리적 위치에 따른 경제적 번영을 누리기도 했다. 더욱이 9세기 후반에서 10세기에 이르기까지 지중해에 대한 아랍의 제해권(制海權) 장악은 이 지역에서 상업활동을 활발하게 전개시켰다. 물론, 이 보다 훨씬 앞선 시기에도 무슬림들은 인도양에 대한 지배권을 수립하였고, 말레이시아, 인도네시아, 중국 등에서도 무역에서 중요한 역할을 하였다. 이 시기에 항해, 무역 혹은 해적행위로 부터의 수입증가는 중동의 경제적 번영을 가져오는데 커다란 기여를 하였다. 그러나 11세기 이후 이태리 도시국가의 중동지역 진출은 기독교 국가들, 특히 유럽인들이 지중해 무역에 핵심세력으로 등장하는 계기를 만들어 주었다.

고대의 인간들이 미지 세계에 대한 발자취를 기록으로 남기며 간 길은 후에 통상로(通商路)가 되었고 그 길에서는 서로 다른 종교와 신(神), 문화와 전통 등이 서로 융화·충돌·교유하면서, 교류와 교역을 발전시켜 왔다. 우리는 이 길을 보통 '실크로드(silk road)'라 부른다. 물론, 통치자들은 그 길에서 부(富)를 축적하기 위해 다른 민족들을 정벌하기도 했다. 알렉산더가 그랬을 것이고 징기스칸도 그랬을 것이다. 오늘도 그 과정이 진행되고 있고 그 빌미는 세계화이고 세계무역기구(WTO)가 그 소임을 다하고 있다.

중동의 에너지 자원이 21세기 인류 최대의 소비자원으로 부상됨에 따라 제2차 세계대전 이후 전세계의 관심은 중동으로 쏠리게 되었다. 이제는 단순히 에너지 자원의 차원을 넘어 산유국들의 막대한 석유자본은 세계 금융시장에서도 큰 힘을 발휘하고 있다. 이는 국제경제 질서의 재편과정에 중요한 핵심요소로 대두되었고 자연히 경제블록(economic bloc)의 형성에도 중요한 변수로 자리잡고 있다.

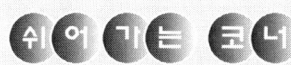

[예루살렘]

이스라엘(Israel)은 인구 약 865만 5천명의 국가이고, 그 가운데 약 50만 정도의 인구가 예루살렘 지역에 거주하고 있으며, 대부분이 유대교를 믿고 있고, 기독교도는 겨우 2%에 지나지 않는다. 이스라엘이라는 이름은 본래 아브라함의 손자 '야곱'의 별칭이다. 이스라엘의 아들 12명이 이스라엘 12지족(支族)의 조상이며, 이들이 기원 전 18~12세기 팔레스티나 지역에 침입한 것으로 알려지고 있다. 그 후 '사울'에 의하여 예루살렘을 수도로 이스라엘 왕국이 건설되었고, 왕국의 기반을 다진 것은 '다윗(David)'이며, 그의 아들 '솔로몬(Solomon)' 왕(王) 시대에 황금기를 맞게 된다. 따라서 유대인이 바빌론으로 끌려가 포로 생활(기원 전 586~538)을 하기 이전의 국명이 이스라엘이고, 그후 다시 시온동산으로 돌아와 세운 나라가 유대국이다.

솔로몬이 화려한 신전을 건축한 이후 '예루살렘'은 유대인들에게 있어서 잊혀 질 수 없는 마음의 고향이 되었다.

이러한 유대국은 기원전 63년 로마의 폼페이 장군에 의하여 정복당한 뒤 로마의 종속국이 되었다. 유대인들은 로마 군에 의하여 무참히 진압되어 수천 년간 살아오던 고향을 떠나 유랑의 길을 걷게 된다. 1800여 년 동안 기나긴 눈물의 유랑 끝에 유대인들은 1948년 팔레스타인 지역에 이스라엘을 건국함으로써 이 지역은 '세계 평화의 핵(核)'으로 등장하게 되었다. 이스라엘 건국이후 유대인들은 그 동안 아랍인과 네 차례에 걸치는 피의 분쟁도 경험하였다. 이스라엘은 주변 아랍국가들과의 숱한 갈등 속에서 1993년 극적으로 PLO와의 평화 공존을 이루긴 했지만, 아직도 끝나지 않은 전쟁의 불씨는 여전히 남아 있었다.

예루살렘(Jerusalem). 히브리어로 '평화의 도시'를 의미하는 예루살렘은 그 동안 '약속의 땅', '진실의 도시', '신의 도시' 등으로 불리면서 숱한 영광과 고난의 역사를 함께 하면서 현재는 기독교, 유대교 및 이슬람의 성소(聖所)로서 서로가 양보할 수 없는 땅이 되고 있다. 예루살렘은 크게 나누어 신시가와 구시가로 나누어진다. 신시가는 '서 예루살렘'으로도 불려지며 현대의 유대인들에 의하여 건설된 시가지이다. 예루살렘에서 의미 있는 지역은 구시가이며, 이 지역은 다시 이슬람 지역(동북쪽), 유대인 지역(동남쪽), 기독교 지역(서북쪽) 및 아르메니아 지역(서남쪽) 등 4개의 지역으로 나누어진다. 구시가지는 성벽으로 둘러싸여 있으며, 7개의 문을 가지고 있다. 그 중에서도 '황금문(golden gate)'은 메시아가 강림한 날 열린다는 전설에 의해 닫혀 있고, 나머지 문은 열려 있다.

예루살렘에서 빼놓을 수 없는 곳은 '비탄의 벽'으로 잘 알려진 '서쪽의 벽(western wall)'이다. 이 벽은 솔로몬 신전 중 유일한 유물이며, 안뜰의 서쪽 벽에 있던 관계로 '서쪽의 벽'이라고 부른다. 신전의 건축 시기는 기원 전 2세기경으로 거슬러 올라가며, 로마의 티토스 장군에 의해 기원전 70년 붕괴되었다. 유대교 신전이 로마에 의해 붕괴된 이후 유대인들은 이곳에서 메시아의 강림을 기원하면서 소원을 적은 종이를 돌 틈에 끼워 넣고 눈물을 흘리며 기도를 한다고 하여 '통곡의 벽'으로도 널리 알려져 있다. 특히, 신전 붕괴의 날인 유대력 '아브(Av)'의 달 9일에는 메시아의 강림과 신전의 재건을 위하여 많은 유대인들이 이곳에서 단식하며 기도하는 성스러운 장소이다.

'서쪽의 벽' 위 황금 빛 찬란한 돔이 위용을 자랑하고 있는 곳. 이곳이 그 유명한 '바위 돔'(Dome of Rock) 이다. 691년 칼리프 말리크에 의해 건설된 것으로 이슬람 건축 양식에서는 매우 중요한 의미를 갖는 사원이다.

올리브산(Olive's Mt.)에서 시가지 전경을 볼 때 가장 먼저 눈에 띠는 건물이 바로 '바위 돔'이다. 사원 내부에 높이 2m, 가로 15m, 세로 20m의 거대한 바위가 있기에 '바위 돔'이라는 명칭이 붙여졌다.

무함마드는 이 바위 위에서 그가 사랑하는 말 '엘 블랙'을 타고 승천했다고 하여 '예루살렘의 성석(聖石)'으로 숭배의 대상이 되고 있다. 한편, 기독교에서는 '아브라함'이 신의 명령을 받고, 자기의 아들 '이삭'을 희생시키기 위하여 제단으로 삼았다고 믿고 있다. 전설에 의하면 무함마드는 이 돌에 19개의 황금 못을 박았는데, 모든 못이 없어지면 지구는 원래의 혼돈 상태가 된다고 한다. 현재는 3개의 못이 남아 있다. 그 가까운 곳에 '알 아크사 모스크(Al-Aksa Mosque)'가 유명하며, '꾸란'에 나오는 '흔들리는 모스크'를 의미한다. 서쪽 홀은 '하얀 모스크'라 불려지며 십자군 시대에는 솔로몬 신전이라 불려졌다.

서쪽의 벽을 돌아 기독교 지역으로 오르면, 유대인의 성지 '시온 산(Mount of Zion)'이 나타나며, 이곳에 다윗의 무덤, 최후 만찬의 방, 성모마리아가 승천하였다는 도오미션(Dormition) 교회, 비탄의 예수가 형을 선고받고 십자가를 등에 지고 골고다(Golgotha : 아랍어로 '해골 언덕'을 의미하며, '아담'의 두개골이 이곳에 매장되어 있다고 전해짐)의 성분묘 교회까지 걸었다는 '비아 돌로사(Via Dolorosa)', 즉 '한탄의 길', 비아 돌로사의 최종점이며 예수가 처형된 골고다 언덕 아래 예수의 무덤이 있는 '성분묘 교회'가 있다. 이밖에 예루살렘이 한눈에 내려다보이는 구시가 서쪽에 수천년 전부터 유대인들의 매장지가 있는 올라브산 기슭에 겟세마네(Gethsemane : 히브리어로 '기름짜는 그릇'이라는 의미) 동산의 무성한 올리브 고목들은 종교 도시 다운 장엄함과 엄숙함을 깊이 간직하고 있었다. 이 지역이 '평화의 도시'라 불려 질 수밖에 없다는 사실을 실감할 수 있는 곳이다.

[왕들의 계곡]

이집트 왕(王), 파라오(Pharaoh)의 권위와 영화(榮華)는 피라미드의 규모와 스핑크스의 장엄함에서 나타난다. 카이로 근교 기자의 피라미드(Pyramid)는 놀라울 정도로 거대하며 이러한 이유로 현재 가장 잘 알려져 있다.

피라미드의 좁은 통로를 통하여 중앙 홀에 이르면, 그 한가운데 커다란 관(棺) 하나가 덩그러니 놓여 있고, 이를 확인한 대부분의 사람들은 커다란 실망을 한다. 이러한 이유가 '왕들의 계곡(Valley of the Kings)'을 소개하게 되는 동기이다.

카이로 '이집트 박물관'에 이르면, 피라미드에서의 실망은 도착순간 감동의 탄성으로 바뀐다. 이곳에는 전국에서 출토된 화려한 부장품과 미이라가 전시돼 있으며, 황금빛 찬란한 장신구들을 보면서 고대 이집트인들의 부와 사치 그리고 화려한 문명에 대해 놀라지 않을 수 없다. '투탕카멘'(Tutankhmen : 1354~1345 B.C.)의 비밀 보물이 가득 차 있는 2층 계단을 오르면 다시 탄성은 경악으로 바뀐다. 미이라의 상징으로 우리에게 낯익은 투탕카멘의 황금 마스크가 1m 정도의 유리관 안에서 고대 이집트인들의 신비를 드러내 보이고 있다.

황금 마차와 와좌 그리고 호화로운 부장품과 장신구들이 박물관 전체가 보물 창고를 연상케 하고 있다. 과장하면 이집트 박물관은 투탕카멘의 박물관이다. 하지만, 불행히도 이곳에서 투탕카멘의 미이라는 볼 수 없다. 미이라를 보려면 '왕들의 계곡'으로 가야 한다. 그러기 위해서는 룩소(Luxor)의 나일강을 찾아 나서야 한다.

고대 이집트는 상(上)이집트와 하(下)이집트로 구별되어 각각 다른 왕에 의해 통치되었다. 상·하(남·북) 두 나라를 통일하여 절대 권력의 '파라오'에 이른 왕이 '나르메르(Narmer : 메네스라고도 불림)' 왕이며 지금으로부터 약 5천년 전의 일이다. 이러한 고대 이집트 왕조는 알렉산더 대왕에 의해 멸망할 때까지 30왕조가 흥망성쇠를 되풀이 하였다. 고대 왕조는 크게 나누어 고대 왕국(3000~2250 B.C.), 중 왕국(2000~1570 B.C.) 및 신 왕국(1570~1100 B.C.)으로 나눌 수 있다. 고대 왕국은 절대 권력이 형성된 시기로 상·하 이집트가 통일왕국을 형성한 기간이다. 다시 말하면, '기자(Giza)'와 '싸까라(Saqqra)'의 피라미드(Pyramid)로 대표되는 1왕조부터 6왕조까지를 말한다. 6왕조 이후부터 왕조는 절대권력의 붕괴를 가져오고 하(下)이집트에 건설된 수도 멤피스(Memphis)는 점차 쇠퇴하고 나일강을 거슬러 상류 쪽으로 이동하여 '테베(Thebes)'에 수도를 건설하며 중앙권력을 부활시키는 11왕조부터 12왕조까지의 기간을 말한다. 그 후 18왕조에서 20왕조까지 '룩소'와 '아부 심벨(Abu Simbel)'의 무덤과 사원을 건축하는 기간을 신왕조라 부른다. 파라오의 권력 약화는 1왕조의 행정 수도 아비도스(Abydos)를 버리고 보다 상류 지역인 멤피스, 테베로 이동하게 되며, 거대한 삼각형 피라미드는 도굴을 피해 자취를 감추게 된다. 따라서 테베시대에 이르게 되면 피라미드는 사라지고 무덤은 계곡 속으로 스며들게 되며 이곳에서 미이라가 된 파라오들은 초조하게 부활의 날을 기다리며 영면을 계속한다. 아직도 수천 년의 베일을 간직하며 영면에 들어 있는 파라오를 만나기 위해서는 룩소가 되어버린 테베를 찾아야 한다.

룩소는 카이로에서 비행기로 1시간, 열차로는 10시간 이상이 걸리는 먼 거리이다. 고대 왕국의 수도 테베의 일부인 룩소는 최전성기 1500 B.C.에는 인구가 1천만 명이 넘는 대도시로 전해지며, 호메로스(Homeros)의 『일리아드(Illiad)』 전쟁을 주제로 쓴 서사시에도 그 화려함이 묘사돼 있다. 이곳에 그 유명한 카르낙 신전과 룩소 신전이 거대하게 장엄함을 뽐내고 있으며 오벨리스크가 하늘 높이 치솟아 있다. 룩소 신전의 오벨리스크 둘 중 하나는 나폴레옹 침공시 프랑스로 옮겨져 현재는 파리의 뽕피두 광장에 있다. 그래서 인지 룩소의 분위기는 무언가 도둑맞은 듯한 어설픈 인상을 지울 수 없는 도시이기도 하다.

Part 3

할랄식품인증실무

HALAL Certification Practice

 할랄(HALAL)인증의 이해

1. 인증이란?

인증(certification)의 사전적 의미는 "어떠한 문서나 행위가 정당한 절차로 이루어졌다는 것을 공적기관이 증명하는 것을 의미한다." 사회에서 어떤 행위를 할 때, 인증이라는 단어가 많이 쓰이지만, 사전적 의미는 너무나 법률적인 해석이라서 산업계에서 사용하는 인증과는 다소 이질감을 느낀다.

인증은 관공서에서 증명할 수 있는 서류를 발급 받는 것이라고 쉽게 생각할 수 도 있다. 하지만, 역사적으로 시장에서 인증을 사용한 시기는 1893년에 그리스의 엘레우시스에서 발견된 기원 전 4세기에 사용된 것으로 추정되는 조각한 돌(Inscribed Stone)로서 그 당시 청동제품을 만드는 제조자에게 발급되어 청동제품 속의 구리와 주석의 성분비(11 : 1)가 적합하다는 것을 구매자들에게 확인시켜 주는데 사용되었다고 전해지고 있다.

> **제3자가 문서로서 보증하는 인증 절차**
>
> 산업계에서 말하는 인증은 '어떤 제품이 규격이나 사양(시방)에 부합되거나, 사람이 특정작업을 실시할 자격이 있다는 것을 보증하는 일'로서 인증은 표준화, 규격, 시험, 보증, 증명과 밀접한 관계가 있다고 할 수 있다.
>
> ISO(국제표준화기구)와 IEC(국제전기기술위원회)에서 합동으로 발간한 적합성 평가 문서인 ISO/IEC Guide 2(표준화 및 관련활동-일반용어)에서 '인증'에 대하여 다음과 같이 해석하고 있다.
>
> "인증이란, 제품, 공정 또는 서비스가 특정 요구사항에 적합하다는 것을 제 3자가 문서로서 보증하는 절차이다."

(1) 인증의 유형

인증의 유형에는 제1자 인증, 제2자 인증, 제3자 인증이 있으며, 제1자 인증은 자기적합선언(DOC)이 해당되며, 제2자 인증은 공급자와 구매자 간의 인증, 즉 바이어 인증을 말하며, 제3자 인증은 공급자나 구매자와 관련이 없는 독립적인 기관, 즉 제3자가 인증을 하는 것으로서 실질적으로 인증에 대하여 가장 객관성과 신뢰성을 유지할 수 있으므로 ISO/IEC 가이드 2에서도 제3자에 의한 보증을 인증이라고 설명하고 있다. 제3자 인증은 제품에 대한 인증과 시스템에 대한 인증으로, 크게 2가지로 구별할 수 있다.

제품인증에는 직접 제품에 인증마크를 붙일 수 있는 제도로서 해당 규격에 따라 제품의 안전성, 기능성에 대한 평가(시험)를 거친 후, 적합할 때, 인증이 부여되어 그 표식으로 마크를 붙이는데, 산업기술시험원의 K마크, 한국표준협회의 KS마크, 미국의 UL마크, 전기용품에 대한 강제 인증인 EK마크 인증 등이 있다.

시스템인증은 제품 또는 서비스가 만들어지는 과정(체제)에서의 적합여부에 대해 심사를 거쳐 적합할 때, 부여하는 인증(제품에는 마크를 부착할 수 없음)으로서 품질경영 시스템인증으로 ISO 9000인증, QS 9000인증 등이 있고, 환경경영시스템인증으로는 대표적으로 ISO 14000인증이 있다.

① **경영시스템 인증**

인증은 제품, 사람, 공정 또는 경영시스템에 속한 규정된 요구사항을 만족되었는지를 선언하는 제3자 증명이다. 경영시스템 인증은 때로 등록으로 언급된다. 독립적인 기관에 의해 수행된 것 외에도, 인증의 특성은 종종 사후관리를 포함한다.

일단 어떤 것이 적합하다고 인증되면 시장(시장 전과 시장에서 감독)에 이르기 전과 후, 모두 그것을 수락하는 인증자에 의해 계속해서 검증대상이 될 것이다. 인증은 시장이 그것을 요구하거나 그것을 허락할 때, 비준수와 연관된 위험성이 높을 때, 적절한 적합성 평가 접근이 될 것이다. 제3자 검사는 제품디자인, 제품, 공정 또는 설치 시험의 일련의 과정이다.

이는 특정 요구사항에 대한 적합성을 증명하고 독립적인 검사기관에 의해 수행된다. 검사기관들은 독립적으로 적합성평가를 위한 대상을 제공하는 개인이나 조직에 이익을 갖지 않을 때, 또는 그 대상에 사용자로서 이익을 가지지 않을 때, 독립적인 상황으로 고려된다.

② 제3자 심사

제3자 심사는 전형적으로 넓은 범위의 기능들(예 : 제품, 서비스, 재료, 설치, 설비 공정, 작업과정 등)과 요소들(예 : 품질, 수량, 안전, 이용 합리성 등)에 대하여 심사를 하게 되는 것이다.

제3자 심사는 시장이 그것을 요구하거나 그것을 허락할 때, 비준수와 연관된 위험성이 높을 때, 제1자 또는 제2자가 적합성 평가대상에 추가된 신뢰수준을 사용자에게 제공하고 싶을 때나 제1자 또는 제2자가 부합화와 관련된 임무들을 결정하고 또는 나누는데 독립적인 실체에 맡기기를 원할 때, 적절한 적합성 평가 접근이 될 것이다. 조사는 제1자 또는 제2자에 의해 이행될 수 있다.

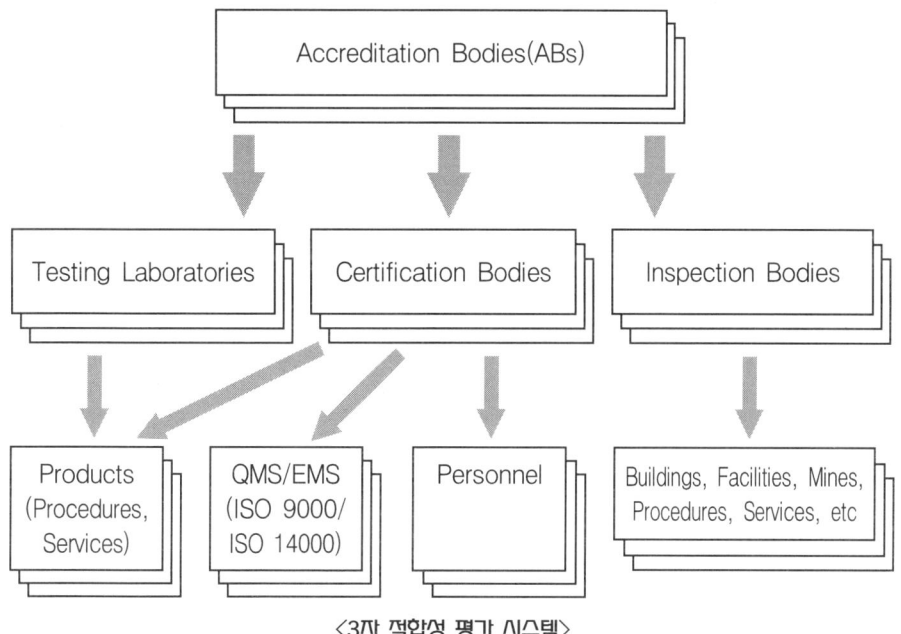

〈3자 적합성 평가 시스템〉

출처 : http://www.standardsportal.org/default.aspx

2. 외국의 할랄인증제도

[인도네시아]

■ 인도네시아 국가표준인증제도(SNI : Standardi Nasional Indonesia)

〈법적요건〉

인도네시아 정부령 2000년 102호(PP No. 102 Year 2000)에 따라 인도네시아 SNI 강제 인증리스트 안에 품목 수입 및 생산시 인증심사를 필요로 하며 최근 SNI인증 의무화가 강화되는 추세이다.

- 2013년 산업부장관령 4호에서 수입업자 및 법인이 SNI 강제 인증 리스트에 해당하는 품목의 수입 및 생산시, SNI인증서 발급을 의무화 하였다.
- 인도네시아 정부가 2014년 상반기에만 SNI 강제 인증품목 리스트에 농업, 식음료, 전자, 철강, 섬유 및 섬유가공품 등 112개 품목을 추가함으로써 SNI 인증제도가 강화된다는 반증이기도 하다.
- 인도네시아 정부는 1995년 WTO가입 이후 국제표준에 따른 제품생산 및 수출을 위해 국가표준인증제도인 SNI를 설계하였다.
- 현재 운영 중인 SNI는 제품의 규격과 생산과정에 대한 국가표준인증제도로 국제품질보증 ISO 9000을 근간으로 설계되었다.
- SNI는 인증의무가 있는 강제 인증품목과 자발적 인증품목으로 구분되며 강제인증품목 리스트 포함여부는 해당 정부부처인 산업부를 비롯한 관련 정부부처에서 결정한다.
- 2014년 4월기준 강제인증 품목은 총 268개, 자발적 인증품목은 7,370개에 달한다.

〈인증기관〉

인도네시아 국가표준기관이 국가표준관련 정책수립, 유관기관 감독, SNI 운영에 전반적인 사항을 관할하고 있다.

- 1997년 대통령령 22호(PerPem No.22 Year 1997)에 따라 설립되었다.

- BSN은 국가인증위원회(KAN)와 측정단위에 대한 국가표준위원회(KSNSU)의 지원을 받아 운영되고 있다.
- KAN은 BSN에 국가표준제도 운영과 개선에 관한 의견을 제시하고 인증수행기관인 제품증명기관(LSPro)을 평가하는 하부기관이다.
- LSPro는 국내외 기업에서 SNI 인증심사 요청을 접수받고 샘플검사와 현장방문을 통해 인증수여 여부를 결정하는 역할을 수행하고 있으며 전국의 약 35개 기관이 BSN에 의해 지정되었다.
- KSNSU는 측정 단위에 대한 표준화 작업과 SNI에 포함되지 않은 측정단위에 대해 BSN에 자문하는 기능을 수행한다.

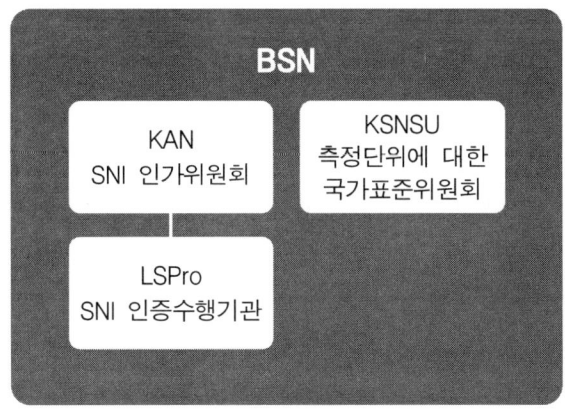

〈BSN 기능별 조직도〉

출처 : BSN 홈페이지(http://www.bsn.or.id)

〈SNI 취득시 장점〉

BSN Strategy 2006~2009에 따르면 SNI는 인도네시아에서 유일하게 전국적으로 인정되는 기준으로 개방성, 투명성, 공정성을 높이고 국가경쟁력을 향상시키기 위해 마련되었다.

- 모든 이해관계자에게 기준이 개방되어 있어서 투명성을 확보하고 이해당사자 간에 합의 도출을 용이하게 한다.
- 시장 요구에 부응하는 효과적인 규정을 설정하여 운영하므로 해외수출에 기여한다.

- 아세안공동체(AEC) 출범시 인도네시아 정부가 SNI 강제품목 리스트를 확대하여 인도네시아 수출 비관세 장벽을 높일 수 있다는 우려도 있다.
- 인도네시아 시장 진출을 하고자하는 국내기업은 SNI를 취득하여 비관세 장벽에 따른 피해를 최소화할 필요가 있다.

■ SNI 인증취득 절차
① SNI 인증신청
② 서류심사
③ 기술심사
④ 최종 패널심사
⑤ SNI인증서 발급

■ SNI 인증신청
① LSPro에 인증신청서를 제출한다. 신청서는 영어로 작성해도 무방하나 인허가 관련서류는 인도네시아 번역본도 제출해야 한다. 인도네시아 현지법인이나 현지법인이 없을 경우, 기업에서 지정한 인도네시아 수입업체만 SNI 인증신청이 가능하다.
② 서류심사 : LSPro에서 구비서류를 검토한다.
(관련서류 다운로드 : http://lspro.depprin.go.id)
③ 기술심사 : 샘플테스트와 공장실사를 한다.
샘플테스트 검사관 1인과 공장실사 담당자 2~3인이 SNI자격 요건 충족여부를 검사한다. 해당 품목이 ISO 9000인증을 보유한 경우, 심사기간을 단축할 수 있기 때문에 관련 기업은 국제표준인증을 우선적으로 취득하는 경우가 많다.
④ 최종 패널 심사 : 의장 1명과 패널 7명이 서류심사와 기술심사를 바탕으로 SNI인증 발급여부를 최종 검토한다.
⑤ SNI 인증서 발급 : 모든 심사를 통과할 경우 해당 LSPro는 신청 기업에 SNI인증서를 발급한다. 인증서의 유효기간은 3년이며, 연장 신청을 할 경우 재심사를 받아야한다.

■ SNI인증 소요기간 및 비용

　SNI 인증 발급에는 2개월에서 최대 1년이 소요되며, 발급비용은 인도네시아 기업은 총 1,500달러, 외국기업은 총 5,500달러가 소요된다.

■ SNI인증서 발급절차

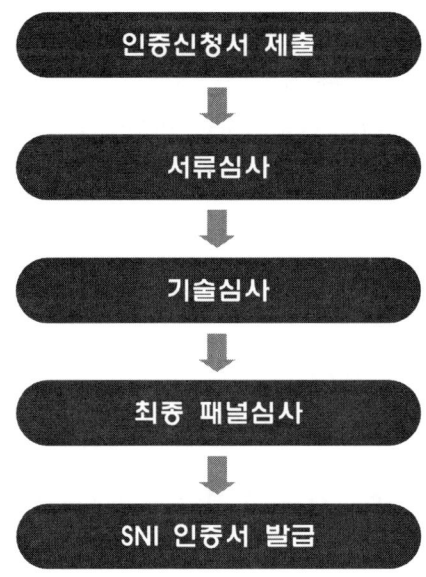

3 할랄(Halal)의 정의

(1) 할랄(Halal)과 하람(Haram)의 구분

- 할랄과 하람은 이슬람 경전, 꾸란에 나타난 것을 근거로 한다.

　① **샤리아** : 샤리아는 아랍어로 '마시는 물의 원천지'라는 의미이며, "무슬림들이 지켜야 하는 올바른 길"이라는 뜻이다. 샤리아법에 따르면 인간의 삶과 관련된 행동양식과 그에 따른 의무사항은 오로지 신의 명령과 인간이 지켜야 하는 2분법적인 복종관계로 받아들여야 한다.

　② **하디스** : 무함마드의 언행록, 즉 그의 가르침을 제자들이 기록한 책을 말한다. 주로 구술과 암송에 의해 전승되고 후대에 편찬되었으므로 집필자에 따라 권위의 수준 차이가 있을 수 있다.

③ **끼야스** : '꾸란'과 '하디스'에 규정하지 않은 모호함을 유추 해석에 의한 추론법으로 담배 등이 이에 해당된다.

④ **이즈마 울라마** : 끼야스 처럼 효소, 비타민 등, 현대의 새로운 형태의 식품을 섭취할 때 고려해야 하는 사항으로 GMO, 방사선 처리 식품 등에 대하여 파트와에 따라 무슬림 공동체 합의사항으로 할랄과 하람을 판단한다. 파트와는 법적인 효력은 없으나 무슬림들에게는 파트와를 따르는 종교적 의무가 있으므로, 일부 이슬람국가에서는 파트와가 법률로 입법화되어 사회적, 법적 지위를 갖기도 한다.

⑤ **마슈부, 슈바아** : 의심스러운이라는 아랍어로서 할랄과 하람을 구분하기 어려운 경우에 해당한다. 구분이 모호한 경우에는 하람으로 취급한다.

(2) 할랄식품과 하람식품

① **할랄식품**
- 할랄의 의미는 적법한, 허용된 이라는 뜻의 아랍어로서 할랄식품이란 섭취하기에 적법하고 허용된 음식으로 정의될 수 있다.
- 할랄식품은 샤리아법에 따라 도살되지 않은 동물의 모든 부위와 비할랄 식품 및 가축이 포함되지 않아야 한다.
- 할랄은 샤리아법에 의거 불결한 것(나지스)은 포함하지 않아야 한다.
- 할랄식품은 소비를 위해 안전하고 비독성, 비중독성이나 건강에 위험하지 않도록 샤리아법에 따라 불결한 식품에 의해 오염된 장비를 사용하여 제조 처리되어서는 안된다.
- 할랄식품은 모든 인간의 신체 부분 또는 파생품을 포함하는 것은 샤리아법에 의해 허용되지 않는다.
- 처리, 가공, 취급, 포장, 보존, 유통 중 상기 요건을 충족시키지 않는 식품이나 샤리아법에 나지스로 여기는 식품과 물리적으로 분리되어 있어야 한다.

※ '꾸란' 5장 4절에 언급된 할랄음식 : 무화과, 올리브, 종려나무열매(대추야자), 포도, 꿀

② 하람식품

하람의 의미는 할랄과 대척점에 있는 개념으로 적법하지 못한, 금지된 이라는 뜻으로 하람 식품이란 섭취를 금지하는 음식을 말한다.

※ '꾸란' 5장 3절에 언급된 하람음식 : 죽은 고기, 피, 돼지고기, 신의 이름으로 잡은 고기가 아닌 것, 교살된 것, 때려잡은 것, 떨어져 죽은 것, 서로 싸워서 죽은 것, 야생 동물이 일부를 먹어버린 것, 제물로 우상에게 바친 것, 화살에 점성을 걸고 잡은 것

> ▶ **마크루** : 권장하지 않는 음식을 말한다.
> ▶ **나지스** : 불결한 것을 말한다.
> - 개, 돼지 및 그 파생물
> - 비 할랄(하람)에 의해 오염된 할랄식품
> - 비 할랄(하람)에 직접 접촉된 할랄식품
> - 인간이나 동물의 배설물로 모든 액체, 물체, 소변, 혈액, 토사물, 고름, 태반 배설물, 다른 동물을 제외한 돼지의 정자, 난자(돼지와 개를 제외한 다른 동물의 우유, 정액, 난자는 나지스가 아님)
> - 샤리아법에 의해 도축되지 않은 동물의 고기
> - 정신을 혼미하게 하는 음식 또는 음료에 이러한 성분(마약류, 향정신성 의약품 등)이 포함되었거나 혼합된 것(예를 들면, 알코올이나 정신을 취하게 만드는 것)

할랄식품(허용된 식품)	우유(소, 낙타, 산양의 젖), 벌꿀, 생선, 취하는 성분이 없는 식물, 신선한 야채, 견과류, 콩류, 신선한 과일, 말린 과일, 곡물류, 소, 양, 산양, 낙타, 사슴, 고라니, 닭, 오리
하람식품(금지된 식품)	돼지고기 부산물, 피와 그 부산물, 육식동물, 파충류, 곤충류, 동물의 사체, 도살 전에 죽은 동물, 포도주, 에틸알코올, 화주 등의 술, 알코올성 음료
■ 할랄과 하람의 대전제	Poisonous, Intoxicate, Hazardous 세 가지 모두 피할 수 있으면, 할랄 푸드에 가깝다.

(3) 육상동물과 수생동물의 할랄 구분

① 육상동물(Land Animals)

■ 모든 육상동물은 다음을 제외하고 할랄이다.

- 샤리아법에 의해 도축되지 않은 동물
- 심각한 나지스 : 돼지, 개와 유사동물
- 먹이를 죽이기 위해 사용되는 긴 이빨이나 송곳니를 가진 동물(호랑이, 곰, 코끼리, 고양이, 원숭이 등)
- 해충 및 쥐, 바퀴벌레, 지네, 전갈, 뱀, 말벌과 다른 유사한 동물로 독성동물
- 이슬람교도가 죽이지 못하도록 하는 동물, 벌, 딱따구리 등
- 파리, 이 등 혐오스러운 생물로 간주된 것
- 금기식품을 의도적으로 지속적으로 공급하여 양식된 할랄 동물
- 나귀와 노새 같은 샤리아법에 의해 먹는 것이 금지된 다른 동물

② 수생동물(Aquatic Animals)

■ 모든 수생동물은 다음을 제외하고 할랄이다.

- 악어, 거북, 개구리와 같이 육지와 물에 모두 사는 동물
- 불결한 곳에 살거나 불결한 사료를 지속적으로 주어 양식한 수생동물
- 비늘이 없는 물고기

[할랄(Halal)과 하람(Haram) 분류]

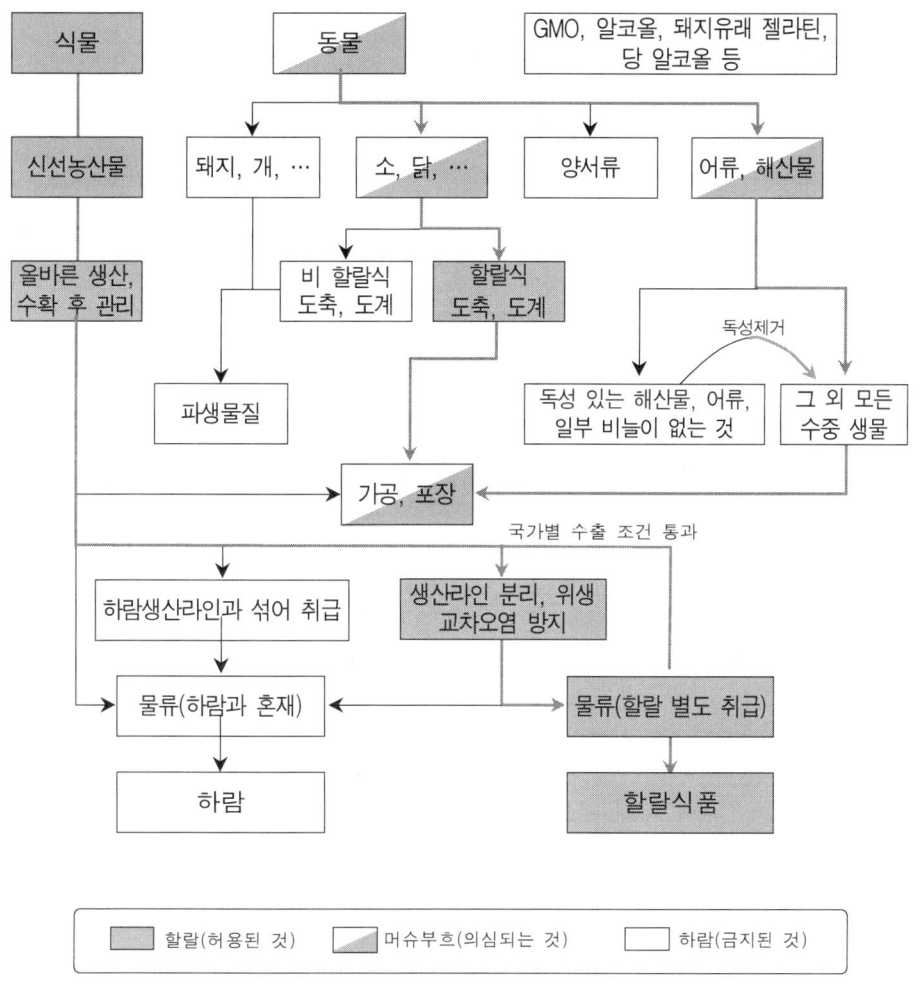

〈할랄과 하람 분류 도식〉

출처 : 할랄식품 생산기술 안내서, 농촌진흥청, 2015

Chap. 2 할랄식품 시장규모와 인증조건

1. 할랄식품 시장규모

전세계에 무슬림이 분포하고 있는 지역은 중동을 비롯한 이슬람 지역과 유럽, 동남아시아, 미주, 중국 등 전 세계 57개국에 분포해 있다.

전세계 인구의 약 20%를 차지하는 무슬림 인구는 2020년에는 19억 명으로 증가할 것으로 추산하며, 세계에서 가장 큰 시장으로 그야 말로 블루오션 시장이라 할 수 있다.

■ 세계 할랄시장 규모 (단위 : 십억 $)

지 역	2009년	2010년	2011년
세계 전체	634.5	651.5	661.0
아프리카	150.3	153.4	155.9
아시아	400.1	416.1	418.1
- GCC	43.8	44.7	45.6
- 인도네시아	77.6	78.5	79.4
- 중국	20.8	21.2	21.6
- 인도	23.6	24.0	24.4
- 말레이시아	8.2	8.4	8.6
유럽	66.6	67.0	69.3
- 프랑스	17.4	17.6	17.8
- 러시아	21.7	21.9	22.1
- 영국	4.1	4.2	4.3
호주	1.5	1.6	1.65
북아메리카	16.1	16.2	16.5
- 미국	12.9	13.1	14.5
- 캐나다	1.8	1.9	2.0

출처: World HALAL Forum

2. 할랄식품 인증조건

(1) 경영시스템

할랄인증을 받고자하는 기업에서는 할랄인증 대상식품을 생산하는 작업공정 중, HCP(Halal Critical Points)에 해당하는 주요 공정을 포함해서 적재적소에 무슬림을 배치하여야 한다. 할랄보증시스템(HAS)이 정상적으로 운영될 수 있도록 무슬림으로 구성된 할랄보증위원회를 구성하여야 한다.

할랄 생산공정에 영향을 미치는 인원에 대하여 할랄 원칙, 적용방법 및 절차에 대한 교육과 훈련을 하여야 하며 이를 위한 충분한 자원이 제공되어야 한다.

(2) 작업장

- 작업장은 제품이 오염되지 않도록 관리되어야 하고 의도한 용도에 적합하도록 설계되어야 하며, 작업장의 방충관리를 위하여 해충으로 부터의 침입을 차단하여야 하고, 해충이 번식할 수 없도록 설계하여야 한다.
- 제품의 특성과 제조공정에 따라 작업장의 청결관리가 유지될 수 있도록 교차오염에 대한 예방관리를 하여야 한다.
- 적절한 작업인원, 가공공정, 위생 및 식품안전을 고려하여야 하며, 원재료의 입고단계부터 완제품의 출고에 이르기까지 교차 오염을 방지하여야 한다.
- 작업장은 세척 및 식품위생에 대한 관리·감독이 기능하도록 설계되어야 하고, 적절한 위생관리 장비가 설치되고 유지되어야 한다.
- 적재 및 하역장은 부패할 위험이 있는 제품의 효과적인 운송이 가능하도록 설계되어야 한다. 작업장은 작업자 및 장비에 의한 교차오염을 방지하기 위하여 돈사 및 돈육 가공장소에서 일정거리까지 분리되고 효과적으로 격리되어야 하며, 도축 및 가공작업장은 할랄식으로 도축 및 가공하여야 한다.
- 발골, 분할, 절단, 포장 및 보관은 도축 작업장과 동일한 장소나 표준 지침에 따라 관할당국이 승인한 작업장에서 수행하여야 한다.
- 개, 고양이 등의 애완동물과 기타동물이 작업장에 출입하지 못하게 한다.

(3) 장치, 도구, 용구, 설비 및 장비

할랄식품 생산에 사용되는 장치, 도구, 용구, 설비 및 장비 청소 및 세척이 용이하도록 설계되어야 하고, 샤리아법에 따라 나지스로 판단된 물질을 사용하거나 제품에 함유되어서도 안되며, 이전에 심각한 수준의 나지스 물질과 함께 사용했거나 나지스 물질과 접촉한 장치, 도구, 설비 및 장비들은 샤리아법에 따른 세척과 정화의식을 거쳐야 한다.

기존에 생산하는 비 할랄 제품이 심각한 수준의 나지스 물질을 함유하였다면, 샤리아법에 따라 세척하고 정화의식을 거친 후에 할랄 생산라인으로 전환하여야 한다.

이는 비 유기가공 식품을 생산하는 상황에서 유기가공 식품을 생산하는 경우, 유기적 순수성(organic integrity)을 유지하기 위하여 별도의 유기가공 식품 생산라인을 설치하지 않고 병행 생산함으로서 비유기가공 식품을 생산한 후에 퍼지(Perge)를 하는 개념과 유사하다.

이러한 절차는 관할당국 할랄인증업체의 심사팀의 감독과 검증 하에 진행되어야 하며, 할랄 생산라인으로 전환된 공정라인은 할랄식품 전용으로만 사용되어야 한다. 심각한 수준의 나지스 비 할랄 생산라인과 할랄 생산라인을 교차하는 반복적인 전환은 금지한다.

(4) 위생관리, 위생설비 및 식품안전

할랄식품에 대한 위생관리, 위생설비 및 식품안전은 할랄식품 생산을 위한 선행요건으로 개인위생, 복장, 장치, 도구, 용구, 설비 및 장비, 가공보조제, 식품가공, 제조 및 보관을 위한 작업장이 포함된다.

> [할랄식품 생산자의 준수사항]
> - 가공하기 전에 원재료, 성분 및 포장재에 대한 검사 및 분류를 실시하여야 한다.
> - 폐기물을 적법하고 효과적으로 관리하여야 한다.
> - 유해한 화학물질은 적절히 관리하고 할랄식품과 분리시켜야 한다.
> - 플라스틱, 유리, 금속파편, 먼지, 유해가스, 배기가스 및 불필요한 화학물

질 등 외부의 유해물질로부터 식품이 오염되지 않도록 하여야 한다.
- 허용된 식품첨가물이라 하더라도 과도한 사용을 방지하여야 한다.
- 할랄식품은 우수위생관리기준(GHP : Good Hygiene Practice), 우수제조관리기준(GMP : Good Manufacturing Practice), 관할당국에 의해 현재 시행중인 보건 및 식품위생관련법 등의 기준에 따라 허가된 작업장에서 위생적인 환경 하에서 가공, 포장, 운송, 유통되어야 한다.

(5) 가공, 취급, 유통 및 공급

[모든 할랄식품의 충족요건]
- 완제품 및 원료성분은 샤리아법에 따라 비 할랄에 해당하는 동물의 일부나 제품을 사용하여서는 안되며, 샤리아법에 따라 도축되지 않은 동물의 일부나 육류제품을 사용해서도 안된다.
- 식품은 샤리아법에 따라 나지스로 지정된 물질을 극소량이라도 사용해서 가공하면 안된다.
- 가공식품이나 그 성분은 섭취하기에 안전하여야 하며 독이 없고 중독성이 없으며 건강에 유해하지 않아야 한다.
- 식품은 나지스로 오염되지 않은 장비와 설비를 사용하여 조리, 가공 및 제조되어야 한다.
- 제조, 가공, 취급, 보관, 유통 및 공급하는 동안 해당 식품은 상기의 요건에 부합되지 않는 다른 식품이나 샤리아법에 따라 나지스로 지정된 다른 물질과 물리적으로 분리되어야 한다.

(6) 보관, 운송, 진열, 판매

공급되는 모든 할랄식품은 할랄인증 라벨을 부착하여 분류되어야 하며, 모든 단계에서 구분하여 비 할랄 물질과 혼합되거나 오염되지 않아야 한다.
심각한 수준의 나지스 제품은 전용 장소에 구분하여 보관하여야 하며, 운송차량은 할랄식품에 적합한 전용차량 이어야 하고 위생 상태와 설비조건을 갖추어야 한다.

■ 할랄인증을 위한 품목별 난이도 분류

구 분	품 목	
인증 리스크가 없는 품목	• 쌀가루, 찹쌀, 옥수수 전분, 감자 전분, 소맥 • 소금 • 자연건조된 것/식품첨가물이 가미되지 않은 야채 등의 자연건조된 것 • 화학품(탄산소다, 염화수소, 유산, 끓여도 문제없는 것) • 벌꿀, 꽃가루, 로열젤리 • 타피오카(식용녹말), 옥수수, 사고야자	• 미네랄(벤토나이트, 제오라이트, 실리카겔, 인산) • 식물성 추출액(커피, 홍차, 에센스 오일) • 해조, 카라기난, 알긴산 • 활성탄 • 팜유(원유) • 당면 • 가스 • 순수 참기름 등
인증 리스크가 낮은 품목	• 건면, 면, 계란면 • 식물성 식용유 • 지방산, 글리세린, 식물성 스테아린산 • 병 음료수(포장된 것)	• 착색료(피부를 통해 흡수되는 것을 포함되지 않아야 함.) • 건조한 난황 및 난백 분말 • 야채 추출물 등
인증 리스크가 있는 품목	• 리스크가 없는 품목 및 리스크가 낮은 품목 이외의 품목	
인증 리스크가 매우 높은 품목	• 젤라틴 • 젖, 락토오스(타 기업에서 원재료를 매입한 경우) • 콘트로이친	• 도축장 • 동물성 렌넷 • 콜라겐

출처 : 할랄인증을 활용한 수출확대 방안, 한국무역협회

(7) 포장과 포장재료 및 라벨링

할랄식품은 적법하게 포장되어야 하며, 포장재료 역시 할랄이어야 한다.

[포장 시의 충족요건]
- 샤리아법에 따라 나지스로 판단된 재료는 포장재로 사용할 수 없다.
- 샤리아법에 따라 나지스 물질로 오염된 장비를 사용하거나 가공, 제조, 포장해서는 안된다.
- 제조, 가공, 보관, 운송과정 중에 식품은 상기 항목에 명시된 조건을 충족하지 못하거나 샤리아 율법에 따라 나지스로 판단된 물질과 물리적으로 분리되어야 한다.

- 포장재는 할랄식품에 독성을 미쳐서는 안된다.
- 포장의 디자인, 표시, 로고명칭 및 삽화가 샤리아 율법의 원칙을 악용하거나 샤리아 율법을 저촉해서는 안된다.
- 포장공정은 철저한 위생조건 하에서 청결하고 위생적인 방법으로 포장하여야 한다.
- 제품에 직접 부착하는 라벨용 재료는 유해하지 않은 할랄이어야 한다.
- 할랄식품과 화학적합성 할랄 첨가물은 혼동을 불어 일으킬 수 있기 때문에 뱀, 바쿠테(bak kut the : 돼지고기 육수), 베이컨, 맥주, 럼주 등의 비할랄 제품의 명칭을 따서 명명되거나 이들 비할랄 제품과 같은 뜻으로 명명되어서는 안된다.
- 표시사항은 읽기 쉽고 지워지지 않아야 한다.
- 용기에 다음과 같이 제품정보를 포함하라는 라벨을 부착하여야 한다.
  - 제품의 명칭
  - 미터단위로 표시된 내용량
  - 제조자, 수입자, 판매자의 명칭과 주소, 상표
  - 성분리스트
  - 제조일자, 로트번호를 식별할 수 있는 코드번호, 유효기간, 원산지 등
  - 주요 육류제품의 라벨 및 마크에는 도축일자, 가공일자를 표시하여야 한다.
  - 광고 내용은 샤리아법의 원리에 위배되지 않아야 하며 샤리아법에 저촉되는 외설적인 내용은 금지한다.

Chap. 3 각국의 할랄인증

1. 할랄인증 개요

할랄(halal)은 '허용된 것'이라는 뜻의 아랍어로, 이슬람 율법상 무슬림들이 먹고 사용할 수 있도록 허용된 식품·의약품·화장품 등의 제품을 말한다.

할랄식품은 이슬람교도가 먹을 수 있는 것으로 육류 중에서는 단칼에 정맥을 끊는 방식으로 도축된 양·소·닭고기를 할랄식품으로 인정한다.

채소, 과일, 곡류, 해산물은 자유롭게 사용할 수 있다. 그러나 돼지고기와 알코올 성분이 들어 있으면 할랄식품으로 인정받지 못한다.

할랄식품은 세계 57개국에 분포해 있는 무슬림 인구를 대상으로 하는 거대 시장이다. 이러한 할랄식품 시장에 수출하려면, 할랄인증을 취득하여 인증마크를 붙여야만 하는데, 할랄인증을 받기 위해서는 무슬림들이 먹거나 사용할 수 있도록 반드시 이슬람 율법에 허용된 방법으로 도살·처리·가공하여 인증마크를 붙여 수출해야 한다.

■ 할랄인증 대상 식품

식품/음료류	농·축·해산물류	제약/화장품류	원재료류
장, 소스류	우육, 계육 가공	비타민	당, 염류
생수, 음료	유제품	건강식품	향신료, 색소
냉동식품	소시지류	스킨케어 제품	밀가루
가공식품	어묵류	염색 제품	조미료
제과, 제빵	캔 가공품	색조화장품	용매제
전통식품	과일 가공품	마스크팩	식용류

출처 : 할랄식품 시장조사 농수산물유통공사

〈할랄인증 관련산업 분야〉

출처 : 할랄인증을 활용한 수출확대방안, 한국무역협회

2. 주요국가의 할랄인증 동향

(1) 인도네시아(Indonesia)

① 인도네시아 할랄식품 동향

인도네시아 유통시장 규모는 341억 달러('11년 기준)를 기록했다. 중산층의 증가가 구매력으로 상승하고 있기 때문에 유통시장 규모는 향후 더욱 커질 것으로 예상된다. 중산층은 2억 4천만 중 7,400만 명이 존재하고, 2020년경 1억 4,100만 명으로 증가될 것으로 전망하고 있으며, 지역적으로 현재 25개 도시에 50만 명 이상의 중산층이 분포하고 있으나 2020년경에는 54개 도시로 늘어날 전망이다. 이러한 추세에 맞추어 마트, 백화점, 프랜차이즈 체인점, 홈쇼핑 등 다양한 분야에서 굵직한 한국 유통기업의 진출도 가속화되고 있다.

주목할 만한 사항은 전체 유통시장 규모 중 약 70% 이상('11년 약 243억 달러)이 식품부문이라는 점이다. 인도네시아 식품유통은 와룽(Warung)이라는 전통적인 소규모 유통망을 통해 대부분이 이루어지고 있으나, 중산층이 확대되고 소득수준이 향상되어 소비자들의 식품 소비 및 구매 욕구가 변화함에 따라 점차 현대적인 하이퍼마켓, 슈퍼마켓, 쇼핑몰 등 현대적인 식품 유통망이 점차 그 영역을 확대해 가고 있는 상황이다.

최근에는 Hypermarket, Giant, Carrefour, Lotte Mart 등의 대형 마트가 매년 30% 이상의 성장세를 보이며, 식품유통의 중심축으로 성장하고 있다. 프랜차이즈 형태의 미니마트(Indomaret, Alfamart, 7Eleven, Circle K)도 젊은 소비층을 대상으로 급성장 하고 있다. 한국계 유통기업인 Lotte Mart도 매년 꾸준한 성장을 해오며, 점유율을 높여가고 있는 상황이다.

그리고 인도네시아 식품 소비의 특성은 높은 엥겔계수로 인한 왕성한 식품 소비와 특정 브랜드에 대한 높은 충성도, 건강 지향적이다. 특히, 인구의 80% 이상이 무슬림으로 세계 최대 규모의 할랄식품 시장을 형성하고 있다는 것도 특징이다.

최근 중국산 식품의 안전성 문제로 인해 소비자들이 안전하고 위생적인 제품을 선호하는 추세도 강해지고 있으며, 젊은 계층을 중심으로 외국 식품, 특히 글로벌 식품기업 브랜드에 대한 충성도가 높아지고 있는 추세이다. 따라서 우리의 K-Food도 치열한 인도네시아 식품시장 속에서 지속적인 성장세를 보이며 약진하고 있다. 2012년 농수축산식품의 인도네시아 수출액은 전년 대비 25% 성장한 151백만 달러를 기록했다. 인도네시아의 대표적인 유통매장인 Hypermarket과 Giant 등에서도 우리나라 식품을 어렵지 않게 발견할 수 있다. 또한, 자카르타를 중심으로 수많은 한식당이 성행하고 있으며, 고소득층과 젊은 계층 현지인을 중심으로 한식에 대한 인지도도 매우 높아지고 있다. 특히, 한류(K-POP, 드라마 등)의 영향으로 한국에 대한 긍정적인 인지도가 자연스럽게 음식문화 및 식품으로 연결되어 "K-Food는 안전하고 건강하고 합리적"이라는 인식이 현지 소비자들에게 자연스럽게 자리 잡은 것이다. 특히, 올해는 한국-인도네시아 수교 40주년이 되는 해(2013)를 기점으로 다양한 마케팅 활동을 통해 한국의 농식품이 더욱 확대되었다.

반면, 인도네시아 외국 식품의 현지 식품시장의 진출을 위해서는 극복해야 할 많은 과제들이 있는 것도 사실이다. 인구의 대부분을 차지하는 무슬림 소비자 공략을 위한 할랄인증, 인도네시아 정부의 다양한 식품 수입규제 강화,

수입식품에 대한 등록 절차 등은 성공적인 진출을 위해서 반드시 극복하고 해결해야 할 과제이다.

최근 글로벌 경제의 중심축이 브릭스(BRICs)에서 VIP(Vietnam, Indonesia, Philippine)로 옮겨가고 있기도 하다. 많은 기업들이 브릭스 국가에 몰리면서 인건비 등 제반 비용이 증가하는 반면, VIP(베트남, 인도네시아, 필리핀)는 지속 가능한 성장 원동력을 갖추고 있고 경쟁력 있는 노동인력이 풍부하기 때문에 브릭스의 한계를 극복할 수 있는 대안으로 주목받고 있다.

인도네시아는 동남아시아 국가들 중 다양한 산업분야에서 높은 성장 동력을 지닌 신흥 성장국가로 많은 주목을 받고 있다. 한반도의 9배에 달하는 국토면적 및 풍부한 천연자원과 중국, 인도, 미국에 이어 세계에서 네 번째로 많은 2억 4천만 명의 내수 소비인구와 지속되는 외국인 투자확대 등을 기반으로 2012년 기준 동남아국가 중 가장 높은 6.23%의 높은 경제성장률을 기록하였으며, 이듬해에도 역시 6%대의 성장률을 보였다. 또한, 인도네시아는 우리나라의 8번째 교역 상대국으로 약 296억 달러(1012년 현재)의 교역 규모를 지니고 있는 중요한 교역 파트너로서 매우 주목을 받고 있다.

이제 인도네시아로 식품을 수출할 경우, 2019년 1월 1일부터는 할랄인증이 필수적이다. 축산물의 경우 인도네시아 축산법(2009년 제18호)에 따라 이미 할랄인증이 의무화되어 있기 때문에 유의해야 한다.

② 인도네시아 할랄식품 유통현황

인도네시아에서 생산되는 할랄식품의 유통경로는 도매시장이 대부분을 담당하고 있다. 약 20년 전부터 외국계 슈퍼마켓체인점이 등장하면서 할랄식품 유통을 슈퍼마켓을 통해 유통되고 있다. 외국에서 수입된 할랄식품의 경우, 전문수입상으로부터 직접 공급을 받는 단순한 구조이며, 일부 대형마트에서는 직접 수입하기도 한다.

할랄인증이 부착된 다국적기업의 가공식품의 경우 동일한 제품의 인도네시아산에 비하여 최소 20% 이상 가격이 비싸지만 인도네시아에서 생산한 식품보다 안심하고 먹을 수 있다는 소비자들의 인식 때문에 판매 신장률이 매우 높은 편이다.

③ 인도네시아 할랄식품 소비

인도네시아 이슬람 소비자들이 제품을 선택하는 대표적인 3가지 기준으로는 할랄 여부, 절제, 합리적 가격 등이다.

이슬람은 어떠한 상황에서도 과장된 행동이나 모습을 취하지 않도록 가르치고 있으며, 이러한 원리는 제품의 소비나 제품을 선택할 때 최우선 순위로 나타난다.

④ 인도네시아의 해외 할랄인증기관 인정범위

LPPOM-MUI에서 인정하는 해외 23개국 41개 인증기관에서 발행하는 할랄인증이어야 한다.

※2016년 1월 현재 한국이슬람교중앙회(KMF)에서 발행하는 할랄인증은 인정되지 않고 있음.

할랄인증을 발행한 해당 인증기관이 소재하는 국가에서 생산된 제품에 한하여 인정된다.

◆ 인도네시아 할랄인증기관의 등록요건 및 절차
- WHFC(세계할랄식품위원회)의 회원이 되어야 한다.
- 이슬람생활공동체(Islam Society)를 형성하여야 한다.
- 독립된 사무실을 보유하여야 한다.
- SOP(Standard Operating Procedure)를 운영하여야 한다.
- 이슬람 율법인 샤리아 전문가가 있어야 한다.
- 할랄인증을 위한 전문 심사관(Auditor)이 있어야 한다.
- 사기업이 아닌 국내의 무슬림 지지를 받는 공식기관이어야 한다.

⑤ 인도네시아 할랄인증 비용 및 시간
- 제품 및 업체별로 차이가 있으며 품목당 500만 루피아(약 50만원)가 든다.
- 할랄인증 심사팀 항공비, 교통비, 숙박비 등 신청업체에서 지불한다.
- 컨설팅업체의 경우, 신청비 및 컨설팅 비용 2~3천 만원을 요구한다.
- 약 1~2개월 소요된다고 하지만, 실제 2개월~1년 정도 소요된다.

■ LPPOM-MUI

  인도네시아 이슬람 종교단체인 MUI(Majelis Ulama Indonesia, 인도네시아 율법학자위원회) 산하 인도네시아 LPPOM MUI(Lembaga Lembaga Pengkajian Pangan Obat-obatan dan Kosmetika Majelis Ulama Indonesia)에서 할랄인증을 담당한다. LPPOM-MUI는 중앙기관과 33개의 지역기관으로 구성되어 있으며, LPPOM-MUI에서 인정하는 해외 할랄인증기관에서 할랄인증을 받을 수도 있다.

  한국이슬람교중앙회(KMF)에서 발행하는 할랄인증은 인정되지 않아 말레이시아 할랄인증기관인 JAKIM(Jabatan Kemajuan Islam Malaysia)으로부터 한국이슬람교중앙회가 해외할랄인증기관으로 인정받은 바 있다.

〈할랄인증 등록 절차〉

⑥ 할랄인증 등록 및 기대효과

- **할랄인증 절차** : 할랄인증 등록절차는 사전심사, 심사절차, 사후심사 3단계로 실시한다.

  [1단계] 사전심사 : 등록신청과 할랄인증 계약 단계이다.

  [2단계] 심사절차 : 일반적인 가공식품의 원재료, 가공시설, 조리방법 등을 심사하는 단계와 할랄운영방침, 할랄운영팀 등 할랄 생산에 관여하는 종업원에 대한 적절성 및 할랄인증시스템 검증 단계이다.

  [3단계] 심사이후 : 심사 종결 이후에도 할랄방식의 운영 여부를 주기적으로 보고하고 원재료 변경 시에도 별도로 허가를 받아야 한다.

- **기대 효과** : 인도네시아의 경우, 할랄인증 여부에 민감한 무슬림 소비자들이 대부분이기 때문에 할랄인증을 획득함으로써 인도네시아 식품시장에 진출할 수가 있으며, 시장 확보와 수출을 기대할 수 있다.

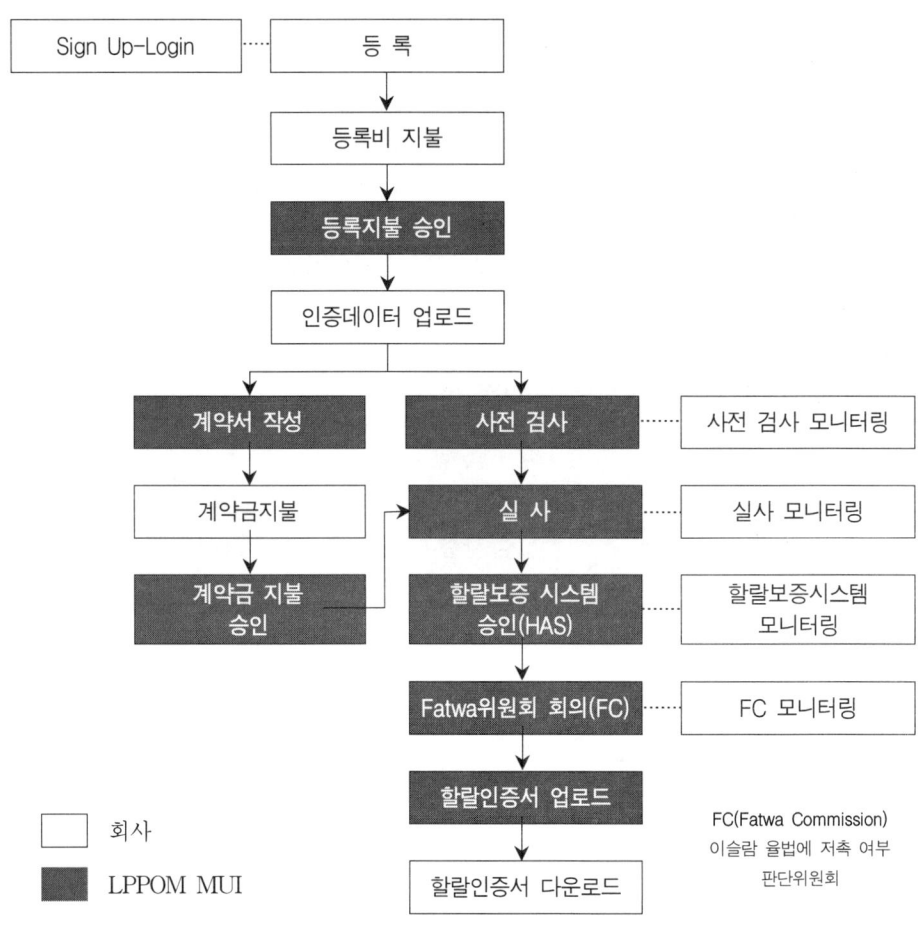

〈온라인 할랄인증 절차〉

출처 : MUI(Majelis Ulama Indonesia)

MUI 할랄로고

MUI 할랄 인증서

[수입식품등록제도(ML : Makanan Luas)]

일부 예외품목을 제외하고 모든 가공식품은 식약청(BPOM)에 제품을 등록하고 등록번호를 발급받아야만 수입이 가능하다.

■ 수입식품등록제도(ML : Makanan Luas)

예외품목	• 상온에서 7일 이하의 유통기한을 가진 가공식품 • 정부 또는 사회복지기관에 기부되는 가공식품 • BPOM에 등록된 연구 혹은 개인섭취 등, 특수목적을 위해 수입되는 소량의 가공식품
소요기간	ML취득에는 보통 6개월 이상이 소요되며 장기간 소요되는 경우, 임시 ML을 발급받기도 한다.
발급절차	2000년 7월부터 인도네시아 소비자보호법(1999)이 적용되어 수입식품의 제품등록이 의무화되었으며 절차도 더욱 복잡해졌다.
신청서류	식품의 견본, 라벨 및 제품 설명서, 인도네시아 사업 면허, 생산공장의 추천서, 위생증명서, 제품등록증, 수입업자 정보, 식품 일반정보, 제품성분 및 품질설명서, 생산공정도 등을 제출하여야 한다.
시험검사	서류 접수 후 BPOM이 품질관리 및 최종 검사를 진행하고 시험검사에 필요한 비용은 신청자가 지불한다.
시험검사 비용	품목당 5만~250만 루피아(약 4.2~207달러) 수준
결과통보	시험결과에 따라 제품등록이 승인/조건부/거부로 구분되어 신청자에게 통보된다.

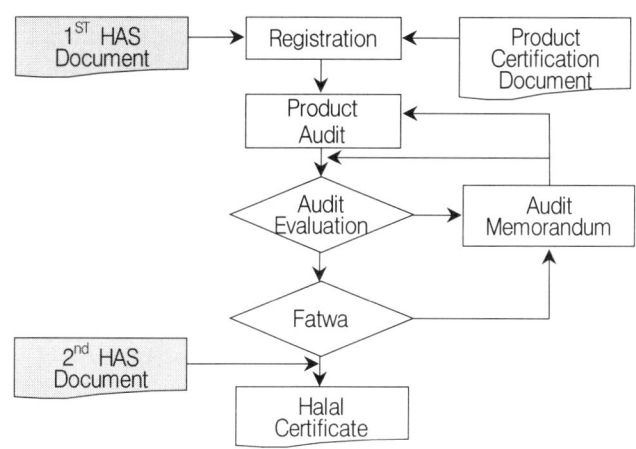

〈HAS(HALAL Assurance System) 인증절차 흐름도〉

출처 : MUI(Majelis Ulama Indonesia)

- 할랄인증은 정해진 절차를 거쳐 발급되며, 유효기간은 2년이다.
- 할랄인증은 업체에서 신청한 후 제품감사, 감사평가, 이슬람 율법에 따라 의견(fatwa)을 거쳐 약 3주 내 할랄인증서가 발급된다.
  ※ Fatwa란 어떤 사안에 대한 이슬람 법적의견을 의미함. Fatwa를 위해 Fatwa 위원회가 있으며, 이 위원회는 인도네시아 이슬람조직 대표들로 구성된다.
  ※ 할랄인증서는 문서화된 Fatwa로 이해할 수 있다.
- 유효기간 3개월 만료 전 재신청을 해야 한다.
- MUI는 HAS(HALAL Assurance System)를 도입해 HAS인증서를 발급한다.
- HAS 인증서는 할랄인증서를 받은 기업이 LPPOM-MUI가 정한 기준을 충족해 HAS를 구축했다고 인증해주는 인증이다.
- 인도네시아 HAS 인증절차는 할랄인증서 미보유기업, 할랄인증서 보유·HAS인증 미보유기업, HAS인증 갱신기업으로 구분된다.

■ 할랄인증서 발급시 제출서류

구 분	제출 서류
할랄인증서 미보유기업	• 1차 서류 : 할랄인증서가 발급된 이후 6개월 이내 HAS 매뉴얼을 제출하겠다는 공식문서를 제출 • 2차 서류 : 할랄정책, 할랄 관리조직, 할랄 실행범위를 포함한 서류
할랄인증서 보유, HAS인증 미보유기업	• 1차 서류 : 할랄정책, 할랄 관리조직, 할랄 실행 범위를 포함한 서류 • 2차 서류 : HAS 표준 매뉴얼(회사 소개, 서류관리, 목적, 범위, 할랄정책, 할랄 가이드라인, 할랄 관리조직, 표준운영 절차, 기술 참조, 구매~유통까지 이르는 행정시스템, 서류시스템, 할랄 사회화 프로그램, 교육프로그램, 내·외부 의사소통시스템, 내부감사시스템, 오류시정시스템, 경영관리검토 시스템)
HAS인증 갱신 기업	• 1차 서류 : 최근 환경변화 보고서와 HAS 매뉴얼 수정(혹은 적어도 Fair B등급을 받았다는 증명서. 혹은 HAS인증서 사본) • 2차 서류 : 불필요

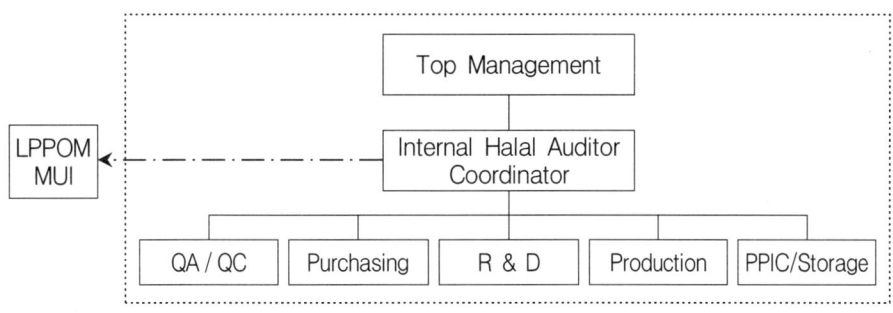

〈할랄 관리조직〉

출처 : MUI(Majelis Ulama Indonesia)

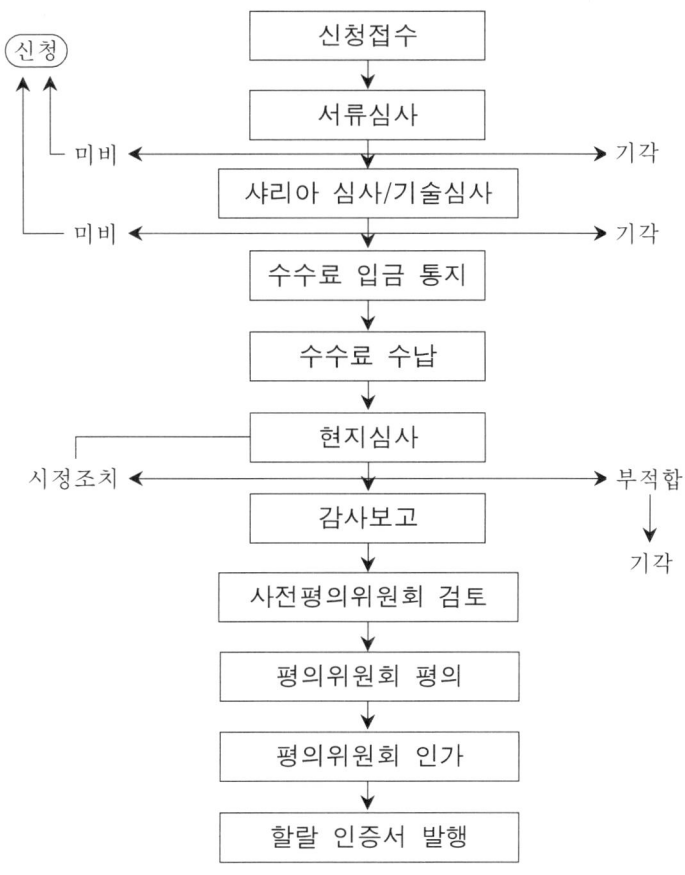

〈MUI 할랄인증 절차 흐름도〉

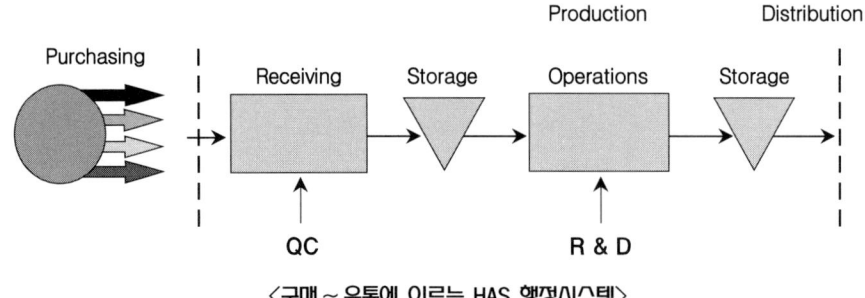

〈구매~유통에 이르는 HAS 행정시스템〉

출처 : MUI

제출된 HAS(Halal Assurance System) 매뉴얼은 서류심사를 거쳐 수정보완과 통과로 구분된다.

서류심사를 통과해 최소 6개월 정도 HAS 구축을 시행한 업체는 LPPOM-MUI의 감사를 받으며, 감사요소는 HAS 구축, HAS 평가 및 모니터링 그리고 관리검토로 구성된다.

◆ 심사평가 결과는 A, B, C, D의 4등급으로 발급된다.
- 90~100점 → Good(A)
- 80~90점 → Fair(B)
- 70~80점 → Poor(C)
- 70점 미만 → Unaccepted(D).

심사를 두 번 받은 후, 등급이 각각 Good(A)일 경우, HAS인증서가 발급되며 유효기간은 1년이다.

HAS인증을 3번 받을 경우, 감사는 구매~유통까지의 행정시스템과 서류시스템에만 적용되며, 통과시 2년의 유효기간이 적용된다.

⑦ 할랄인증 신청유형

유 형	감 사	결 과
▶ 기존 원료를 사용해 인증받은 시설에서 신제품을 개발하는 경우	불필요	신규 제품은 기존 인증에 추가 가능
▶ 새로운 원료를 사용해 인증받은 기존 시설에서 신제품을 개발하는 경우	새로운 원료가 검사가 필요한 원료가 아닐 경우 불필요	신규 인증
▶ 기존 원료를 사용해 새로운 유형의 신규 제품개발 시	새로운 프로세싱이 검사가 필요한 프로세싱이 아닐 경우 불필요	신규 인증
▶ 새로운 원료를 사용해 새로운 유형의 새로운 제품개발 시	필요	신규 인증
▶ 인증받은 제품의 원료 공급자 변경	불필요	허가서
▶ 신규 공장 혹은 식당개발	불필요	신규 공장 혹은 식당 주소 첨부
▶ 많은 수의 공장 혹은 식당을 소유한 회사의 갱신 프로세스 감사	필요(그러나 점포수의 50%만 감사)	신규 인증

(2) 말레이시아(Malaysia)

① 말레이시아 할랄 시장

말레이시아는 인구 약 3,000만 명 중 62%가 무슬림이며, 인도네시아와 더불어 아시아 최대의 이슬람 국가이다.

이슬람 국가 중 비교적 현대적이고 평화로우며, 번영하는 국가로 중동지역 수출의 교두보 역할을 기대할 수 있다.

말레이시아 정부의 역점사업으로 자국을 국제 할랄 허브로 발전시키려는 다각도의 노력으로 인해 세계 할랄산업을 선도하는데 유리한 지위를 점하고 있다.

② 말레이시아 할랄인증기관(JAKIM)
- 정부기관인 JAKIM이 2012년부터 말레이시아 유일의 할랄인증기관으로 지정되었으며, JAKIM의 할랄 허브부(Halal Hub Division)에서 실제 인증 업무를 담당하며, 이곳에서 신청절차 처리, 공장실사, 사후관리 등의 업무를 수행한다.
- 세계 최고수준으로 인정받는 말레이시아 할랄인증인 MS1500 : 2009는 말레이시아 표준부(Department of Standard)에 의해 개발된 할랄 제품의 생산, 취급, 보관 기준에 대한 ISO 인증이며, GMP와 GHP와 같은 국제 기준을 따른다.
- 식품, 의약품, 화장품, 식당, 호텔 등 거의 전 분야에 걸쳐 할랄인증을 실시하고 있지만 해외인증은 식품, 화장품에만 한정한다.

[할랄인증기관 인정 범위]

말레이시아는 전 세계 49개국 75개 이슬람단체에서 인증된 할랄인증만을 말레이시아 내 제품 수입시 인정하고 있었으나 2013년 7월 1일부로 한국이슬람교중앙회(KMF)가 JAKIM이 인정하는 할랄인증기관이 됨에 따라 한국 국내식품기업의 말레이시아 진출이 용이해졌다.

※ 인증단체 웹사이트 ⇨ (http://www.hdcglobal.com/publisher/bhihc_rec_int_bod)

- 할랄인증 등록절차 : 국내 인증(Local certification)
- 국내인증 대상 : 식품과 이슬람제품, 식음료 판매점(영업장), 도축장 등

<온라인 할랄인증 절차>
1. 온라인 등록(http://apps.halal.gov.my)
2. 온라인 등록 이후 5일 이내 관련서류 제출
3. 관련서류가 이상이 없을 경우 1~5 영업일 이내에 비용청구서 발송. 관련 서류 문제발생시 5 영업일 이내에 정정요청 발송
4. 청구서 접수 후 14일 이내에 납입
5. 비용 납입 후 1일 후 영수증 발급
6. 납입 후 30일 이내 공장 실사(audit) 시행

7. 인증 패널 회의(Certificate Panel Meeting) 개최

8 회의를 통해 인증 통과 시 5 영업일 이내 인증서 발급, 회의에서 기각 시 별도 통보

③ **말레이시아 할랄인증 필요서류**
- 회사소개서
- 법인 등록 사본
- 인증제품 소개서
- 사용된 원료 내역
- 재료 공급업체 및 제조업체의 이름과 주소
- 제품에 투입되는 각각의 생산 원료에 대한 할랄인증 사본
- 포장 재질의 종류
- 제품 제조 공정 및 절차
- 타 인증서(예 : HACCP, ISO, GHP, GMP)
- 현장 또는 공장의 위치지도

④ **말레이시아 할랄인증 제출서류**
- 할랄인증신청서 : 별도의 양식은 없으며, 신청회사 내부 공문으로 신청 가능 함. 단, 대표자 직인 날인은 필수(신청인 이름 및 연락처 기재).
  ※ 정확한 회사명, 주소, 상품이름을 한국어 및 영어로 표시
- 사업자 등록증
- 공장등록증
- 품목제조보고서
- 제조공정도
- 시험성적서
- 생산허가서 또는 영업허가서(영업신고증)

[일반사항]

JAKIM(The Department of Islamic Development)은 말레이시아의 할랄인증 기관이며, JAKIM의 Halal Hub Division에서 실제 인증업무를 담당한다. 이곳에서는 신청절차 처리, 공장실사, 사후관리 등의 업무를 수행한다.

농림축산식품부와 한국농수산식품유통공사(aT)는 한국할랄(Halal)인증이 말레이시아 이슬람 개발부의 동등성 인정 최종심의를 통과하여 2013년 7월 1일부로 발효됨에 따라 국내에서 발급한 할랄인증서가 말레이시아에서 유통될 수 있는 자격을 갖게 되었다. 말레이시아에 식품을 수입하기 위해 할랄인증을 반드시 받을 필요는 없으며, 할랄인증을 받지 않은 식품도 말레이시아로 수입할 수 있다. 말레이시아 인구의 약 35%는 무슬림이 아니므로 할랄인증이 없더라도 시장개척이 가능하고 차류, 주스류, 김 등 식물성 제품은 할랄인증이 없어도 무슬림들의 큰 저항감은 없다. 그러나 말레이시아 인구의 60% 이상이 무슬림인 점을 고려할 때 할랄인증이 없으면 말레이시아 주력 시장에 접근하기가 힘들며, 할랄인증을 받는 것이 현지 마케팅 활동을 수행하는데 더 유리하다.

⑤ 관련규정

[Trade Descriptions(Use of Expression Halal) Order 1975]

▶ 행정처분 : Section 18(1) : 제 18조(1) : 위반의 경우 판결에 따라 십만 링깃(RM 100,000)의 벌금, 최대 3년 징역 또는 두 가지 모두 적용될 수 있다.
▶ 재위반의 경우 : 최대 이십만 링깃 (RM 200,000)의 벌금, 최대 6년 징역 또는 두 가지 모두 적용될 수 있다.

⑥ 특이사항

- 사용된 모든 원료를 빠짐없이 정확하게 기재해야 함(1차, 2차, 3차 등 모든 원료를 반드시 기재해야 한다.
- 원료 제조시 사용된 효소의 기원을 반드시 기재해야 한다.
- 술을 제조하는 목적으로 생산된 품목은 할랄인증서가 발급되지 않는다.
- 원료에 주정이 술을 제조하는 목적으로 사용되지 않은 경우 완제품의 알

코올 함유량이 0.5% 이하의 제품에 대해 인정하고 있으며 함유량을 증명하는 분석 데이터를 첨부해야 한다.
- 사용된 모든 화학물질은 빠짐없이 기재해야 하며, 식품첨가물 안전기준에 준하여 사용된 양과 그 기준을 반드시 기재해야 하며 인체에 유해한 물질이 사용되어서는 안된다.
- 반응이 완료되지 않으면 인체에 유해한 화학물질인 경우, 완제품에 검출이 되지 않는지에 대한 분석 데이터를 제출해야 한다.
- 합성된 화학물질의 경우 인체에 유해하지 않아야 하며, 화합물 원료로 이슬람법에 따라 사용해서는 안 되는 동물의 재료가 사용되지 않아야 한다.
- 공장 내에 이슬람율법에 의해 도살되지 않은 육류가 섞여 함께 사용된다면 할랄인증이 되지 않는다.
- 원료 입고에서부터 공장 내 생산라인(제조, 운송, 저장)은 할랄 전용이어야 하며, 다른 생산라인과 분리되어 교차오염의 가능성이 없어야 한다.
- 식용기름은 인체에 유해하지 않은 식물의 기름과 이슬람법에 따라 사용이 가능한 동물의 기름만을 인정된다.
- 제출한 서류에 변동사항이 발생할 시 반드시 알려야 하며, 할랄식품 생산에 적절하지 못하다고 판단될 경우 할랄인증이 취소 가능하다.
- 할랄인증서 발급시 필요하다고 판단될 경우, 확인서와 검증받은 분석기관의 데이터 요구를 할 수 있다.
- 하청업체에서 공급받는 원료 또한 모두 할랄이어야 한다.

⑦ 대상품목

음식, 음료뿐만 아니라 음식과 음료를 이루는 기초 원료와 부자재 등의 이슬람 율법 하에서 무슬림이 먹고 쓸 수 있도록 허용된 제품이다.

⑧ 비용 및 기간

할랄인증을 획득하기 위해 '실사비용' 및 '인증료'를 지불해야 하며, 발급기간은 서류접수 후, 약 1개월 정도 소요되며, 품목에 따라 그 이상의 기간이 소요될 수도 있다.

■ 실사비용
- 할랄인증 신청시 한국이슬람교중앙회 또는 말레이시아(Jakim)의 규정에 따라 입금을 하고 해당 절차를 진행함.
- 수도권, 충청지역 15만원 / 강원, 전라, 경상지역 20만원 / 제주도 30만원 (VAT 별도)

■ 할랄 인증료
- 최초 1개 품목에 해당되며, 추가시 규정에 준함.

⑨ 인증절차

1. 한국이슬람교중앙회를 통해 신청서류 접수(HACCP, GMP, GHP, ISO 또는 기타 인증서 보유시 사본 제출) 및 현장실사 비용 납부
2. 접수된 서류 검토
3. 공장에 대한 현장실사 진행(제품 생산공장의 위생 및 안전조건 확인 및 할랄인증에 필요한 요구조건 준수여부 확인)
4. 현장 방문시, 회사소개와 제조과정에 대한 설명/프레젠테이션 및 질의응답
5. 창고실사 및 제조과정 실사 진행
6. 인증서 발급, 라벨부착

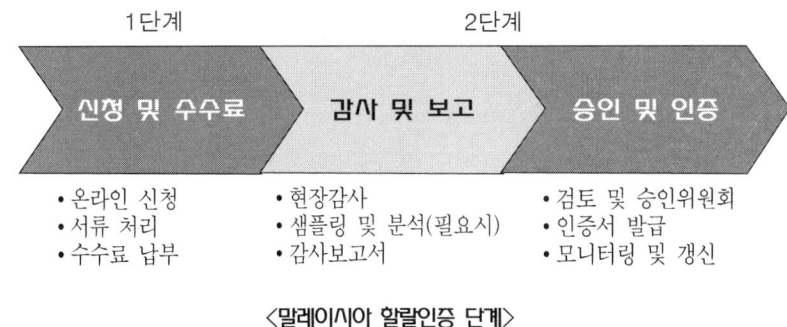

〈말레이시아 할랄인증 단계〉

자료 : HDC

⑩ 유효기간
- 할랄인증서의 유효기간은 인증서 발급 후 1년 동안이며 1년 단위로 갱신.

[변 경]
- 제품 변경사항이 있을 시 한국이슬람교중앙회에 통보해야 함.

[갱 신]
- 인증서 재발급 신청시 기존 할랄증명서 복사본을 제출해야 함.

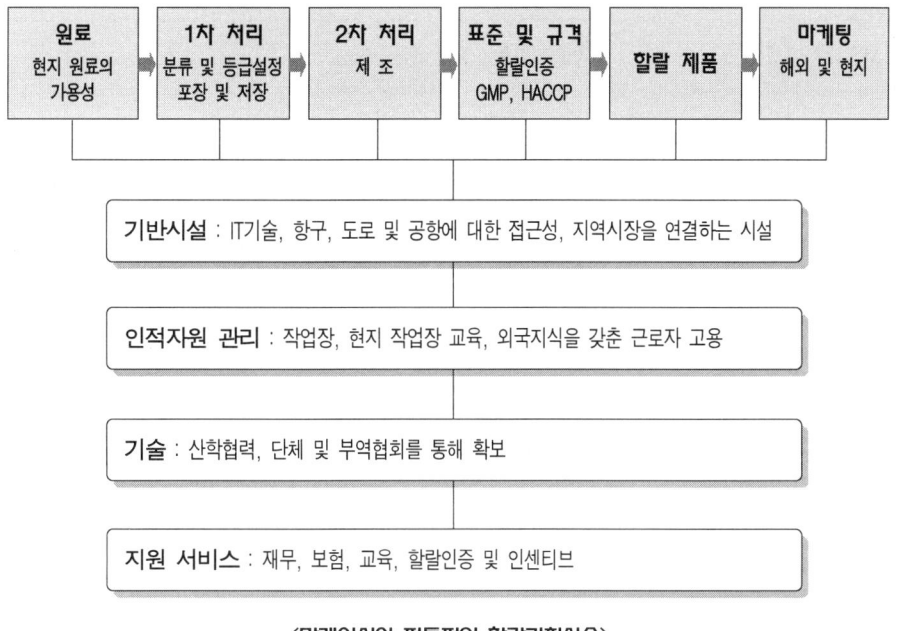

〈말레이시아 전통적인 할랄가치사슬〉

자료 : HDC

http://www.jsm.gov.my/ms-1500-2009-halal-food

〈말레이시아 표준청 홈페이지〉

■ 말레이시아 할랄 관련 국가규격

MS 번호	제 목
MS 1500:2009	할랄식품 - 생산, 처리, 취급, 저장에 관한 종합 가이드라인(2차개정)
MS 1900:2005	품질관리시스템 - 이슬람 관점에서의 요건
MS 2200: PARK 1:2008	이슬람 소비재 - 제1부: 화장품과 개인 미·위생용품-종합 가이드라인
MS 2200: PARK 1:2012	이슬람 소비재 - 제1부: 동물의 뼈, 가죽, 털-종합가이드라인
MS 2424:2012	할랄 의약품 - 종합 가이드라인
MS 2300-2009	가치기준관리시스템 - 이슬람 관점에서의 요건
MS 2400-1:2010	Halalan-Toyyiban Assureance pipeline - 상품 및 하역체인 사업 관리 시스템
MS 2400-2:2010	Halalan-Toyyiban Assureance pipeline - 창고저장 및 관련 활동 관리 시스템
MS 2400-3:2010	Halalan-Toyyiban Assureance pipeline - 소매 관리 시스템
MS 2393:2010	이슬람 원칙과 할랄 - 용어 정의와 해석

■ 기업별 할랄인증 비용 및 기간

구 분	기 준	비용(RM)
소기업 (Small Industry)	• 연매출 50만 링깃 미만 • 상시고용인 50명 미만	200
중소기업 (Small & Medium Industry : SME)	• 연매출 50~250만 링깃 • 상시고용인 50~150명	800
다국적기업 (Multinational Industry)	• 2개 국가 이상의 지역에서 해외법인, 지사보유 • 연매출 250만 링깃 이상 • 상시고용인 150명 이상	1400

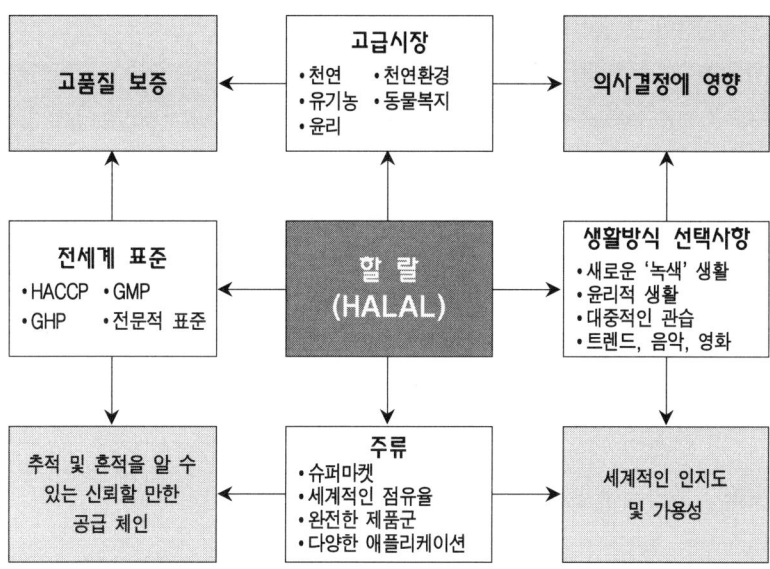

〈말레이시아 품질중심적인 할랄가치사슬〉

- 할랄인증 등록 : 국제 인증(International certification)
  - 인증대상 : 식품, 화장품에 국한
  - 온라인 할랄인증 절차 및 필요서류는 국내인증과 동일

- 국가별 할랄인증 비용 및 기간
  - 수수료는 아세안 국가의 경우 2,100 RM이며, 아세안 외 국가일 경우 USD 2,100이며 할랄인증 실사단 교통, 숙박비도 신청기업에서 부담한다.
  - 제품별 업체별로 차이가 있으나 신청자가 할랄 증명의 모든 조건과 절차를 준수하면 일반적으로 약 2개월이 소요된다.

⑪ **할랄인증 기대효과**
  - 말레이시아 JAKIM 할랄인증은 세계적으로 널리 인정받고 있어 말레이시아 또는 기타 이슬람국가로의 수출확대에 기여한다.
  - 무슬림 소비자들뿐만 아니라 비 무슬림 소비자들 사이에서도 할랄인증을 받은 제품을 선호하는 추세이기 때문에 할랄인증 획득은 제품의 가치를 더하는 동시에 경쟁력 확보 요소라 할 수 있다

■ **JAKIM 할랄인증의 공정별 조건**

공정	준수사항
원재료	• 할랄인 것
식육처리	• 할랄의 개념을 이해한 무슬림이 샤리아법에 따라 도축
중간재 투입	• 최종 제품에서 검출되지 않더라도 하람인 것은 사용 불가
공장	• 하람인 것과 접촉하지 않도록 설계되어 있을 것 • 양돈장, 하수 처리시설로부터 충분히 거리를 둘 것
제조기계	• 나지스(부정)한 것에 접촉되지 않을 것 • 세정하기 쉽게 설정되어 있어야 할 것 • 할랄 전용라인
공장조업	• 양호한 위생상태를 유지할 것
포장	• 포장재가 나지스하지 않은 것 • 디자인, 심벌, 로고 등은 오해를 불러일으키는 요소가 있어서는 안됨 • 표시는 등록 시의 것을 사용할 것
보관·저장	• 하람인 것과 섞여 있거나 가까이 붙어 있어서는 안됨
판매	• 소매의 경우 비 할랄 상품만 진열하는 비 무슬림 코너가 설치되어 있거나 할랄 상품만 진열하는 할랄 코너가 있음

- JAKIM 할랄 로고 -

- JAKIM 할랄인증서 -

〈JAKIM 할랄 로고 및 인증서〉

(3) 싱가포르(Singapore)

① 싱가포르 할랄 시장

싱가포르는 도시국가로서 인구 약 550만명 중, 15%가 무슬림이며, 주요 해상 항로인 말라카해협에 위치하고 있는 지정학적 입지를 토대로 세계적인 무역국가로, 수출 서비스 분야에서도 강세를 보이고 있다.

국토의 면적이 좁아 농축수산물 뿐 아니라 거의 모든 분야를 수입에 의존하고 있다.

② 싱가포르 할랄인증기관(MUIS : Majlis Ugama Islam Singapura)

- 1978년도에 설립되었으며 할랄인증, 기부 및 자선활동, 모스크의 개발 및 관리, 이슬람교육, 파트와(FATWA) 공포, 저소득 무슬림에 대한 재정지원을 행하고 있다.
- 싱가포르의 준 정부기관으로 싱가포르 이슬람 종교위원회라고 부른다.
- 싱가포르의 유일의 할랄인증 기관인 MUIS는 국가기관으로 인도네시아의 MUI, 말레이시아의 JAKIM과 더불어 공신력 있는 세계 3대 할랄인증기관 중 하나로 신속하고 투명한 절차가 강점으로 꼽힌다.
- 1978년부터 시작된 MUIS 할랄인증은 할랄 품질경영 시스템(HalMQ)에 초점을 맞추어 할랄인증서를 발급하며 음식과 식품관련 산업의 다양한 종류에 따라 총 7종류 할랄인증이 가능하다.

③ 해외 할랄인증기관 인정 범위

- MUIS 할랄인증 마크는 브루나이, 인도네시아, 말레이시아 등 주요 아시안 이슬람 국가와 걸프 협력회의(GCC) 국가의 교차인증을 통해 세계적 권위를 인정받고 있다.
- MUIS인증은 동남아시아 이슬람공동체(움마)를 구성하기 위한 MABIMS 협약 국가로서 브루나이, 말레이시아, 인도네시아에서 인정을 받고 있으며 GCC-Singapore 자유무역협정에 의해 쿠웨이트, 바레인, 사우디아라비아, UAE, 오만 등에서도 폭넓게 인정을 받고 있다.

- 싱가포르와 호주는 할랄에 대한 상호 교차인증이 인정되어 있기 때문에 양국에서 할랄인증을 받을 경우 서로 인정하고 있다.

◆ HalMQ(싱가포르 MUIS 알랄품질관리제도)에 의한 7가지 알랄인증 분야

① 식당(레스토랑, 푸드코드 등)
② 외국산 수출입품
③ 음식조리 및 식자재 전처리 구역
④ 도계장
⑤ 싱가포르 국내의 생산가공 제품
⑥ 창고 및 보관시설
⑦ 생산제조시설

■ MUIS 할랄인증 절차 요목

등록절차	내용
문의	• 이메일 : info@muis.gov.sg • 전화 : 65-6256-8188 • 주소 : 273 Braddell
등록신청	• http://ehalal.muis.gov.sg • 등록비 지불(신규 신청시)
검사절차	• MUIS 할랄인증 시스템에 따라 검사 실시 • 현장 인증검사 실시
인증	• 신청 승인이 나면 할랄인증서가 발급됨 • 할랄인증비 지불
사후관리	• 무작위 정기점검 실시 • 할랄인증서 소지업체는 제품/원료에 대한 재료 등의 변동이나 무슬림 직원 등의 변동시 업데이트해야 함
갱신	• 할랄인증서 소지업체는 인증서 만료 3개월 늦어도 1개월 전에 갱신 신청해야 함

출처 : http://www.muis.gov.sg

④ 싱가포르 할랄인증 절차

■ 문의상담(계약)
- 할랄(HALAL)의 필요성
- 인증대상 품목 결정
- 수출국가
- 비용 및 인증기관 결정

■ 공장방문
- 역할담당자 결정 - 연락담당자, 품질관리, 생산, 영업 등
- ISO, HACCP(ISO 22000) 확인
- 할랄(HALAL) 제조라인 점검
- 원재료, 완제품, 창고 점검

■ 신청서 제출
- 회사전반 개요
- 신청품목 확정
- 원재료 분석(검토)

■ 서류 제출
- 알코올, 콜레스테롤 성적서(필요시)
- 2차 원재료 검토
- 기타 준비서류 제출

■ 심사(공장)
- 심사원 배정(싱가폴, 호주)
- 심사일자 협의확정
- 공장심사

■ 인증서 발급
- 심사 후 10일 후
- 첫 사후관리 1년, 그 후 2년마다(로고 사용 비용은 1년마다 지불, 변동될 수 있음)
- 인증서 수령

⑤ 싱가포르 할랄인증 제출서류
- 제품/메뉴 항목 및 원료의 목록
- 할랄인증, 규격 및 시험 분석 보고서와 생산 원료의 할랄인증 사본
- 무슬림 직원(할랄 팀)이 승인한 모든 원료의 구매송장 및 배달 주문서
- 할랄팀 구성원의 임명장 또는 공고장
- 할랄팀의 위임사항
- 무슬림 직원과 할랄팀 구성원 한명의 할랄 교육인증서
- 제품 생산과정 플로차트
- 할랄보증 중요관리항목(HAPs : Halal Assurance Points)의 목록과 허용한계 및 처방지침
- 각 HAP에 대한 승인 모니터링 절차 및 기록
- 각 HAP에 대한 승인 시정조치 절차 및 기록
- 내부감사 보고서
- 할랄 시스템 변화에 대한 기록(해당시)
- 할랄팀 관리 회의록
- NEA, AVA, HSA 중 해당 품목 라이선스
- 무슬림 직원 2명의 고용증명서

⑥ 할랄인증 비용 및 기간

할랄인증 비용은 등록비만 S$110(일반, 7 영업일), S$190(익스프레스, 14 영업일)이며, 각 할랄인증 종류에 따라 S$250~S$1800로 다양하며 할랄인증 승인 후, 인증서 발급시 발급비용이 S$150으로 별도로 부과된다. 할랄인증서 유효기간은 대상에 따라 틀리지만 대부분 1년 또는 2년 이다.

※ 할랄인증 실사단 교통/숙박비도 할랄인증 신청업체에서 부담한다.

⑦ 할랄인증 기대효과

인도네시아 MUI, 말레이시아 JAKIM과 함께 세계 3대 할랄인증기관으로 MUIS의 할랄인증 획득시 싱가포르뿐만 아니라 세계 할랄시장으로의 수출확대가 기대된다.

- MUIS 할랄 로고 -

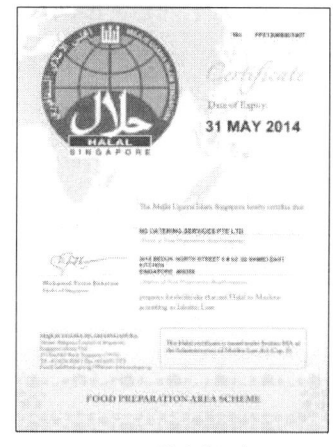
- MUIS 할랄인증서 -

〈MUIS 할랄 로고 및 인증서〉

■ 싱가포르 WAREES 할랄인증 취득 국내업체(품목)

No	업체명	품목	No	업체명	품목
1	크라운	과자	12	삼육수산	김
2	태경식품	김	13	경천식품	김
3	인산죽염	죽염	14	㈜감로정	기름
4	보향다원	차류	15	㈜지오	홍삼
5	진성식품	소스	16	고려홍삼	홍삼
6	야긴	음료	17	오제주	건조귤, 김치
7	산들촌	과자	18	㈜SJ바이오텍	홍삼
8	참든과학	음료	19	제주파나텍	차류
9	G M F	만두	20	신토복분자	복분자
10	한일푸드	우동	21	푸른산참농원	청, 쨈
11	데코리아제과	초콜릿, 젤리	22	바델코리아	건강식품

(4) 태국(Thailand)

할랄은 국제적으로 표준화가 되어 있지 않다는 점을 고려하고, 태국의 할랄에 대해 알아보자.

① 태국 할랄인증기관(CICOT : Central Islamic Committee of Thailand)

태국의 할랄식품 인증은 이슬람 조직관리법에 따라 태국중앙이슬람위원회(The Central Islamic Committee of Thailand)에서 주관하고 있다.

태국의 할랄식품 인증은 태국중앙이슬람위원회의 감독 하에 1982년 처음으로 할랄인증을 발급하기 시작했으며, 1997년 200개 기업에서 할랄인증을 획득하였고, 2002년 800개 기업, 2006년 1,700개 기업에서 5만개 이상의 제품이 할랄인증을 받았으며, 매년 지속적으로 증가하고 있다.

유일하게 법적으로 정한 종교적 기관인 태국의 할랄표준연구소는 태국중앙이슬람위원회 산하기관이다. 할랄표준연구소는 태국의 이슬람 종교관련 법률 제정 및 시행을 목표로 2003년 8월 11일에 설립되었다. 이슬람 조직관리법(AOI법)은 의회에 의해 선포되었고, 1997년 10월 17일에 왕실의 승인을 받았다.

태국중앙이슬람위원회(CICOT)는 이슬람 정신적인 지도자 세이훌 이슬람(Sheikhul Islam, Chularajmontri)이 회장을 맡고, 그의 직분에 따라 지역이슬람위원회로 행정적인 역할 및 권한을 분배하여 위임하였다. 지역이슬람위원회는 태국의 76개주 중 36개주에 존재하고 자체적인 행정적 이사진을 두고 있다. 36개의 위원회는 태국중앙이슬람위원회(CICOT)에서 각 지역에 그들의 구성원을 대표하기 위해 지정되었다.

태국할랄표준연구소는 세계의 부엌으로서 태국 식품산업을 촉진하는 정부 정책을 준수하기 위해 태국의 이슬람 종교 업무를 관리할 목적으로 태국 정부로부터 예산지원을 받았다. 태국은 생산과 수출 분야에서 높은 잠재력을 가진 가장 중요한 식품생산 국가 중 하나이다.

태국 정부는 특히 중동의 아랍국가에게 할랄 생산이나 수출을 촉진하기 위해, 태국의 남부지역인 파타니 지방에 할랄제품산업단지를 설립하려고 노력하고 있다. 할랄제품산업단지 설립목적은 다음과 같다.

- 태국의 할랄 표준(HIT)은 태국중앙이슬람위원회(CICOT)에 따라 할랄 제품 표준을 발전시키기 위함이다.
- 단독적인 표준으로서 태국의 할랄 제품 표준에 대한 인증 과정과 절차를 발전시키기 위함이다.
- 국제적인 할랄 기관으로 세계적으로 공인된 할랄인증기관과 조정할 뿐 아니라, 할랄제품 표준조건을 충족시키고 태국의 할랄 제품을 발전시키기 위해 공공 및 민간 부문 모두에서 관련기관과 조정하고 협력하기 위함이다.

② **태국 할랄인증 절차**

■ **교육**

사전에 할랄승인을 받은 실적이 없는 신규 기업은 태국할랄표준협회와 공동으로 주최하는 할랄교육에 참석해야 한다.

■ **신청서 제출**

교육수료 후, 제출된 신청서는 추가적인 검토를 위해서 자격이 인정된 할랄 전문가에게 제출된다.(신청서가 기각될 경우 신청기업은 보완사항을 수정하여 신청서를 다시 제출해야 한다.)

신청서의 승인이 완료되면 태국중앙이슬람위원회 사무소는 실사위원회를 구성하며 위원회는 이슬람 전문가, 식품과학자, 산업체 생산 분야의 전문가(도축장의 경우 축산전문가)로 구성된다.

단, 인증을 위하여 첨부된 제품의 할랄 상태가 불명확할 경우 할랄학자협의회(Ulama)로 이전되어 판결을 기다려야 한다.

■ **현장심사**

현장심사 전에 심사관은 신청기업과 심사일정을 사전에 협의한다. 심사팀은 전체적인 제조공정에 대하여 각 단계별로 현장심사를 실시하고 심사보고서와 평가보고서를 발행한다.

심사팀은 보관창고 확인과 원재료 재고실사도 수행한다. 그리고 심사팀은 부적합가능성이 있는 제품과 원재료의 표본을 증거시료로 수집한다.

수집된 표본시료는 태국할랄표준협회로 보내지며 실험분석을 위해서 쫄라롱껀대학교의 할랄과학센터로 전달된다.

분석결과는 태국할랄표준협회로 보내지며 담당자는 할랄 심사결과와 실험분석 데이터를 수집하여 최종승인을 위한 할랄사무위원회에 제출한다.

불합격시 신청기업은 정해진 기간 내에 문제점을 시정하여 신청서를 다시 제출하여야 한다.

다음의 할랄 점검 및 할랄로고 적용 절차를 도표에 의해 살펴보자.

■ 할랄인증에 대한 점검과 할랄로고 적용절차

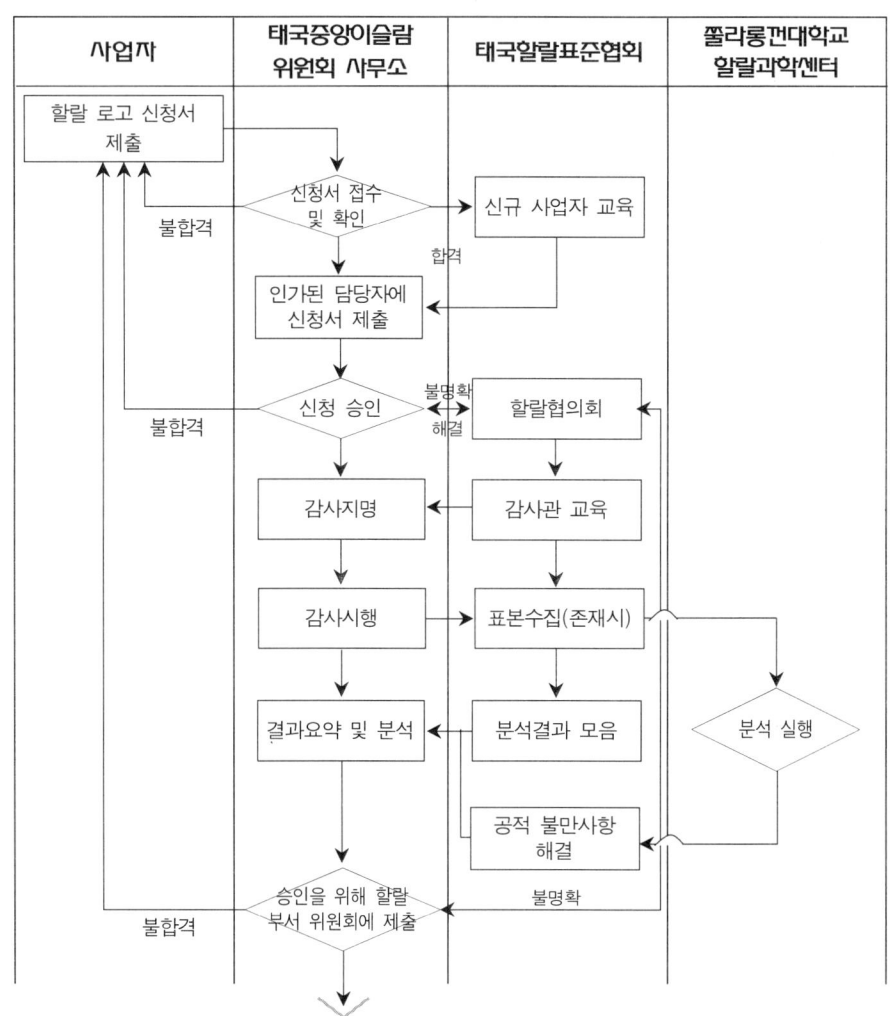

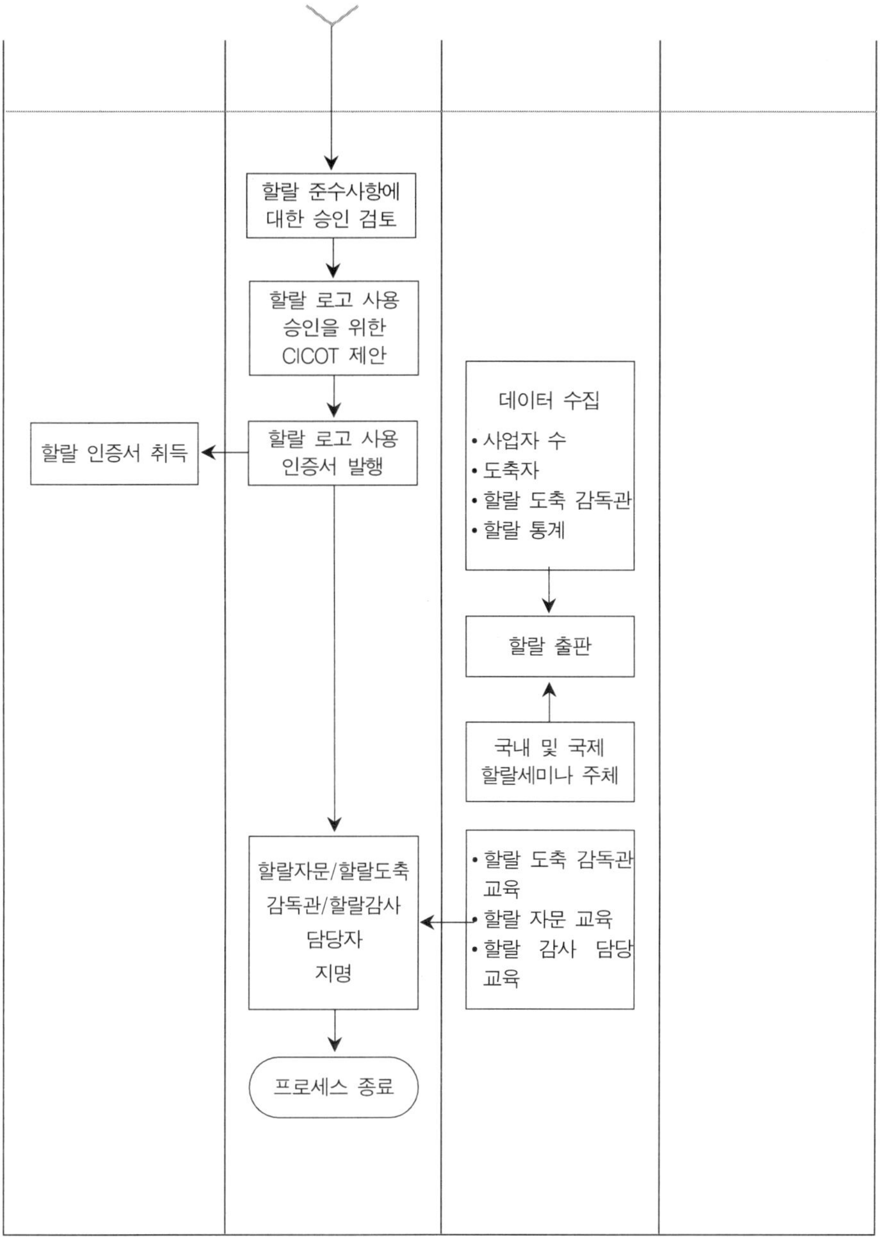

```
                    │
                    ▼
        ┌──────────────────┐
        │  할랄 준수사항에    │
        │  대한 승인 검토    │
        └──────────────────┘
                    │
                    ▼
        ┌──────────────────┐
        │  할랄 로고 사용    │
        │   승인을 위한      │
        │   CICOT 제안       │
        └──────────────────┘
                    │
                    ▼
┌──────────────┐   ┌──────────────────┐        ┌──────────────────┐
│ 할랄 인증서    │◄──│  할랄 로고 사용    │        │   데이터 수집     │
│   취득        │   │   인증서 발행      │        │ • 사업자 수       │
└──────────────┘   └──────────────────┘        │ • 도축자          │
                                                │ • 할랄 도축 감독관 │
                                                │ • 할랄 통계       │
                                                └──────────────────┘
                                                          │
                                                          ▼
                                                ┌──────────────────┐
                                                │    할랄 출판      │
                                                └──────────────────┘
                                                          ▲
                                                          │
                                                ┌──────────────────┐
                                                │   국내 및 국제    │
                                                │  할랄세미나 주체   │
                                                └──────────────────┘

                    │
                    ▼
        ┌──────────────────┐        ┌──────────────────┐
        │ 할랄자문/할랄도축  │        │ • 할랄 도축 감독관 │
        │ 감독관/할랄감사   │◄───────│   교육            │
        │   담당자         │        │ • 할랄 자문 교육   │
        │    지명          │        │ • 할랄 감사 담당   │
        └──────────────────┘        │   교육            │
                    │               └──────────────────┘
                    ▼
            ╭──────────────╮
            │  프로세스 종료 │
            ╰──────────────╯
```

〈태국 할랄식품 인증절차〉

출처 : 태국 할랄식품현황, aT한국농수산식품유통공사, 2015

[태국 할랄식품 인증절차 도표설명(CICOT)]

- 지방이슬람위원회가 없는 지역에서는 사업주는 할랄로고의 사용을 위해 태국중앙이슬람위원회에 신청서를 제출하여 승인을 받아야 한다.
- 태국중앙이슬람위원회에서 제출된 신청서를 받아 검토한다.(서류 검토에서 통과하지 못하면, 사업주는 문제점을 수정하여 관련 서류를 다시 제출해야 한다.)
- 신규로 할랄인증을 신청한 사업주는 태국할랄표준연구소가 주관하여 공동 개최하는 할랄교육에 참석하여 수료해야 한다.
- 교육수료 이후, 제출된 문서는 심사를 위해 상위 담당자에게 추가적으로 제출한다.(신청서가 부적합할 경우, 사업주는 문제점을 수정하고 신청서를 다시 제출해야 한다.)
- 승인 이후, 태국중앙이슬람위원회는 이슬람 학자, 식품 과학자, 산업 제조 전문가(도축장의 경우, 가축 담당부의 전문가)로 구성된 점검위원회를 결성한다. 인증에 첨부된 새로운 식품이 여전히 할랄 상태에 대하여 의심될 경우, 할랄학자협의회(Ulama)에 전달하여 해결책을 기다려야 한다.
- 현장점검 절차 : 점검 전, 점검 담당자는 대상 사업주와 예정된 날짜와 시간에 대한 점검일정을 조정한다. 점검팀은 전체 제조공정의 각 단계에 대한 점검을 수행하고, 점검보고서와 평가보고서를 발행한다. 점검팀은 또한 모든 창고와 원료 품목에 점검을 수행한다.
- 점검팀은 지침을 따르지 않을 가능성이 있는 표본 제품과 원료를 수집한다. 수집된 표본은 태국할랄표준연구소로 보내고, 더 자세한 실험실 분석을 위해 쭐라롱껀대학교(Chulalongkorn University)의 할랄과학센터로 전달된다. 분석결과는 태국할랄표준연구소로 다시 보내지고, 연구소 직원은 할랄 담당부서 위원회의 승인을 위해 제출할 목적으로 점검결과와 실험실 분석 데이터 수집을 담당한다.(승인받지 못한 경우, 사업주는 문제점을 수정하고 정해진 기간 내에 신청서를 다시 제출해야 한다.)
- 할랄 담당부서 위원회의 승인 이후, 신청서는 할랄로고 사용에 대한 최종 승인을 위해 태국중앙이슬람위원회에 추가 제출한다. 제품의 원료 및 성분에 대해 의심될 경우, 이에 대한 결정을 위해 할랄 율법학자협의회에 전달되어야 한다.

- 사업주는 할랄로고 사용에 대한 최종 승인이 허가될 시 통보를 받는다. 이후, 사업주는 할랄인증을 획득하고, 할랄 사용에 대한 계약을 체결한다.
- 할랄인증서 발행 단계에서, 사업주에게 특정 코드를 준다. 할랄인증은 가장 높은 권한이 있는 자로 간주되는 태국중앙이슬람위원회의 의장으로서의 자격으로 세이훌 이슬람에게 서명을 받거나 의장의 부재시 다른 적합한 권한을 가진 담당자로부터 서명을 받는다.
- 인증 이후, 태국할랄표준연구소에 의해 사업주 수, 할랄 도축 감독관 수, 도축 통계, 도축자, 할랄 감시관, 할랄 자문위원과 같은 자료 등록 및 정보 수집이 이루어진다.
- 태국중앙이슬람위원회는 할랄로고 사용 및 위반을 감독하기 위해 할랄 감시관을 임명한다. 동시에 태국중앙이슬람위원회는 사업주가 할랄식품 제조의 이해를 향상시키고 태국중앙이슬람위원회 사무소와 협력관계를 유지하기 위해 도살장의 경우, 할랄 도축 감독관에 대한 자문을 위해 할랄 자문위원을 임명한다.

③ 태국 할랄제품 표준인증

■ 개요

태국은 신념과 종교의 차이에도 불구하고 개방적인 사회로 안정감과 통일성을 유지하는 국가이다. 국왕과 정부는 모든 종교 및 종교 활동에 대하여 인정하고 지원하고 있다. 태국의 소수 종교집단 중 가장 큰 집단인 이슬람교에 대해서도 종교 및 종교 활동에 대하여 허용하고 있다.

이슬람교는 태국 전역에 분포하고 있고, 절반 이상이 남부지방에 위치하고 있다. 무슬림들은 정치, 경제 등 각계각층에 분포되어 있다.

3,000개 이상의 사원이 전국적으로 위치해 있고, 200개 이상의 무슬림학교가 일반적인 교육 및 종교적인 교육을 실시하고 있다. 이슬람 단체는 이슬람 신도를 위해 하지(역주 : 성지순례)를 수행할 수 있도록 도움을 주고, 어린 학생들이 여행을 가고 그들이 유학을 갈 수 있도록 도움을 준다. 이러한 개방적인 분위기에서, 태국사회는 그들이 어떠한 종교적 신념을 가지고 있든 간에 본질적으로 일반적인 목표와 함께 평화롭게 사는 태국을 유지하고 있다.

④ 태국 할랄인증 담당부 연역
- 1948. 세이훌 이슬람국이 가금류 도살장에 할랄인증 시행
- 1998. 산업부는 태국의 할랄 기준으로 국제식품할랄표준을 채택
- 1999. 동남아시아 국가연합은 회원국가들을 위해 할랄식품 지침을 설정
- 2001. 태국중앙이슬람위원회(CICOT)는 전체 국가에 공통 표준으로서 할랄인증을 설정
- 2002. 태국 정부는 남부지역에 할랄식품 중심지를 설립하는 것에 대한 전략을 제안
- 2003. 태국 정부는 할랄 - HACCP 시스템의 발전 초기의 경제적 지원
- 2003. 태국 정부는 태국중앙이슬람위원회의 감독 하에 태국의 할랄표준연구소 설립 후원
- 2003. 태국의 내각은 방콕의 쭐라롱껀대학교(Chulalongkorn University) 보건계열학부에서 소위 "할랄 - CELSIC"이라고 불리는 할랄식품 발전을 위한 중앙연구소와 과학정보센터 설립을 위한 예산을 지원함.

⑤ 전망

태국의 할랄 표준(HIT)은 할랄제품 표준을 발전시키고 이슬람 법(Shariah)에 따라 할랄제품 검사를 실시하며, 국내와 해외 소비자 모두에게 국제적인 인정과 신뢰할 수 있는 기준에 부합하는 것을 목표로 하는 것이다.

⑥ 임무
- 학문연구를 위해 이슬람법에 적합하고 국제적 식품 표준에 부합하는 할랄제품 표준을 설립하고 발전시킨다.
- 할랄제품 표준인증과정에 저해가 되는 문제를 분석·조사하고 시정조치를 확인하기 위해, 식품 생산과 소비자와 공공 및 민간부문 관련기관 내·외부를 위해 허용하고 신뢰할 수 있는 과정을 개발한다.
- 수출기회 확장과 생산지원을 위한 할랄제품 표준 활동에 관련된 우수한 인력을 계발하기 위한 교육을 제공한다.
- 식품 생산자의 요청에 따라 할랄제품 부지의 점검을 수행하고, 그 결과는 집행위원회에서 검토한다.

- 할랄제품 표준 조건에 따라 품질과 표준을 유지하기 위해 이미 인증된 할랄제품, 원료, 생산과정의 검증을 확인한다.
- 국제적 할랄제품 표준을 충족시키고 국제 할랄 조직과 여타 할랄인증 그룹을 조정하며 태국 할랄제품 표준의 신뢰성과 수용성을 증가시키고 태국 할랄제품을 발전시키기 위해 공공 및 민간 기관과의 협력과 공동작업을 수행한다.
- 관련 그룹 간 더 많은 신뢰성과 수용성을 보장하기 위해 다양한 종류의 지식과 할랄제품 표준과 할랄제품 표준 인증의 이해를 증가시킨다.
- 이슬람 법(Shariah Law)과 국제식품 표준에 부합하지 않은 식품으로부터 할랄인증과 할랄로고를 취소할 뿐 아니라 특정 제품에 할랄로고를 사용하는 인증과 허가에 대한 정보를 보급한다.
- 태국중앙이슬람위원회(CICOT)에 의해 할당된 다른 의무를 수행한다.

⑦ 태국 할랄인증 참고사항

 작업장이 위치한 지역에 지역이슬람위원회가 없을 시, 태국중앙이슬람위원회가 대신 담당한다. 공인된 할랄 자문위원은 태국 중앙이슬람위원회에 의해 등록되고, 태국중앙이슬람위원회는 우려가 되는 기업 또는 할랄 제품공장, 할랄 도축장을 감독하도록 할당한다.

 이슬람 식품 법률(Shariah)은 의무적으로 Codex와 같은 다른 국제식품 표준과 병행하여 수행한다. 할랄 엠블럼/로고는 태국중앙이슬람위원회에 저작권이 있고 법으로 보호된 할랄 도축 감독관은 전체 도축과정을 조사하고, 이슬람 법/할랄식품 표준인증과 할랄로고(B.E 2548) 사용, 할랄식품 규정을 관할하는 태국중앙이슬람위원회의 규정을 준수하는지 확인함으로써 도축장에 감독 의무를 수행한다.

⑧ 태국의 할랄인증 시스템

 할랄인증 시스템은 도축장, 가공식품과 서비스를 위해 태국 회계사에게 적용된다. 가공식품의 영역은 인증 지침에 따라 달라질 수 있다.

 식품 표본의 실험은 제조업자에 의해 제시되고, 그 시험은 태국의 지정된 대학에서 실시된다. 실험실 시험의 승인 시, 제조업자는 공장조사를 위해 태국중앙이슬람위원회에 지원한다. 태국의 할랄인증은 모든 제조과정이 승인된 이후에만 발행된다. 서비스 부문은 할랄제품과 서비스를 무슬림 소비자 시장에 제공하는데 큰 역할을 한다. 준비와 식품 또는 서비스 유통과정은 반드시 할랄인증에 대한 요구사항을 엄격히 따라야 한다.

⑨ **태국의 할랄기업 전략**
  - 좋은 관리 구조에 기초하여 경영
  - 표준의 맥락과 할랄제품의 품질관리를 결정
  - 할랄제품 표준의 더 많은 신뢰성과 수용을 구축
  - 수출을 위한 할랄제품의 홍보 및 지원

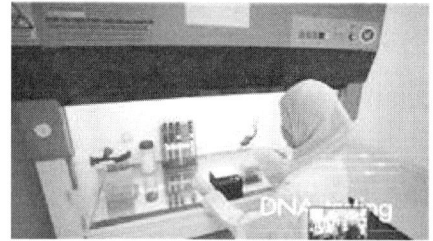

〈The Halal Science Center Chulalongkorn University〉
쭐라롱껀대학교 할랄과학센터

⑩ 태국 할랄연구소의 부가적인 역할

정기적인 국제할랄세미나회의 조직으로 관련된 법 또는 규정을 사용함으로써 할랄제품 또는 시장 내 할랄로고의 오용에 대한 모든 대중의 불만을 해결하고, 할랄 정보의 출판과 발행을 한다.

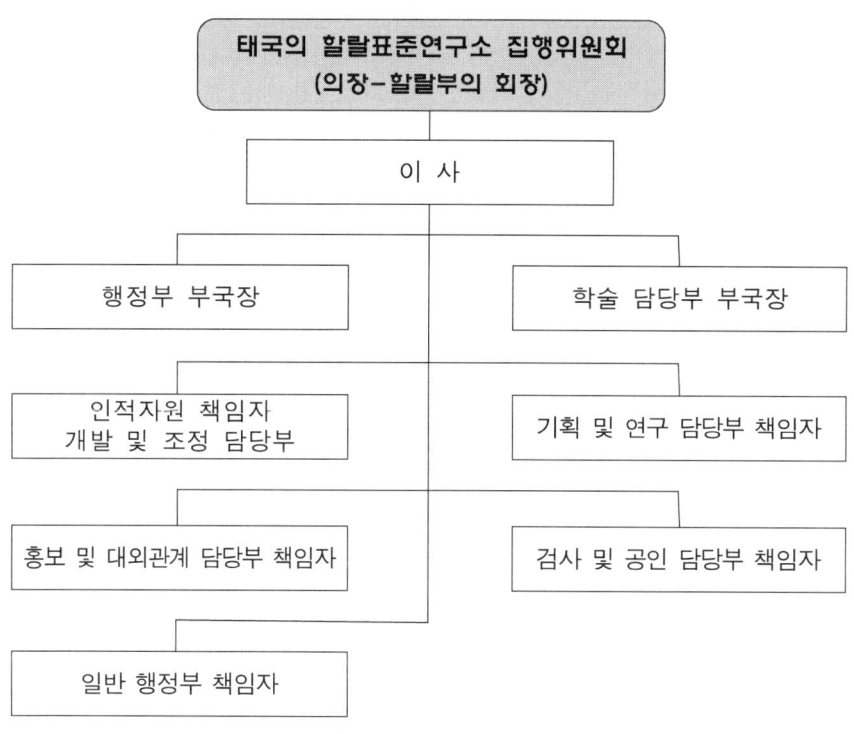

〈태국 할랄표준연구소(HIT) 조직도〉

출처 : 태국 할랄식품현황, aT한국농수산식품유통공사, 2015

〈태국 이슬람중앙회 할랄인증마크〉

■ 태국할랄 - 동물의 축종별 도축시 전기충격 기준

동물	전류(Ampere)	시간(Second)
닭	0.25~0.50	3.00~5.00
생후 1년 미만의 양	0.50~0.90	2.00~3.00
염소	0.70~1.00	2.00~3.00
양	0.70~1.20	2.00~3.00
송아지	0.50~1.50	3.00
거세한 식용 소	1.50~2.50	2.00~3.00
젖소	2.00~3.00	2.50~3.50
소	2.50~3.50	3.00~4.00
버팔로	2.50~3.50	3.00~4.00
타조	0.175	10.00

출처 : ANNEX B The Agricultural Standard TAS 8400-2007 STUNNING PRIOR TO BLEEDING (POULTRY AND MINATED ANIMALS)

THAI AGRICULTURAL STANDARD

TAS 8400-2007

HALAL FOOD

National Bureau of Agricultural Commodity and Food Standards
Ministry of Agriculture and Cooperatives
50 Phaholyothin Road, Ladyao, Chatuchak, Bangkok 10900
Telephone (662) 561 2277 www.acfs.go.th
Published in the Royal Gazette Vol.124 Section 78D,
dated 29 June B.E.2550

〈태국의 농림규격 TAS 8400-2007〉

Regulation of the Central Islamic Committee of Thailand
Regarding Halal Affair Operation of B.E. 2552

By virtue of Section 18 (5) (9) of the Administration of Islamic Religious Organization Act B.E. 2540, to ensure the smooth running and efficiency of the Halal Affair Management, and to set measure and quality control of Halal Products and the use of Halal Logo, the Central Islamic Committee of Thailand has issued the Regulation as follows:

Chapter 1
General Article

1. This Regulation shall be called "Regulation of the Central Islamic Committee of Thailand Concerning Halal Affair Operation of B.E 2552."

2. This Regulation shall be in force starting from the day following the Resolution of The Central Islamic Committee of Thailand.

3. The Regulation of the Central Islamic Committee of Thailand Concerning Halal Affair Operation of B.E 2551 shall be repealed.

4. This Regulation shall prevail over all prescribed regulations, announcements or any other regulations that are not in line with this regulation.

5. The Central Islamic Committee of Thailand shall take charges according to this Regulation, and shall be authorized to judge, interpret or issue any other instruction to comply with this Regulation.

6. There shall be not less than 2/3 of the supportive Committee to amend this Regulation.

7. In this Regulation.

The "**Committee**" means The Central Islamic Committee of Thailand, or the Provincial Islamic Committee, whichever case may be.

The "**Halal Executive Committee**" means a person, a body of persons and government representative who are appointed to be Halal Executive Committee according

〈태국 이슬람중앙회 할랄규정(B.E.2552)〉

출처 : 태국 이슬람중앙회

(5) 아랍에미리트(UAE)

① UAE 할랄인증

UAE의 할랄인증은 2014년 4월부터 UAE연방환경수자원부(MOEW)에서 연방표준측량청(ESMA)으로 이관되었다.

할랄인증과 관련된 온라인 신청절차는 MOEW에서 일부 진행 중이며, ESMA는 자체 시스템을 구축하고 있다. UAE의 할랄인증은 자국 내 식품생산기반 인프라가 미흡하므로 육류 및 육가공품, 도축분야가 주종을 이루고 일반식품은 인증보다 수입단계에서 서류 및 현물심사로 판단되었다.

UAE는 식품 소비량의 85%를 수입에 의존하며, 수입규모는 약 50억 달러이다. UAE는 GCC 국가 중 사우디아라비아에 이어 두 번째로 큰 규모의 식품 수입국으로서, 인도, 브라질, 중국, 미국 등 100개국 이상의 국가에서 식품을 수입하고 있다. 두바이 식품관리청에 따르면, 두바이의 식품 수입량은 2009년 430만 톤, 2010년 600만 톤으로 집계됐으며, 2011년 상반기에 수입된 식품은 400만 톤으로 수입량이 꾸준히 증가하는 추세이다.

UAE의 육류 소비량은 2009년 세계 평균 소비량의 약 18배에 달하며, 이는 높은 소득수준과 관광산업의 발전으로 인한 육류 수요의 증가에 기인한다.

과일과 채소류는 전체 식품 소비량의 35%로 가장 높은 비중을 차지하며, 비만과 당뇨병의 높은 발병률로 인해 웰빙식품과 유기농 식품에 대한 수요가 증가하는 추세이다.

② UAE 할랄인증기관(ESMA)

ESMA(The Emirates Authority for Standardization and Metrology)는 UAE(아랍에미리트)의 인증을 담당하는 기관으로 할랄식품 및 화장품을 통합하는 작업을 시작했다고 밝혔다. 본 표준화 사업은 향후 3년 안에 57개의 이슬람국가에 적용될 예정이다. 기존에는 아랍에미리트 관련당국이 직접 할랄인증서를 발급하지 않고 해외에 소재한 이슬람협회에 발급권한을 위임하여 운영하였다. 2014년 12월 시행 당시 아랍에미리트 내에서 유통·판매되는 모든 식품에 대하여 ESMA의 할랄인증 표기를 의무화할 것이라고 보도하였으나 현 단계에서는 제조사 및 수입, 유통업체에서 소비자 홍보수단으로 활용할 목적으로 신청하는 경우에만 심사를 거쳐 할랄인증을 획득할 수 있도록 하고 있다.

이슬람 협력기구(OIC : Organization of Islamic Cooperation) 후원 하에 본 할랄 규격은 비무슬림 국가에 머무는 무슬림에게 판매되는 음식에 적용될 예정이다. 새로운 규격은 할랄인증의 비용 및 소요 시간을 30~50% 단축시킬 것으로 보고 있다. ESMA의 통합된 규격은 강제 사항으로 적용될 예정이며, 규정 위반 시 인증서가 폐기된다. ESMA는 걸프푸드 전시회를 통해 할랄인증마크를 공식적으로 선포했으며 첫 번째 인증기업은 샤자(Sharjah)의 냉동식품을 전문으로 생산하는 GFI(Global Food Industry)와 아부다비의 음료 및 유제품 생산기업인 Aghthia가 차지하였다.

③ MOEW의 도축장 인증 절차

육류 및 육가공제품을 아랍에미리트(UAE)에 수출하기 위해서는 수출국가에 소재한 할랄식품인증서를 발행기관(이슬람 단체)과 그 단체가 관할하는 도축장이 모두 MOEW로부터 직접 인가를 받아야 한다.

과거에는 인가절차를 수출국 정부를 통하는 방식을 취했으나 2013년 11월부터 수출국 소재 민간기관(발행단체 또는 도축장)의 온라인 신청으로 바뀌어 직접 신청이 가능해졌다.

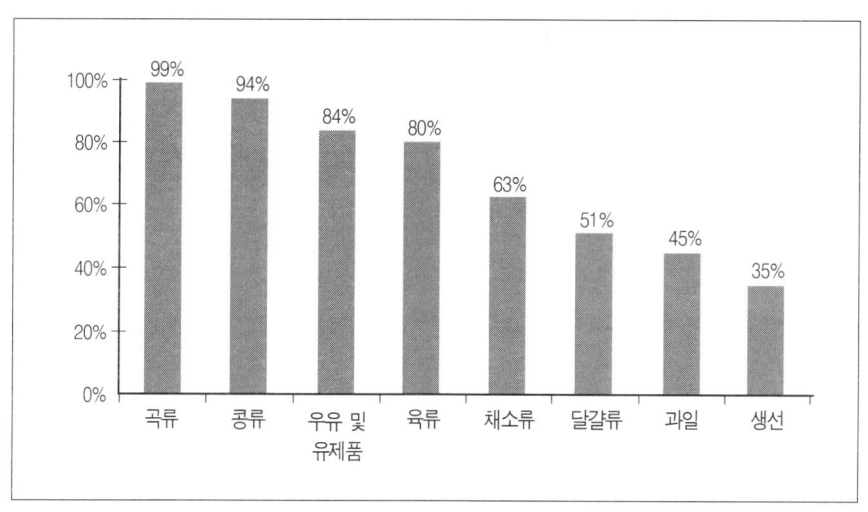

〈UAE 식품별 수입 의존도〉

출처 : KOTRA & globalwindow.org

〈UAE 할랄〉

출처 : KOTRA & globalwindow.org   출처 : http://gulfnews.com

■ 아랍에미리트(UAE) 할랄인증 기본지침

구분	내 용
A	• 이슬람법 샤리아를 따르기 위해 제품, 서비스, 시스템은 승인된 아랍에미리트 표준과 부합해야 한다.
B	• 할랄식품에 대한 규정을 준수하기 위하여 아랍에미리트 표준, GCC표준, ISO 국제표준에 부합하거나 아랍에미리트 국가표준측량청(ESMA)에서 승인한 기준을 준수해야 한다.
C	• 제품의 요구 조건을 충족한다는 것을 할랄인증을 통해 알려야 한다.
D	• 아랍에미리트표준(UAES OIC/SMIC 1)을 따라야 한다. (SMIC - Institute of Standards and Metrology for Muslim Countries)
E	• 효과적인 할랄인증 관리를 위해 요청시 기록문서로 입증하여야 한다.
F	• 아랍에미리트 승인당국의 규정을 준수해야 한다. • 도축 작업자는 전문자격증을 보유해야 한다. • 운송, 저장, 유통과정이 아랍에미리트 표준에 부합해야 한다. • 할랄 적합성 평가기관은 ESMA에 등록되어야 한다. • 라벨링은 아랍에미리트 표준에 부합되야 하며, 자국의 할랄인증 마크나 ESMA에서 승인한 할랄인증 마크를 사용해야 한다. • 본 법규 위반시 2001년 제정된 UAE연방법 28조에 의거하여 처벌된다.

■ 아랍에미리트(UAE) 할랄관련 표준번호

표준번호	분 류
UAES/GSO 993	도축
UAES/GSO 1931	식품
UAES/GSO 2055	할랄식품 인증기관에 대한 가이드라인
OIC/SMIC(1)	할랄식품
OIC/SMIC(2)	할랄인증기관 요건
OIC/SMIC(2)	할랄인증 심사기관 요건
UAES/GSO 9	품질표시
UAES/GSO 21	식품설비 및 생산업자 위생규제
UAES/GSO 1694	식품위생 일반원칙
UAES/GSO ISO 22000	식품안전경영시스템

- 정부를 통한 신청은 등록비 및 갱신 수속비 미납, 갱신 수속절차 불이행 등의 문제를 야기시킨다.
- 신청순서는 MOEW 홈페이지에서 신청서류를 다운받아 신청서류를 작성하고 서명 후 제출한다.(신청서류 작성시 도축장의 경우 수의당국 Competent Veterinary Authority의 증명서가 필요하다.)
- 식육검사 시스템에 대해 도축장을 관할하는 식육위생검사소의 협력을 받아 신청서를 작성해야 하며 사전에 협의과정이 필요하다.
- 육류 및 육가공제품 이외의 일반식품을 UAE로 수출할 때, 할랄로 인정되는지 여부를 확인해야 하며 수출국 측에서 취득한 할랄증명서를 인정하는 것이 아니라 수입단계에서 서류-현물심사에 의해 판단한다.

(6) 일본(Japan)

① 일본의 할랄인증 동향

KOTRA에 따르면 지난 해 일본을 방문한 외국인은 1,036만 명이며, 이 중 무슬림이 많은 말레이시아와 인도네시아 인이 30만 명을 넘어, 전년 대비 30% 이상의 높은 증가율을 보였다. 여기에다 무슬림이 세계 인구의 약 23%를 차지하고 관련 시장도 약 300조 엔에 달하면서 초거대 유망시장에 진출하려는 일본기업의 움직임이 활발하다.

일본에서 할랄인증 취득을 위해 농림수산성, 경제산업성, JETRO, 지방은행, 지자체 등이 주최하는 세미나 및 연수 등을 통해 정보와 지식을 축적해 온 기업을 중심으로 할랄인증의 필요성이 대두되기 시작했다.

할랄재팬협회에 따르면 일본의 할랄인증기관은 20개 정도이며, 세계적으로 200개 정도의 단체가 있다고 한다. 인증 제품으로는 과자류가 많고 인기 관광지 아사쿠사에서는 센베이류와 간사이공항에서는 나가사키 카스테라 등이 선물용으로 인기를 끌고 있다. 업무용으로 할랄간장, 할랄된장, 할랄치킨 등이 호텔과 외식산업 분야로 확산되고 있다.

라토쿠는 2014년 12월 할랄식으로 전면 개장해 말레이시아 JAKIM으로부터 인증을 받고 일본할랄협회(오사카시)로부터 할랄인증을 취득하였다. 다시마와 간장을 베이스로 한 할랄 카레를 개발하여 일본 외식점 최초로 할랄인증을 획득하였다.

음식점의 고객응대 사이트를 운영하는 주식회사 ROI Co., Ltd.(도쿄 신주쿠)는 2014년 9월 무슬림을 위한 구르메사이트인 Halal Navi를 개설하였다.

일본 업소용으로 공급할 마요네즈를 JAKIM으로부터 인증을 받았다. 또한, 2014년 10월 두부와 기름에 튀긴식품을 대상으로 일본에서 처음으로 할랄인증을 취득한 두부전문기업 코시아나식품(우쯔노미아)은 단단하게 만들기 위해 응고제와 젤라틴을 사용했으나 젤라틴을 돼지고기 대신 물고기에서 추출한 젤라틴으로 대체하였다. 이에 따라 호텔 및 레스토랑에서 할랄인증 두부를 공급해 달라는 요청이 많다.

일본이 성장 중인 할랄식품 시장에 주목하면서 적극적인 시장 공략에 나서고 있으며, '제2회 할랄마켓페어'가 2015년 4월 도쿄빅사이트에서 개최되기도 했다.

이 행사는 이슬람 음식 관련 비즈니스 전문 전시상담회로 인도네시아·중동 시장과 일본 내 이슬람 시장개척을 목표로 하고 있다. 2014년 3월에 열린 1회 상담회에는 식품, 식자재, 조미료, 음료, 식기·조리기구 등의 분야에 31개 업체가 출품했고 21개 인도네시아 업체가 바이어로 초청되어 198건의 무역 상담이 이루어지기도 했다. 2015년에는 규모가 더욱 늘어나 인도네시아 외에 아랍에미리트, 바레인 등 해외 10개국 바이어가 참가하였으며, 일본정부는 2013년부터 할랄인증 획득 지원 등을 통해 이슬람 소비자와 일본음식·식문화를 연결한다는 '쿨재팬 할랄 프로젝트'를 실시하면서 매년 사업규모를 확대하고 있다.

일본은 할랄인증 확대를 위해 일본할랄협회, 일본아시아할랄협회, 일본무슬림협회, 일본이슬람문화센터, 이슬라믹센터 등의 단체가 활동 중이다.

현재 일본에서는 이슬람 신자인 '무슬림'을 대상으로 하는 할랄 도시락 배달 서비스가 인기를 끌고 있다. 일본 아세라쿠상사가 운영 중인 '할랄 델리'는 홈페이지와 팩스를 통해 할랄 도시락을 주문받아 도쿄도 내 23구 지역에 배달하고 있다. 도시락 종류는 일식 도시락, 고급 일식 도시락, 말레이시아 도시락의 17가지에 이른다.

주요 고객은 회사 안이나 거래처에 이슬람 신자가 있는 기업과 이슬람권 관광객을 상대하는 여행사 등이다.

일본 아세라쿠상사는 당초 한 달에 200명 분 정도의 수요를 예상했으나 500명 분 이상의 주문이 밀려들어 도시락을 공급하는 계약식당을 늘리고 서비스 지역도 도쿄 외에 다른 도시로까지 확대하고, 이 같은 할랄 도시락 수요의 증가는 일본 정부의 동남아 관광객에 대한 비자 완화의 효과가 크게 작용한 것으로 보인다.

일본정부는 중국과의 센카구 열도(중국명 댜오위다오) 영토 분쟁으로 인한 중국인 관광객 급감에 대응하기 위해 2013년 7월 1일부터 동남아시아 5개국에 대한 비자 면제·완화 조치를 시행하여 이에 힘입어 2014년 11월 말까지 일본을 찾은 말레이시아와 인도네시아의 관광객 수는 각각 21만명, 13만 5000명으로 전년 동기 대비 42.0%, 12.7% 증가했다.

일본 내 이슬람 신자는 약 11만 명에 불과하며 아직 모스크(예배소) 등, 이슬람식 생활에 필요한 시설이 부족해 이슬람 관광객들도 불편을 겪고 있다. 하지만, 최근에는 이런 불편을 개선하려는 움직임이 활발하다. 이슬람에 대한 이해를 돕기 위한 연구회가 일본 각지에서 열리는가 하면, 모스크도 늘어나 현재 도쿄에 9개 등 일본 내에 약 80개가 설치돼 있다.

이슬람 신자인 유학생이 증가하자 일부 대학에서는 학생식당에 할랄 메뉴를 추가하고 예배장소도 마련하는 등 편의를 제공하고 있다.

이렇게 시장 여건이 성숙되면서 향신료, 양고기와 할랄육, 콩 등 할랄 식자재를 수입해 인터넷에서 판매하는 PADMA 할랄푸드, 할랄스토어 등의 통신판매 전문점과 할랄 관련 컨설팅업체들이 속속 생겨나고 있다.

'일본의 상품과 서비스는 품질이 좋고 안정적'이라는 국제적인 인식이 '입에 넣어도 안전하다'는 할랄의 생각과 맞닿으면서 '일본은 할랄하기 좋은 나라'로 평가받고 있다. 이에 따라 이슬람국가에 진출한 일본 식음료 기업들의 움직임이 두드러지고 있다.

아리무라는 지난해 인도네시아산 어묵을 가공해 튀김을 생산하기 시작했는데 이슬람지도자회의(MUI)의 할랄인증은 물론, 해썹(HACCP) 인증까지 획득했다. 또 토리도루는 지난해 자카르타에 우동 전문점 1호점을 개점하고 오는 2017년까지 인도네시아에 40개 점포를 개점할 계획이다.

레인즈인타는 불고기 메뉴로 미국, 대만, 캐나다, 홍콩, 태국, 필리핀 등지에 총 41개 점포를 개설하면서 2007년에 싱가포르, 인도네시아, 말레이시아에서 할랄인증을 땄다. 젠쇼라는 음식업체의 경우 말레이시아에서 규동 할랄 레스토랑을 운영 중이다. 조미료를 생산하는 큐피 역시 말레이시아 인증 획득을 계기로 2010년부터 현지에서 할랄 마요네즈를 만들고 있다.

에사키글리코는 1970년 태국에 진출한 이래 포키, 프리츠 등 과자류를 생산하고 있는데 인도네시아, 말레이시아에 본격 진출하기 위해 상호 인증국인 태국의 할랄인증을 획득했다.

이온그룹은 말레이시아에서 자체 브랜드(PB) 제품을 개발해 판매 중이며, 식품 조미료회사인 아지노모토는 인도네시아 할랄인증을 딴 조미료 '마사코'를 만들면서 인도네시아를 할랄식품의 공급기지로 삼아 중동 및 북아프리카 진출을 확대하고 있다.

유산균 음료 생산업체인 야쿠르트의 경우, 1998년의 인도네시아에 이어 2004년에는 말레이시아에서도 할랄인증을 취득했으며, 전 일본항공(ANA)은 2015년 하반기부터 중동 국제선에 할랄 기내식을 투입하기 시작했다.

② 일본 할랄식품의 중동진출 사례

유기농식품 전문기업 무소는 2011년 UAE 아부다비에서 개최된 종합식음료 박람회 Sial Middle East 2014에 참가하였다.

무소의 현지 파트너 회사 본사이 그룹과 공동으로 참가해 무소 할랄제품인 카스테라, 센베이, OSUYA 긴자의 디저트 식초 시리즈, 식초 소프트크림, 츠지리헤이 본점의 말차, 녹차, 녹차 크런치 등을 소개하였다.

③ 일본 내 인증기관 현황

일본 내 인증기관은 종교단체 및 NPO법인 등으로 구성되어 있으며, 이 외에 일반 컨설팅업체를 통해 업무대행을 하고 있으며, 정부 혹은 정부기관에 의한 인증 및 인증대행은 없다.

■ 인증소요비용

항 목	계약 전	계약 후
계약료	20만엔	-
갱신료(1년간)	-	10만엔
증명서 발행 수수료	1만엔	-
추천장(1통당)	1만엔	1만엔
ICJ할랄·로고발행료(스티커 1매당)	2만엔	-
추가스티커 대금	-	사전 협의 요

■ 일본 내 할랄인증기관과 공인현황

일본 내 할랄인증기관	인도네시아 (LPPOM_MUI)	말레이시아 (JAKIM)	싱가폴 (MUIS)	UAE
종교법인 일본무슬림협회	향료, 가공식품 공인	공인	공인	-
NPO법인 일본할랄협회	공인신청중	공인	공인	-
종교법인 일본이슬람문화센터	-	-	-	소고기 인증발행기관등록
종교법인 이슬라믹센터재팬	-	-	-	소고기 인증발행기관등록
NPO법인 일본아시아할랄협회			공인	-
일반사단법인 HDFJ	신청중	-	-	-
말레이시아 할랄 코퍼레이션	-	신청중	-	-
큐슈이슬람 컬쳐센터	도축 공인	검토중	-	

④ 일본의 할랄인증 조건

- 할랄 제품생산 체제구축 및 할랄 플랜 작성
- 제조·생산과정에 가공되는 모든 원재료가 할랄성이 확인되는 것만 사용
- 할랄 서플라이체인 준수
- 사내 이슬람교도, 또는 비교도라도 협회에서 제공하는 할랄 관리자 트레이닝을 수료하고 할랄 관리자로서 취업해야 한다.
  인증취득으로부터 2년 이내에 이슬람교도 고용이 요구되고 있다.
- 화물승하강기, 제조라인, 품질관리, 창고, 배송 관련 HACCP, GHP, ISO9000, GMP 기준(또는 동등한 것)에 준하는 시설을 구비해야 한다.

-일본 이슬람센터 할랄 로고-

⑤ 할랄인증 절차

① 신청서제출→② 서류심사(제조 할랄성 판단)→③ 계약체결→④ 견적서(각 업종별 구체적인 플랜에 준한 견적)→⑤ 납부→⑥ 제1차 감사(회사·제조라인)→⑦ 개선사항(CAP : Corrective Action Plan)→⑧ 제2차감사(개선 사항에 대해 일정 기한 내에 개선을 실시 한 후, 재감사에 의한 감사, 2회째 감사 불합격시 3회째 감사 실시)→⑨ 인증 : 할랄 심의위원회에서 심사 후, 합격시 할랄인증서 발행

⑥ 기타 사항

- 할랄 로고는 시리얼 넘버(serial number)로 관리
- 신청에서 인증까지 2~3개월 소요
- 할랄인증서는 발행일로부터 1~2년간 유효(※인증별로 상이)
- 할랄제품, 서비스의 신뢰성을 위해 인증취득 기업은 최저 2명(생산라인 1명, 관리 1명) 이상 할랄관리자자격을 취득한 종업원 취업 필요하며, 할랄위원회 설치 및 년 2회 이상 할랄위원회 개최 필요.(인증 취득 후 2년 내 무슬림 교도 고용 필요)

〈일본 이슬람센터 홈페이지〉

⑦ 정부지원 현황

- 일본 농림수산성 사업내역('14년)
  - (설비지원)수출대응형시설 정비(강한 농업만들기 교부금)
  - 할랄 대응형 식육시설 정비에 관해 사업비의 1/2 보조금 지급

[사례]

식육가공회사 젠카이미트(쿠마모토 소재)(http://zenkaimeat.jp/). 2014년 12월 7일 인도네시아 MUI 인증 획득. 2014년 12월 19일 일본 최초 인도네시아 할랄 인증 방식으로 도축된 소고기 수출(1.2톤) (※수출액 미공개)

- 후생노동성의 인도네시아 식육수출우유 취급요강 첨부 참조
- (인증지원) 할랄인증 취득비용 지원-할랄인증 취득에 필요한 비용(인증비용, 컨설팅비용)의 1/2 보조금 지급, (기타) 각국의 규격기준·규제정보에 관한 정보수집, 현지 상담회 등 개최(JETRO)

■ 생산현황

- 일본 농림수산성 면담결과, 할랄식품 생산품목에 대한 구체적인 실적은 취합되지 않고 있는 실정. 국내 인증기관도 인증내역은 관리하고 있지만, 각 업체별 수출실적은 관리하고 있지 않음.
- 일본 대기업의 경우, 현지생산 위주로 인근 국가에 판매를 위해 각 해당국가의 할랄인증을 취득하고 있는 것으로 파악되고 있음.
- 큐피, 아지노모토 등이 선두기업으로 현지공장에서 생산되는 가공식품, 조미료, 소스류, 음료, 과자, 향료 등의 판매를 위해 할랄인증을 획득. 일본의 해외공장 생산공장 중 약 44건의 해외 할랄에 등록 MUI(인도네시아) 20개, JAKIM(말레이시아) 12개, CICOT(타이) 5개, MUIS(싱가포르) 4개, IDCP(필리핀) 1개, IFANCA(미국) 1개, HELALDER(1개)/※미츠비시 UFJ 리처치 컨설팅 조사('15.1)

■ 소비현황

- 일본 내 무슬림 인구는 약 20만 명으로, 연간 약 23만 명 이상의 무슬림 관광객이 방문하는 것으로 추산(농림수산성)
  ※ 농림수산성에 따르면 일본 내 무슬림에 대한 할랄 대응의 필요성이 최근에서야 부각이 되고 있는 실정으로 소비실태도 파악되지 않고 있음

- 일본 내 할랄 대응 레스토랑은 전국에 56점포(도쿄 46점포)이며, 병원의 할랄음식 공급도 1개소만이 대응하고 있는 실정.

    ※요도가와 기독교병원(http://www.ych.or.jp/about/kodawari/meal/)
- 오사카시 히가시요도가와에 위치한 병원으로 2012년 7월. 조리장에 말레이시아인증조직으로부터 할랄인증 취득. 전용 키친을 설치. 연수를 받은 조리사, 영양사 등 약 20명이 할랄식 대응을 하고 있음. 식재료 조달은 도쿄 레스토랑으로부터 공급.
- 농림수산성에 따르면 자체적으로 대응하고 있는 병원이 있을 것으로 추정되나 구체적인 조사나 자료는 없음.

■ 언론에 노출된 일본전통식품 할랄등록 현황 (2014년 4월)

상품명	업체명	수출현황	이미지
할랄 고이쿠치 간장	치바간장㈜	• 해외 미진출(상담중) • 일본 국내 호텔 및 무슬림의 관광투어 등이 있을 때, 외식점에 단기 납품 • 비행기 기내식으로 사용	
특급간장 이니시에 본양조간장 폰즈간장(간장식초)	㈜후쿠오카간장	• 싱가포르 및 두바이에 소량 수출 -싱가포르 : 소매 및 외식점 -두바이 : 호텔	
고이쿠치 간장 멘츠유 데리야키소스	㈜마루주오오야	• 해외 미진출(상담중) • 라쿠텐(온라인)에서 판매중	
무첨가 된장	히카리된장㈜	• 말레이시아 및 싱가포르를 중심으로 수출중(중동지역에서도 문의 있음) • 일식레스토랑 및 아시아계 식재료 슈퍼 등을 중심으로 납품하고 있으며, 일부 현지 레스토랑에도 납품	
HL무첨가 흰/적(10kg)	마루코메㈜	-미확인-	

<일본의 할랄 굴 카스테라를 소개>

<할랄 센베이>

(7) 미국(USA)

① 미국 할랄의 개요

인구 17억 명 규모로 세계에 분포되어 있는 무슬림 시장이 미국에서도 매력적인 시장으로 부상하고 있다. 풍부한 자원을 기반으로 한 경제력, 왕성한 소비성향 등은 무슬림 시장의 장점이라는 것이다. 이슬람은 다산을 미덕으로 여기는 문화로 인해 출산율이 높으며 무슬림으로 개종하는 인구 또한 증가 추세이다. 무슬림은 주로 중동, 동남아시아, 아프리카에 밀집되어 있지만, 독일(407만명), 프랑스(335만명), 미국(245만명), 영국(165만명) 등, 서구지역에서도 빠른 속도로 증가하여 2025년에는 전 세계인구의 30%를 차지할 것으로 예상하고 있다.

-미국 할랄 로고-

② 미국의 할랄식품 이해

무슬림들의 음식에 관한 기본철학은 미국에서도 알라를 경배할 수 있도록 건강한 신체를 보전하기 위한 것으로 허락되는 음식과 금지하는 음식을 엄격히 구분하여 크게 두 부류로 나뉜다고 알고 있다.

허락 음식(할랄-halal) : 다비하 과정을 거친 소, 양, 염소, 사슴, 낙타, 닭 및 각종 해산물, 과일과 야채 등의 음식이다.

금지 음식(하람-haram) : 다비하 과정을 거치지 않은 고기, 돼지, 피, 제사음식, 술 등의 음식이다.

이슬람은 율법적으로 알코올을 금지하기 때문에 커피, 차 문화가 발달했다.

할랄식품 규정으로 인해 비 무슬림 국가들의 수출품 원료와 성분이 변경되거나, 전통 식품의 주재료나 성분을 바꾸는 경우도 발생하고 있다. 즉, 한국의 주요 수출품목인 쇠고기 분말스프가 들어간 라면, 돼지의 젤라틴이 들어 있는 초코파이, 요거트 등이 할랄식품 규정으로 인하여 원재료를 변경했으며, 프랑스를 비롯한 유럽의 주요 수출품목인 햄버거나 샌드위치의 주재료가 베이컨에서 훈제 칠면조 고기 등으로 교체했다.

뵈르주아(북아프리카 지역 출신 젊은이를 뜻하는 뵈르(beur)와 부르주아 합성어)가 타깃인 할랄식 햄버거는 미식가에게 인기를 끌고 있으며, 음식에 대한 까다로운 검열이 의약품, 화장품에까지 확대 적용되면서 최근의 친환경 소비 트렌드와도 부합하고 있다. 따라서 알코올 성분을 배제하고 천연원료를 사용한 무슬림 전용 화장품이 출시되어 인기를 끌고 있다.

친환경·자연 화장품의 수요 증가 추세 속에서 비 무슬림계 여성들도 할랄 미용용품에 관심이 증폭되고 있으며, 친환경주의자, 채식주의자들에게도 호응을 얻으며 시장이 확대되고 있다.

③ 미국 내 무슬림 연황

공식적인 무슬림 통계조사는 아니지만, 미국 종교설문협회(ARIS)는 현재 미국내 이슬람교인이 200만 정도로 추정하며, 이슬람-미국인 관계위원회(CAIR)에서 700만명으로 추산되는 수치를 발표해 이에 따라 그 수는 200만에서 최대 1000만까지로 추산하고 있다.

도시로는 뉴욕, LA, 시카고, 디트로이트 순이고, 주별로는 캘리포니아, 뉴욕, 일리노이, 뉴저지, 인디애나 등이 상위 5위를 차지하고 있다.

미 국무부는 전체 무슬림 중 아랍계를 포함한 백인(37%), 흑인(24%), 아시안(20%), 히스패닉(4%) 순으로 분석했다. 그 중에서 남성(54%)이 여성(46%)보다 많았고 대다수인 65%가 1세 이민자였다. 연령 분포는 30~49세 사이가 48%로 절반 가까이를 차지했으며, 10명 중 7명이 넘는 77%가 시민권이며, 학력은 양극화 현상이 뚜렷함을 보이고 있는데, 고교 졸업장이 없는 무슬림(21%)이 미국 평균(16%)보다 높았고, 박사학위 이상 소유자도 무슬림(10%)이 미국 평균(9%)보다 높았다. 연수입 역시 19%로 미국 평균 16%보다 상회했다. 이에 대해 국무부는 전문직에 종사하는 무슬림이 집중되어 있기 때문이라고 분석했다.

Halal Food Buyer Guide

*Not all products of companies listed are halal certified. Look for halal certification symbols (for example, the Islamic Food and Nutrition Council of America uses (M) to indicate halal certification). You can also ask the manufacturer to provide their actual halal certificate. Some companies post their actual halal certificates online; make sure these certificates are current and not expired. For meat products, ask for batch certificates.

Category	Company*
Bakery Products	American Bakery Products
	Kontos Foods, Inc
	Olympia Food Industries
	Sara Lee Bakery
	Pita Pan Old World Bakery
Beverages and Concentrates	Big Train Inc
	China Mist Tea Company, USA
	International Coffee Bean and Tea Leaf, USA
	Javo Beverage Company
	Monin, Inc
	Super Pufft Snacks Corp., Canada
Candy/ Chocolate/ Cocoa	Asti Holdings Ltd, Canada
	Brown & Haley, USA
	Lang's Chocolates
Dairy	Cabot Creamery
	Pine River Cheese & Butter Co-op, Canada
	Mariposa Dairy, Canada
	Salerno Dairy Products Ltd., Canada
Desserts	Love and Quiches Desserts, USA
Food Products	Al Safa Halal, Inc., Canada
	Bakery Chef, Inc., USA
	Birds Eye Foods, Inc., USA
	Lamb Weston (ConAgra Foods)
	Enjoy Life Natural Brands
	J&M Food Products Company, USA
	McCain Foods USA, Inc., USA
	My Own Meals, Inc., USA
	Nonni's Food Company, USA
	Super-Pufft Snacks Corp., Canada

IFANCA halal-certified products are sold at the following retail outlets:
1) Restaurant Depot
2) Costco
3) Whole Foods
4) Jewel-Osco
5) Wal-Mart
6) Meijer

〈미국 이슬람 식품, 영양위원회(IFANCA) 할랄푸드 바이어 가이드〉

출처 : http://gulfnews.com

④ 미국 내의 무슬림 시장 진출 및 한계

할랄식품의 주요 시장은 중동, 동남아 지역이지만 유럽과 미국도 큰 시장이다. 이미 네슬레(Nestle), 테스코(Tesco), 맥도날드(McDonald) 등 다국적 기업은 할랄시장의 중요성을 파악하고 시장 점유에 나서고 있다. 특히, 스위스의 네슬레는 1980년대부터 할랄 전담분야를 두고 있고, 인구의 60%가 이슬람인 말레이시아의 테스코는 할랄 고기와 비 할랄 고기 코너를 분리해 판매하고 있으며, 호주, 인도, 파키스탄 등의 맥도날드에서는 할랄인증이 된 재료를 사용한다.

할랄 식품은 '생산, 가공, 제조, 출하'까지 가이드라인에 의해 생산된 제품이라는 할랄인증 마크인 할랄로고를 부착하고, 국제적인 위생표준에 따라 생산, 수출되고 있어 비 무슬림들도 할랄식품 이용이 증가하고 있는 추세이다.

하지만, 일반 제품과 따로 구분하여 진열하는 점과 특히 신선 육류의 경우, 일반 육류와 구분해야 한다. 반드시 무슬림이 가공·제조하고, 할랄인증 육류와 제조기기 역시 따로 구비해야 하는 등의 제약 조건이 있어 일반인들에게 널리 구매하게 하는 데는 한계를 가지고 있다. 그러나 여러 제약 조건에도 불구하고 까다로운 제조과정 때문에 깨끗하고 안전한 식품이라는 이미지로 웰빙식품이 대세인 세계적인 트렌드에도 어울리는 식품으로 재인식되고 있다.

(8) 캐나다(Canada)

캐나다 최대 육류가공업체 중 하나인 Maple Lodge Farms는 1990년부터 할랄인증을 받았으며, 2003년 중반부터 'Zabiha Halal'이라는 자체 브랜드를 개발, 70%의 냉동가공식품과 30%의 비 냉동식품을 생산·판매하고 있는데, 지난 3년간 Zabiha Halal의 수익은 매해 두 자리 수를 상회하는 것으로 알려졌다.

할랄식품에 대한 관심이 고조됨에 따라 식품의 처리과정은 Halal Monitoring Authority(HMA)의 입회 하에 처리과정이 검사된다.

코셔와 할랄은 그 가공, 처리방식의 차별화일 뿐 소비자군의 차별화는 없기에 비 유태/이슬람권의 소비자들 또한 높은 가격에도 불구 그 판매가 증가하고 있는 상황이다. 정확한 수치를 측정할 수는 없지만 식품업계 관계자에 따르면, 비 유태/이슬람계열 소비자들의 할랄 식품 소비량이 연간 두 자리 수 이상의 성장을 보이며 급증하고 있다.

① 캐나다의 할랄시장 동향

캐나다 식품업계는 광우병 파동과 소비자 건강에 대한 인식 증가로 초래되는 환경변화에 대응하기 위한 전략을 수립 중이며, 코셔와 할랄의 관심도가 급증함에 따라 할랄 식품류의 판매를 늘리고 있는 것으로 판단된다. 현재 대두되는 점은 코셔, 할랄의 높은 가격대 형성이고, 이는 정밀하고 정확하며, 복잡한 처리과정에 있어서 피할 수 없는 현실이나 소비량 증가에 따라 가격대도 역시 하향 추세로 변할 수 있을 것으로 전망된다.

현재 캐나다 내에서는 인증되지 않은 식품에 "코셔식" 혹은 "할랄식"이라고 등록하는 것을 연방법으로 금지하고 있으며, 이는 식품업계가 판매시 고려해야 할 중요한 사항이다.

코셔와 할랄은 비단 음식일 뿐만 아니라 종교와 문화와도 직결된 사항이니만큼 관련 업체들의 조심스러운 접근이 필요하다.

한국의 식품수출업체들 역시 캐나다 식품산업 중 하나인 코셔와 할랄식품의 판매동향을 예의 주시하며, 캐나다 식품산업 트렌드에 따른 관련제품 개발에 대한 노력을 병행한다면 틈새시장 진출이 가능할 것으로 보인다.

Chap.4 한국(KMF)의 할랄인증

1. 한국의 할랄식품 시장동향

무슬림이 소비하는 식품에 할랄인증 로고가 표시되지 않으면 판매가 제한적일 수밖에 없다. 비 무슬림들도 역시 할랄인증 제품은 깨끗하고 안전한 식품이라는 인식이 높아지면서 전 세계적으로 할랄인증에 대한 긍정적인 시각이 확산되고 있다. 한국제품을 이슬람지역에 수출하기 위해서는 수출대상국 또는 해외의 메이저급 할랄인증을 받아 시장개척의 활로를 삼아야 한다.

국내에서 KMF를 통해 할랄인증을 받은 업체는 2013년 96개사 560개 품목이며, 2014년 6월말 현재 유효한 인증은 70개사에 200여개 품목이다.

할랄인증 획득 수출성공 사례

풀무원은 1981년에 설립된 신선식품을 전문으로 생산하는 기업으로 시작하여 현재 동남아 및 오세아니아 지역 등 24개국에 수출하고 있다. 말레이시아 (JAKIM)로부터 '라면(자연은 맛있다)'에 대한 할랄인증을 받아 수출하고 있으며, 말레이시아에 라면, 김밥세트, 떡볶이, 우동 등을 출시하여 시장조사를 실시한 결과 할랄인증이 필수적인 사항으로 파악되었다.

말레이시아 소비자들은 약 91% 이상이 시식전에 할랄인증을 확인하였으며, 할랄인증이 없으면 시식조차 하지 않았다.

〈풀무원의 자연은 맛있다 라면〉

※출시제품 중, 라면과 김밥세트의 구매 비중이 44% 및 37%로 가장 높았다.

■ 할랄인증 획득과정

라면의 할랄인증을 받는 데는 6개월로 예상했으나 실제로 1년 7개월이 소요되었으며, 2013년 7월 풀무원의 자연은 맛있다 라면으로 할랄인증을 획득하였다.

라면스프에 함유된 다양한 원료 및 첨가물과 비할랄식품은 할랄식품과 구분 보관하여야 하므로 할랄인증을 취득하기가 매우 까다로웠으나, 당시 식품공장을 신축할 계획이어서 할랄인증을 받기에 시기적으로 적당하였다.

■ 할랄인증 획득의 효과

할랄인증을 받은 '자연은 맛있다 라면'에 대한 소비자 반응이 좋아 말레이시아 시장에서의 성장 잠재력을 확인하였다.

할랄인증을 받기 전 하루에 0.8~2.4개가 팔렸으나 인증 후에는 28~29개가 팔렸다.(현재 풀무원은 11개 매장을 현지에서 운영 중이다.)

풀무원의 할랄인증은 현지 로컬브랜드와 경쟁하기 위한 자격을 확보했다는 의미로 생각하고 향후 다양한 마케팅 전략을 수립중이다.

■ P사의 '자연은 맛있다' 라면의 할랄인증 획득 전/후 판매량 비교(HR : 1일 판매량)

구 분		2011년(할랄인증 전)	2014년(할랄인증 후)
A매장	총판매량(개)	94	2,515
	HR	0.8	29
B매장	총판매량(개)	261	2,918
	HR	2.4	28

■ 국내기업 할랄인증 획득 사례(2014)

업체		분야	인증연월	인증기관
식품	대 상	마요네즈	10. 12	인도네시아 MUI
		김, 옥수수유, 당면, 물엿	12. 01	
	농 심	신라면 등 면류	11. 04	한국이슬람교중앙회
	파리바게트	-	12. 12	한국이슬람교중앙회
	CJ제일제당	햇반, 조미김, 김치(30개 품목)	13. 03	말레이시아 JAKIM
	크라운제과	죠리퐁, 콘칩(4개 품목)	13. 05	싱가포르 MUIS
	풀무원	라면	13. 07	말레이시아 JAKIM
	전남 고흥군	유자식품	13. 07	말레이시아 JAKIM
	아워홈	국, 탕, 김치, 면, 떡, 어묵, 장류, 두부 등	13. 06	제품 개발 및 연구
	동아원	제분 1등급(87개 품목)	13. 08	말레이시아 JAKIM
축산	남양유업	멸균초코우유	11. 10	말레이시아 JAKIM
	네네치킨	양념치킨소스, 오리엔탈 파닭소스 (11개 품목)	13. 04	한국이슬람교중앙회
	교촌치킨	-	13. 08	할랄인증 획득을 위한 컨설팅 계약

2. 한국이슬람중앙회(KMF) 할랄인증

(1) KMF 할랄인증 신청

① 구비서류
- 할랄인증 신청서(회사의 내부공문, 대표자 직인/날인 필수)
- 사업자등록증
- 공장등록증
- 성분분석표 또는 품목제조 보고서(성분분석 내역 포함)
- 제조 공정도
- 생산허가서 또는 영업허가서(신고증)
- HACCP, GMP, GHP, ISO 등의 인증서가 있을 경우 사본
- 인증 신청제품의 샘플

② 원료표시 방법
- 원료의 세부원료, 세부원료의 기원(동물, 식물, 광물의 이름과 식품첨가제의 경우 기능을 표시하여야 함.)을 표시해야 함.
- 할랄인증 표시가 없는 동물성 원료나 성분은 일체 할랄로 인정하지 않는다. 국외에서의 수입은 할랄인증서와 함께 수입된 동물성 원료 및 성분은 할랄로 인증함.
- 동물성이라도 수산물은 모두 할랄로 인증함.
- 알코올과 바닐라향은 0.5% 이내, 카민 또는 코치닐 색소는 0.6%까지 할랄식품으로 허용함.

〈할랄제품 신세계푸드-라면〉

Part 4

코셔식품인증실무

KOSHER Certification Practice

 **코셔(Kosher) 개요**

1. 코셔(Kosher)란

코셔(Kosher)란 히브리어 카샤룻(kashrut)의 영어식 단어로써 '합당한', '적당한'이라는 뜻을 가지고 있으며 유대교에서 음식이나 식기에 대한 율법을 말한다. 반대로 트라이프(Traif)는 먹을 수 없는 음식이나 사용할 수 없는 식기를 말한다. 이는 식재료나 조리방식 및 설비 등에 대한 규정은 유대교의 가르침을 담은 토라(Torah)에 근거하고 있다.

> '토라'는 율법서를 가리키며, 구약성경은 율법서인 토라와 예언서 그리고 성문서로 구성되어 있다. 이 중에서 가장 중요한 책이 토라이다. 토라는 곧 모세 오경인 '창세기', '출애굽기', '레위기', '민수기', '신명기'의 다섯 권의 책을 말하며, 좀 더 넓은 의미에서 성경말씀 전체를 가리키기도 한다. 그러나 유대인들에게 있어 성경 전체란 오로지 구약성경만을 가리킨다. 따라서 히브리어의 토라는 모세 오경 혹은 구약 전체를 가리키는 말로 사용된다.

※ 코셔(Kosher) 성서, 탈무드, 유대교 경전에 기록된 전통관습으로 약 3천년 이상의 역사를 가지고 있다.

카샤룻(kashrut)은 특정음식의 코셔 해당 여부뿐만 아니라 음식의 혼합이나 먹는 순서의 금기와 허용에 대해서도 매우 세세하게 규정하고 있다. 일반적인 기준에 의하면 채소와 과일은 창세기 1장 29절에 근거하여 모두 코셔이다.

- 유제품이나 육류 중 어느 하나와 섞어 먹어도 무방하다.
- 어류는 지느러미와 비늘이 있어야 코셔이다. 따라서 지느러미는 있으나 비늘이 없는 미꾸라지, 지느러미와 비늘이 모두 없는 문어나 오징어, 새우, 굴 등의 갑각류는 코셔가 아니다.
- 조류의 경우 닭, 칠면조, 집오리, 비둘기 등의 가금류는 코셔이지만, 야생조류와 독수리, 매 등의 육식성 조류는 코셔가 아니다.
- 새의 알도 코셔 조류의 알만 코셔이며, 비록 코셔 조류의 알이라도 알 속에 피가 비치면 코셔가 아니다.
- 육류의 경우 되새김 위가 있고 발굽이 갈라진 동물은 코셔이다. 따라서 소, 양, 염소, 사슴 등은 되새김 위가 있고 발굽도 갈라졌으므로 코셔이지만, 말,

당나귀, 낙타 등은 되새김질은 하나 굽이 갈라져 있지 않으므로 코셔가 아닙니다.

- 돼지는 굽은 갈라졌으나 되새김질을 하지 않으므로 코셔가 아니다. 또한, 코셔인 조류나 육류라 할지라도 유대교의 율법에 따라 도살하고, 소금을 사용하여 피를 제거해야만 한다. 소금을 쓰지 않고 불에 구워서 피를 제거하는 방법도 있다. 마지막으로 코셔인 육류라 할지라도 우유, 치즈 등 유제품과 함께 먹어서는 안된다.
- 카샤룻(kashrut)은 음식 뿐만 아니라 식기(食器)에도 적용된다. 코셔가 아닌 음식이 담기거나 닿았던 식기는 코셔가 아니므로 반드시 정화시켜 사용해야 한다. 그 방법으로는 끓는 물에 삶거나 더러워진 부분을 불로 지져 소독하는 것 등이 있다. 만약, 가연성 제품이라면 하루 동안 격리시켜 놓았다가 깨끗이 세척해야 하며, 육류와 유제품에 사용한 식기는 분류해서 각각 정화해야 한다.

〈코셔 마크〉

■ 코셔의 분류

구 분	항 목	조 건
코셔(Kosher)	육류	발굽이 둘로 갈라지고 되새김질을 하는 포유류(소, 양, 염소 등) 맹금류가 아닌 조류(닭, 거위, 칠면조
	유제품	위의 동물에서 추출한 유제품
	파르브	채소 및 과일류, 지느러미와 비늘이 있는 어류
비 코셔(Non-Kosher)	코셔가 아닌 식재료	위에 포함되지 않은 모든 식재료(맹금류, 곤충류 등)

2. 코셔 특이사항

① 육류와 유제품의 동시 섭취 금지 : 함께 곁들여서도 안 되며 하물며 고

기와 유제품을 같은 식탁에 놓는 것도 금함. 최소 6시간의 간격을 두고 섭취해야 함

② Kosher Passover : 패스오버 기간(유월절, 유대민족이 이집트의 속박으로 벗어난 것을 기념하기 위한 8일간의 축제기간)에 한해 독특한 코셔 규정이 존재

- 저녁에는 누룩이 없는 빵(Motzot)을 먹으며, 장자는 경건의 의미로 금식

③ Kosherizing : 조리기구를 코셔 음식 조리에 적합하게 만드는 과정, 보통 각종 조리기구를 고온으로 처리

3. 코셔시장

까다로운 '코셔' 인증 이스라엘 동포가 따냈다

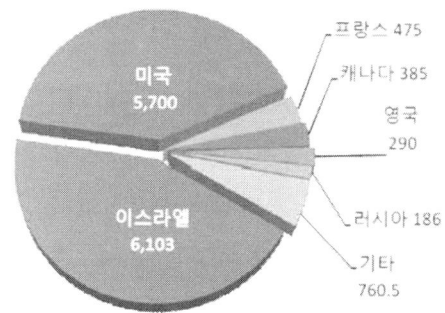

자료 : Sergio Della Pergola "World Jewish Population, 2012" The American Jewish Year Book(Dordrechl:Springer) p.212-283

- 세계 유대인의 96%가 이스라엘, 미국, 프랑스를 포함하는 10개국에 거주하며, 주요 서구권 국가의 식품시장에서는 약 40%에 달하는 제품이 코셔식품이며 시장규모는 약 2,500억 달러에 달할 것으로 추정
- 최근 코셔는 유대 율법에 국한되지 않고, 범용적으로 '깨끗하고, 안전한 식품'이라는 인식이 주를 이루고 있음.
- 미국 내 코셔 소비자는 1,235만 명으로 유대인 인구가 570만 명임을 감안할 때, 약 절반 이상이 비유대인 소비자인 것을 알 수 있음.
- 약 1,420만 명(2014년 기준)으로 세계 총인구 72억 4,400만 명 대비 0.2% 불과하지만, 코셔가 중요하다.

기관명	인증로고	기관 설명
Orthodox Union	Ⓤ	· 가장 널리 알려진 세계 최대의 코셔 인증기관 · 전 세계 80개 국가의 8천여 공장에서 생산되는 약 100만 개 제품의 인증 제공
OK Kosher	Ⓚ	· 세계적인 선도 코셔 인증기관 · 전 세계에 사무소를 두고 운영
Star-K Kosher Certification	☆	· 1947년 메릴랜드 볼티모어에 설립 · 국제적 인증기관
KOF-K Kosher Supervision		· 코셔법의 최고 기준을 충족하는 제품에 한 해 부착
cRc		· 1930년대 중반에 설립된 시카고 랍비 종단
KLBD		· London Beth Din, Kashrut Division · 영국 런던에 본사를 두고 있으며 현재 전 세계 60여 개국에 진출
MBD		· Manchester Beth Din · 영국을 포함한 유럽의 다국적기업과 지역 생산업체들과의 유기적 관계를 맺고 있고 인증 업무를 함 · 유대식 도축, 일반 상품의 코셔 인증을 진행함

[랍비청(The Chief Rabbinate of Israel)]
- 유대교 율법과 관련된 종교적 이슈를 다루는 이스라엘의 정부기관.
- 2명의 최고 랍비로 구성, 각각 코셔 식품 인증과 유대교 의식 행사를 담당.
- 이스라엘에서 수입하는 모든 코셔 식품은 랍비청을 거치게 되며, 코셔인증 마크가 제대로 인증을 받은 것인지, 해당 인증기관 랍비의 전문성은 어떠한지에 대한 검증을 함.

4. 코셔 인증 절차

[코셔 인증(육류 &. 와인) 주의사항]
- 모든 식품에 대한 코셔 인증절차는 유사하지만 육류 및 유제품과 와인, 포도 음료에 대한 인증은 엄격한 규칙을 두고 있어 기타 식품보다 인증이 까다로움.

① **육류**

유대교 율법에 따라 허용된 동물만 섭취 가능함. 동물은 유대교 식품 규정에 따라 도축되어야 하며, 동물의 부위 중에서도 꼬리, 허리근육, 지방과 같이 비 코셔 부위가 정해져 있음.

② **와인**
- 와인 생산은 '특별 일'에 이루어지는데 이 시기에 수확된 포도의 포도송이를 정확하게 분리하여 와인 생산에 이용함.
- 코셔 인증 심사관은 포도 원료부터 와인 제조 전체 과정을 검사하며, 특히 Hamshacha를 집중적으로 검사함.
- Hamshacha에 비 유대인이 참여하면 코셔 불합격 처분을 받음. 유대인이 압축, 발효, 스탠드화, 제품 컨트롤에 필요한 시음을 진행해야만 함.
- 저온살균과 인공발효를 위해 외부 효소를 첨가할 시에도 코셔 효소만을 사용해야 함.

※특별 일(Yamimnoraim) : Roch Hachana(유대교의 새해)와 Yom Kippour (속죄의 날, 새해로부터 열흘째 되는 날) 사이의 10일
※Hamshacha : 포도껍질과 즙을 분리하는 과정

[코셔 인증 유의사항]

① 코셔 인증을 위해서는 원재료 검열부터, 공장시설, 식재료 공정까지의 식품 생산과정 전반에 대한 철저한 점검이 이루어짐.
- 일반적으로 원재료에 육류나 유제품이 포함되는 경우에는 인증과정이 더욱 까다로워짐.
- 육류와 유제품을 동시에 취급하는 제조시설은 코셔인증 자체가 불가능.

② 코셔 제품생산을 하게 될 모든 시설 라인은 인증기관 랍비가 코셔화(Kosherizing)하는 과정을 거쳐야 함.
- 식품 제조업체가 한 공장 내 제조라인을 여러 개 보유한 경우, 비코셔 제품을 취급하는 라인이 포함되어선 안 되고, 식품제조 시설 전체가 코셔이어야 인증허가를 받을 수 있음.

③ 인증서 제출 시에는 반드시 코셔 인증서류 등을 제출 원재료 회사와 브랜드명, 해당 제품의 품명 및 제품코드가 기재된 해야 하며, 원재료에 비코셔 식품이 포함된 경우, 완제품의 코셔 인증은 불가능하며, 코셔 인증이 허가된 다른 대체원료를 사용해야 인증 받을 수 있음.

5. 국내 코셔 식품 인증 현황

- 국내에서도 대상 FNF의 종갓집 김치 제품, 청정원의 천일염 제품, 고려인삼공사의 후코이단 제품 등이 코셔인증을 받음.

- 현재, 한국지사가 있는 코셔인증기관 : OK Kosher, Star-K-Kosher.

- 최근 국내 식품업체들이 미국 수출 시 용이하고자 코셔 인증을 받으려는 노력을 하고 있음.

종가집, 김치업계 최초 '코셔' 인증마크 획득

기업/상품 2014. 12. 16. 13:04

대상FNF(대표 이상철) 종가집은 김치업계 최초로 북미와 유럽에서 식품안전 신뢰도 표준으로 여겨지는 '코셔(Kosher)' 인증마크를 획득했다.

코셔 마크는 위생과 건강 유지를 목적으로 하는 식사에 관한 유대 율법이 담긴 것으로, 최종 제품에 국한된 인증이 아니라 원재료부터 가공절차에 이르는 식품 제조 전체 공정에 부여된다.

대상FNF는 "엄격한 기준 때문에 코셔는 전세계적으로 웰빙 식품의 대명사로 간주되고 있으며, 또한 코셔는 이슬람 '할랄'의 상위 개념으로, 유대인은 무슬림들의 할랄 음식을 먹지 않지만 무슬림은 코셔 식품을 먹고 있어 전 세계 18억 무슬림도 코셔의 잠재적 소비자라고 할 수 있다"고 밝혔다.

대상FNF는 이번 코셔 인증을 통해 유대인, 무슬림뿐 아니라 채식주의자, 웰빙을 지향하는 약 2500억 달러 규모의 코셔 시장에 김치 제품을 수출할 계획이다.

대상FNF 하현옥 과장은 "우리 전통 발효식품인 김치가 세계적으로 인지도가 상승하고 있는 가운데 유대인들의 율법 인증 식품의 개념을 넘어 북미와 유럽에서 식품안전 신뢰도의 표준으로 여겨지고 있는 코셔 인증을 업계 최초로 종가집이 획득하게 되어 종가집 김치의 우수성을 알릴 수 있게 됐다"며 "이번 종가집 김치의 코셔 인증 획득은 1년 7개월의 노력의 결실인 만큼 이를 계기로 종가집 김치가 서구권 식문화에 가깝게 다가갈 수 있도록 앞으로 더욱 노력할 것"이라고 밝혔다"

코셔 인증마크

[코셔식품시장 진출가이드]

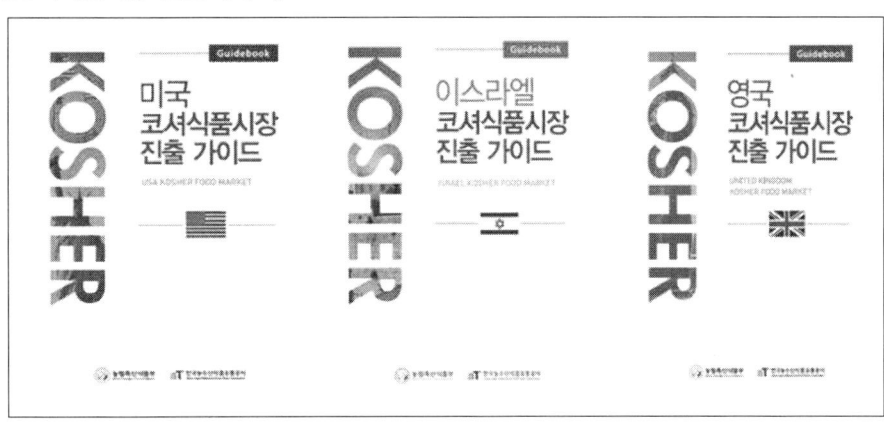

- 이스라엘 편은 랍비청 및 코셔인증 대표기관인 OU(Orthdox Union) 본사 담당자 인터뷰를 통해 코셔인증 절차, 인증 실패 사례, 유의사항 등 생생한 정보를 제공.
- 미국편은 코셔식품 소비자 분석, 코셔식품 박람회 등 정보를 제공하며, 영국편은 코셔 농식품 경쟁시장, 유통현황을 분석하여 한국식품 진출전략제시.

[코셔(Kosher)-할랄(Halal) 비교]

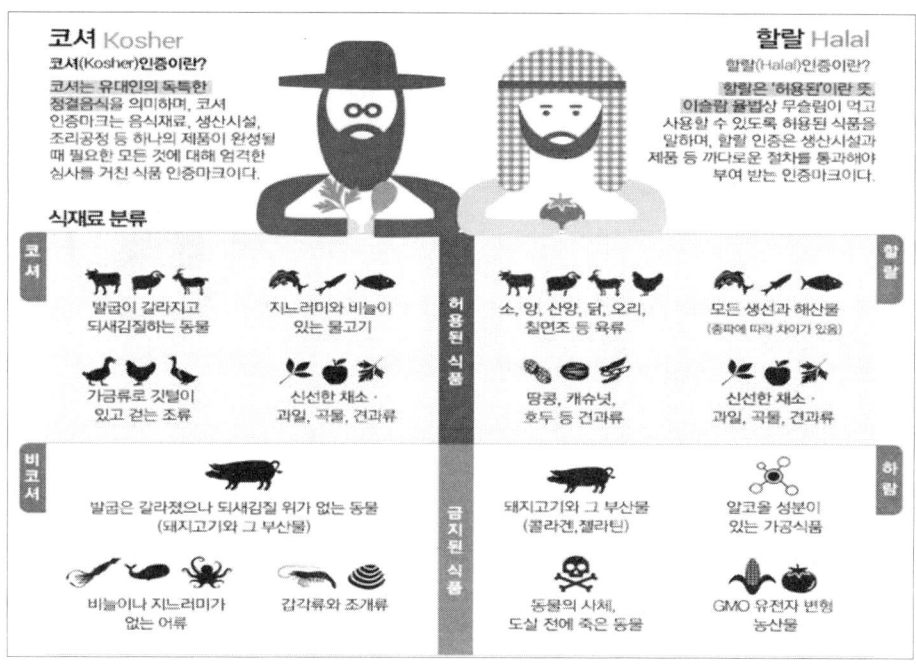

[코셔-할랄 공통점]

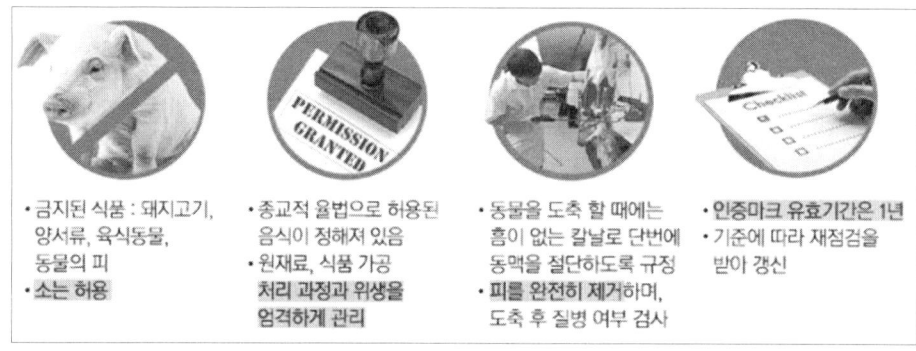

6. 코셔-할랄 인증요건 및 인증마크 및 인증요건

■ 코셔, 할랄, 채식주의 가이드라인 비교

내용	코셔	할랄	채식 주의
돼지, 돼지고기 및 육식 동물	금지	금지	해당 없음
반추동물, 가금류	숙련된 유대인이 도축	무슬림 성인이 도축	해당 없음
도축기도, 소리내기	도축장에 들어가기 전 기도, 동물마다 기도하지는 않음.	도축하는 동안 각 동물마다 기도	해당 없음
수작업 도축	의무사항	권장사항	해당 없음
기계 도축	금지	가금류의 경우, 감독하에 가능	해당 없음
도축 전 기절	간혹 허용	의식을 상실시키기 위해 허용	해당 없음
도축 후 기절	허용	허용 가능	해당 없음
육류에 대한 기타 제한	전체 중 네 부분의 앞쪽만 식용, 물과 소금에 담금	도체 전부를 식용, 염지 불필요	해당 없음
동물의 피	금지	금지	해당 없음
생선	비늘이 있는 물고기만 허용	대부분은 모든 생선 허용, 일부는 비늘이 있는 물고기만 허용	해당 없음

수산물	금지	허용 정도는 다양함	해당 없음
미생물 효소	허용	허용	허용
생명공학 유래 효소	허용	허용	허용
동물 효소	코셔 도축 효소만	간혹 허용	간혹 허용
돼지 효소	허용 가능	금지	간혹 허용
소 젤라틴	코셔 도축 동물만	할랄 도축 동물만	해당 없음
생선 젤라틴	코셔 생선만	모든 생선	해당 없음
돼지 젤라틴	개방적인 정통파 랍비만	금지	해당 없음
유제품, 유청	코셔 효소로 제조	할랄 효소로 제조	해당 없음
치즈 배양 공정	반드시 유대인이 첨가	제한 없음	해당 없음
알코올	허용	금지	허용
육류와 유제품 혼합	금지	해당 없음	해당 없음
곤충과 부산물	여치 허용, 부산물 금지	메뚜기 및 부산물 허용	부산물허용
식물성 물질	전부 허용	취하게 하는 알코올 금지	전부 허용
장비 소독	세척, 대기 시간 필요, 종교적 세척	철저한 세척, 대기 시간 불필요	철저한세척
특별 기간	유월절 동안에는 추가규정 적용	연중 동일한 규정	연중 동일한 규정

<참고문헌>

- 조선닷컴 인포그래픽스팀, 까다로운 식품 인증마크 '코셔와 할랄', 2015.05.27, http://thestory.chosun.com/site/data/html_dir/2015/05/26/2015052602682.html
- 해외식품인증 정보포털 , 코셔 식품시장의 이해, 2018.04.15, https://www.foodcerti.or.kr/node/142
- 식약일보, 이스라엘·영국·미국 코셔식품시장 정보, "코셔식품시장 진출가이드" 제작·배포, 2016.04.29, http://kfdn.co.kr/25930
- 박인웅, [메가 히트 상품 탄생스토리]대상 종가집 포장김치, 2018.03.29, http://www.metroseoul.co.kr/news/newsview?newscd=2018032900100#cb
- 엄성원, 먹거리 안전 불안에 까다로운 코셔 인증 뜬다, 2014.10.16, http://news.joins.com/article/16137749
- YTN NEWS, 까다로운 '코셔' 인증, 이스라엘 동포가 따냈다, 2015.12.18, https://www.youtube.com/watch?v=1Bt1aB44T8g
- 코셔인증제도의 개념과 시장 동향,이혜은,박현빈,농촌경제연구원, 2015.3
- 미국 내 코셔식품 시장, 2017.9.7
- 할랄 식품 생산론, 미안 리아즈 무함마드 챠드리, 한울, 2016.5

Appendix

You will, You make
You must be rich
I hope so!

HACCP

<위해요소분석표>

일련번호	원부자재명/공정명	구분	위해요소		위해 평가			예방조치 및 관리방법
			명칭	발생원인	심각성	발생가능성	종합평가	
1		B						
		C						
		P						

▶ **B(Biological hazards) : 생물학적 위해요소**
　제품에 내재하면서 인체의 건강을 해할 우려가 있는 병원성 미생물, 부패미생물, 병원성 대장균(군), 효모, 곰팡이, 기생충, 바이러스 등

▶ **C(Chemical hazards) : 화학적 위해요소**
　제품에 내재하면서 인체의 건강을 해할 우려가 있는 중금속, 농약, 항생물질, 항균물질, 사용 기준초과 또는 사용 금지된 식품 첨가물 등 화학적 원인물질

▶ **P(Physical hazards) : 물리적 위해요소**
　제품에 내재하면서 인체의 건강을 해할 우려가 있는 인자 중에서 돌조각, 유리조각, 플라스틱 조각, 쇳조각 등

<중요관리점(CCP) 결정표>

공정단계	위해요소	질문1 예→CP 아니오→질문2	질문2 예→질문3 아니오→질문2	질문2-1 예→질문2 아니오→CP	질문3 예→CCP 아니오→질문4	질문4 예→질문5 아니오→CP	질문5 예→CP 아니오←CCP	중요관리점 결정

※위해요소(Hazard) 분석 결과 위해(Risk)가 높은 항목만 중요관리점(CCP) 결정도에 적용하고

그 결과를 중요관리점(CCP) 결정표에 작성

[위해요소분석표]
1. 입고·보관·작업·포장·진열·판매 등, 판매단계의 모든 절차를 포함한다.
2. 위해요소는 생물학적(B), 화학적(C), 물리적(P) 위해요소로 구분한다.
3. 위해요소는 발생원인을 분석하고, 포괄적으로 도출할 수 있다.
    예시) 냉장보관 미준수로 인한 유해미생물 증식, 포장 파손으로 인한 이물 혼입 등

<위해요소 분석표>

단계명	위해요소구분	발생원인 및 위해요소명	예방조치 및 관리방법

[중요관리점(CCP) 결정 원칙]
1. 기타 식품판매업소 판매식품은 냉장냉동식품의 온도관리 단계를 중요관리점(CCP)으로 결정하여 중점적으로 관리함을 원칙으로 하되, 판매식품의 특성에 따라 입고검사나 기타 단계를 중요관리점(CCP) 결정도(예시)에 따라 추가로 결정하여 관리할 수 있다.
2. 농·임·수산물의 판매 등을 위한 포장, 단순처리 단계 등은 선행요건으로 관리한다.

<중요관리점(CCP) 결정도(예시)>

질문 1: 이 단계가 냉장·냉동식품의 온도관리를 위한 단계이거나, 판매식품의 확인된 위해요소 발생을 예방하거나 제어 또는 허용수준으로 감소시키기 위하여 의도적으로 행하는 단계인가? → 아니오 (CCP 아님)

↓(예)

질문 2: 확인된 위해요소 발생을 예방하거나 제어 또는 허용수준으로 감소시킬 수 있는 방법이 이후 단계에도 존재하는가? → 아니오 (CCP)

(예)→(CCP 아님)

■ 미생물 검사 실행기준

가. 대장균수의 실행기준은 아래와 같다.

도축장	허용기준치 (CFU/cm², ㎖)	최대허용한계치 (CFU/cm², ㎖)	대장균수 평가기준	
			검사 시료수	허용기준치 이상에서 최대허용 한계치 이하까지 최대 허용 시료수
소	5 미만	100	13	3
돼지	10 미만	10,000	13	3
닭·오리	100 미만	1,000	13	3

나. 살모넬라균의 실행기준은 아래와 같다.

도축장	살모넬라균 검출 허용기준		살모넬라균 검출율(년간)
	검사 시료수	최대허용 검출 시료수	
소	26	1	2.5% 이내
돼지	26	2	7% 이내
닭·오리	26	5	18% 이내

■ 안전관리인증기준(HACCP) 심벌

〈도축장, 집유장, 농장〉   〈그 밖의 HACCP 적용작업장·업소〉   〈축산물 안전관리통합인증업체〉

※ 사용하고자 하는 자가 사용 장소에 맞게 **색상** 및 **크기**를 조정할 수 있으나 디자인은 본 견본과 같아야 한다.

■ 안전관리인증기준(HACCP) 적용(인증)작업장 · 업소 · 농장 현판 견본

인증번호 제○○호 (인증번호는 생략 가능함)

안전관리인증기준(HACCP) 적용작업장(업소 · 농장)

○○○**(업소명 또는 농장명)**

〈도축장 · 집유장 · 농장〉

인증번호 제○○호 (인증번호는 생략 가능함)

안전관리인증기준(HACCP) 적용작업장(업소)

○○○**(업소명)**

〈그 외 HACCP 적용작업장 · 업소〉

인증번호 제○○호 (인증번호는 생략 가능함)

안전관리통합인증기준 적용업체

○○○**(업소명)**

〈축산물 안전관리통합인증업체〉

※ 사용장소에 맞게 현판의 크기를 조정할 수 있으나 디자인과 가로(2) : 세로(1) 크기의 비는 가능한 본 견본과 같아야 한다.

[별지 제1호서식]

도축장 위생관리 점검표

작업장명		주소			승인번호		

구분	점 검 사 항	점검결과 (O, X)	비고
작업전 위생관리 (일시:)	1. 작업장 관계자의 작업전 위생점검 기록확인 및 적절한 개선조치 이행여부		
	2. 작업장 출입구 등의 소독설비 작동 및 소독수 투입여부		
	3. 작업장 등의 바닥, 벽, 천정의 청결여부		
	4. 축산물과 직접 접촉하는 설비, 장비, 도구, 칼, 톱 등 청결여부		
	5. 장비, 도구, 배관 등 부식 및 축산물 오염여부		
	6. 작업라인 칼 소독조 적정온도(83℃이상) 유지여부(온도측정)		℃
	7. 작업장내 온도, 조명(조도, 보호망), 환기 및 응축수 관리상태 여부 (측정한 수치 및 측정 장소 기록)		
	8. 배수구의 청결 및 덮개 관리상태 여부		
	9. 용수의 위생관리 여부(저수조 위생상태, 수질검사 등)		
	10. 방충·방서 관리여부(해충유입차단, 설비 작동여부 등)		
	11. 지육의 적정 보관 및 지육간 일정간격 유지 여부		
	12. 종업원의 위생수칙 준수 여부(출·입시 소독, 위생복 청결 등)		
작업중 위생관리 (일시:)	13. 작업중 위생점검 관련 모니터링·검증기록 유지 및 담당자 현장활동 여부		
	14. 지육오염 방지를 위해 칼, 기구, 톱 등을 83℃이상 물로 수시 세척·소독 여부		
	15. 작업장내 온도, 조명(조도, 보호망), 환기 및 응축수 관리상태 여부 (측정한 수치 및 측정 장소 기록)		
	16. 작업장 바닥 핏물 등 물기제거, 배수상태 및 폐수 역류여부		
	17. 지육 등이 벽, 바닥 등에 닿지 않도록 위생적 처리 및 운반여부		
	18. 지육이 분변 또는 장 내용물에 오염되지 않게 위생적 처리여부		
	19. 방충·방서 관리여부(해충유입차단, 설비 작동여부 등)		
	20. 지육의 적정 보관 및 지육간 일정간격 유지 여부		
	21. 종업원의 위생수칙 준수 여부(출·입시 소독, 위생복 청결, 동선준수 등)		
HACCP 관리	22. CCP 모니터링, 검증(계측기구 검·교정 포함) 및 개선조치 관련 기록 유지 여부		
	23. CCP 모니터링, 검증 담당자 현장 활동, 적절한 개선조치이행 여부		
기 타	24. 미생물 및 잔류물질 등 검사관련 기록유지 및 검사이행 여부		
	25. 부적합제품의 적절한 처리 및 폐기물처리시설 정상 작동 여부		
	26. 기타 점검이 필요한 사항		

확인일자		작업장 책임자	소 속	
			직·성명	(서 명)
점검일자		점검자	소 속	
			직·성명	(서 명)

[별지 제2호서식]

부적합 통보서

작업장명		허가번호	
일 자		발급번호	
수 신 자 (소속 및 직·성명)			
부적합 구분	☐ 자체위생관리기준	☐ HACCP	☐ 기타

☐ 부적합 내역 :

검사관 서명 (소속 및 직·성명)	

☐ 개선조치 내역 :

○ 즉각적인 개선조치 :

○ 향후 조치계획 :

작업장 확인자 (소속 및 직·성명)		일 자	
검사관 서명 (소속 및 직·성명)		일 자	

[별지 제3호서식]

개선조치 결과

일   자 :   문서번호 :

수   신 : ○○○ 검사관 귀하

작업장명		허가번호	
부적합 구분	☐ 자체위생관리기준	☐ HACCP	☐ 기타
☐ 지적 사항 :			
☐ 개선조치 내역(사진 등 근거자료 첨부) :			

제출자 : ○○○ 작업장 관리책임자   (인)

[별지 제4호서식]

제 호

안전관리인증기준(HACCP) 지도관 지명서

소 속 :

생년월일 :

성 명 :

  상기 공무원을 「식품위생법」 제48조, 「축산물위생관리법」 제9조와 관련한 식품 및 축산물 안전관리인증기준(HACCP)의 실시상황평가와 사후관리를 담당하는 지도관으로 지명함.

20 . .

식품의약품안전처장 · 농림축산식품부장관 [직인]

210㎜ × 297㎜[일반용지 60g/㎡(재활용품)]

[별지 제5호서식]

안전관리인증기준(HACCP) 교육훈련기관 지정 신청서				처리기한
^	^	^	^	30일
신청인	① 성 명		② 생년월일	
^	③ 주 소		④ 전 화	
⑤ 교육훈련기관 명칭				
⑥ 소 재 지				
⑦ 개설 교육 과정명				
법적 설치근거	⑧ 관련법률		⑩ HACCP 강사수	
^	⑨ 허가(신고), 등록번호 등		^	

「식품 및 축산물 안전관리인증기준」 제21조의 규정에 따라 안전관리인증기준(HACCP) 교육훈련기관 지정을 신청합니다.

년   월   일

신청인   (서명 또는 날인)

식품의약품안전처장 귀하

구비서류	1. 임대차계약서 사본(임대시설에 한함) 1부 2. 교육훈련관련 조직 및 직무(급)별 명단 1부 3. 교육훈련강사 현황 및 자격·경력을 증빙하는 서류 각 1부 4. 교육훈련과정 운영에 관한 규정 1부 5. 교육훈련과정별 교육훈련교재 1부

210㎜ × 297㎜[일반용지 60g/㎡(재활용품)]

[별지 제6호서식]

(앞쪽)

제 호

안전관리인증기준(HACCP) 교육훈련기관 지정서

기 관 명 :
소 재 지 :
대 표 자 :   생년월일 :
개설 교육훈련과정명 :

조 건 :

「식품 및 축산물 안전관리인증기준」 제22조에 따라 안전관리인증기준(HACCP) 교육훈련기관으로 위와 같이 지정합니다.

년   월   일

식품의약품안전처장 (직인)

210㎜ × 297㎜[일반용지 60g/㎡(재활용품)]

(뒤쪽)

년월일	변경 및 처분사항	
	사 항	담당자 직·성명 (서명 또는 날인)

210㎜ × 297㎜[일반용지 60g/㎡(재활용품)]

[별지 제7호서식]

지정번호	교육훈련기관명	소재지 (전화번호)	대표자 (생년월일)	교육 훈 련 과 정					기타사항
				과정명	기간 및 시간	정원	교육훈련비	강사명 (생년월일)	

안전관리인증기준(HACCP) 교육훈련기관지정 관리대장

210㎜ × 297㎜[일반용지 60g/㎡(재활용품)]

[별지 제8호서식]

안전관리인증기준(HACCP) 교육훈련기관 지정변경신고서	처리기한 7일

신고인		생년월일	-
지정번호			

변 경 사 항

구 분	변 경 전	변 경 후
대표자		
교육훈련기관의 명칭		
소 재 지		
교육훈련과정		
과정별 교육훈련 기간 또는 시간		
교육훈련강사		
과정별 교육훈련비 또는 정원		
기타 변경 사항		

「식품 및 축산물 안전관리인증기준」 제23조에 따라 다음과 같이 지정사항의 변경신고를 합니다.

년 월 일

신고인 (서명 또는 날인)

식품의약품안전처장 귀하

구비서류	안전관리인증기준(HACCP) 교육훈련기관 지정서 원본

210㎜ × 297㎜[일반용지 60g/㎡(재활용품)]

할랄식당인증신청서

(식당 이름)은/는 KOREA MUSLIM FEDERATION(KMF)의 할랄 식당 인증을 아래와 같이 신청합니다.

	한글명	영문명
회사명	한글 회사명	인증서에 기재될 영문 회사명
주 소	한글 주소	인증서에 기재될 영문 주소
식당명	한글 식당명	인증서에 기재될 영문 식당명
신청인	담당자 이름, 전화번호, 휴대폰 전화번호, 이메일	

- 첨부서류 -

1. 사업자등록증
2. 영업 신고증
3. 관광시설 증명서(선택)
4. 메뉴판과 간판 이미지
5. 메뉴 목록
6. 사용재료 목록(※표1 참조)

상기 신청 사실에는 허위가 없음을 확인합니다.

20 년 월 일 요일

신청인 :　　　　　　(인)

■ 사용재료 목록표(할랄 목록 예)

※사용재료 목록(표1)

	원료	제조회사	제품명	할랄마크	비 고
1	물엿	오뚜기	오뚜기 옛날 물엿	×	
2					

‣ 할랄인증료는 1개 품목 당 부과되며, 품목 추가시에는 규정에 준하여 부과되고, 기본료와 수출금액의 0.1%를 저작권료로 징수함.
‣ 현장 실사관련 비용은 지역별로 15~30만원.
‣ 저작권료는 할랄인증 증명서 재발급시에 정산하며, 정산은 수출 인보이스 또는 로컬거래 세금계산서를 근거로 함.

<KMF 할랄인증

※할랄인증마크를 별도의 사용료 없이 이용할 수 있음.

■ 한국이슬람중앙회 할랄인증 절차

절 차	비 고
인증신청서와 관련서류 제출	
제출서류 검토와 평가	• 부적합 시 인증신청 기각
신청 품목의 검토와 평가	
신청 품목의 적합성 판단	
할랄위원회의 공장 실사	
공장 실사평가 보고서 제출	
할랄위원회의 평가 및 토의	• 인증 수여 여부 결정 • 부적합 시 수정사항 시행 요청
할랄인증서 발급	
6개월 단위 모니터링	

출처 : 할랄세미나 자료집, KMF, 2015

■ 한국이슬람중앙회가 발표한 한국의 할랄인증제품

과자/BISCUIT	제품명	회사명	Products Name	Companys Name
	오데뜨	롯데제과	Odette	LOTTE confectionery
	엄마손 파이	롯데제과	Aummason pie	LOTTE confectionery
	팅클(퐁듀초콜릿)	롯데제과	Tingcle	LOTTE confectionery
	닥터유 골든치즈 (시금치 웨하스)	오리온	Dr. You Golden Kids -Water for Angle-	ORION
	닥터유 골든치즈 (단호박 쿠키)	오리온	Dr. You Golden Kids -Cookie for Gold Kids-	ORION
	닥터유 (새싹 식이섬유 크래커)	오리온	Dr. You collection -Original Cracker natural Cracker with Rich Fiber-	ORION

■ 무슬림 친화등급(Muslim Friendly Restaurant Categories)

인증 구분	내 용
Halal Certified	한국이슬람교중앙회(KMF) 공식인증 레스토랑
Self Certified	모든 메뉴가 할랄 재료를 사용하며, 무슬림으로서 할랄임을 스스로 인정한 레스토랑
Muslim Friendly	무슬림이 운영하거나 조리하며, 일부 할랄 메뉴들을 판매하고 있으나 주류를 판매하고 있는 레스토랑
Muslim Welcome	한식 채식식당 또는 돼지고기 관련제품을 판매하고 있지 않은 레스토랑
Pork-Free	돼지고기를 판매하고 있지 않으며, 비 할랄 육류를 이용하여 조리하는 레스토랑

출처 : 무슬림음식 가이드북(한국관광공사)

※Halal Certified를 제외한 Self Certified, Muslim Friendly, Muslim Welcome, Pork-Free는 국내에서 있는 등급으로서 실제로 무슬림들은 이들 등급을 인정하지 않음.

■ 할랄식품 유통장류의 알코올 함유 현황

구 분		조사 점수	분포수			
			1% 이상	0.5~0.1%	0~0.5%	불검출
된 장	한식된장	74	3	3	39	29
	된 장	13	12	0	0	1
간 장	재래한식간장	52	3	0	29	20
	개량한식간장	18	14	0	4	0
고 추 장		57	29	9	19	0

■ 국가별 할랄식품의 알코올 함량 허용량

국 가	알코올 허용 함량(%)
말레이시아(JAKIM)	0.01
인도네시아(MUI)	1.0
태국(AOI)	1.0
싱가포르(MUIS)	0.5
브루나이(BIRC)	0.0
한국(KMF)	0.5
유럽	0.5
영국	0.0
캐나다	0.0

■ 할랄 전용 원재료 식별표(예시)

할랄 전용 원료

이 원료는 할랄식품에 사용되는 원재료로 담당자의 허락 없이 다른 재료와 함께 보관/이동/사용을 금합니다.

원재료명	쌀
입고날짜	○○○○년 ○○월 ○○일
담당자명	○○식품사 할랄관리 담당자 홍 길 동

■ 할랄 원재료 목록표

연번	원재료명	제조사	원재료명	포장형태	할랄인증 유무
1	××농축액	×××사	사과	10kg/폴리에틸렌	유
2	고추가루	××사	고추(국산)	5kg/폴리에틸렌	유
3					
4					

■ 할랄과 하람 요약표

구분	할랄	하람
음료	• 유독·중독성이 있는 것과 건강을 해치는 것을 제외한 모든 종류의 물과 음료	• 와인, 샴페인, 술과 같은 알코올성 음료
유전자 조작 식품	• GMO가 아닌 것	• GMO와 그 부산물 • 할랄이 아닌 동물의 유전물질 유래 식품
기타	• 유독·중독성이 있는 것에서 만들어진 제품도 제조과정에서 독성 물질이 제거된 경우	-
육지 동물	• 소, 양, 산양, 염소, 낙타, 사슴, 고라니, 닭, 오리 등(반드시 이슬람식 도살법인 Zabihah에 따라야 함. • 우유(소, 낙타, 산양의 젖) • 하람이 아닌 동물	• 이슬람법에 따라 도살되지 않은 할랄 동물 • 돼지고기와 그 부산물, 관련식품 • 피와 피관련 부산물 • 호랑이, 곰, 코끼리, 고양이, 원숭이 등 육식동물 • 독수리, 올빼미 등의 포식 조류 • 쥐, 바퀴벌레, 지네, 전갈, 뱀, 말벌 등 전염병을 옮기거나 독이 있는 것 • 꽃벌, 딱따구리, 이, 벼룩, 파리 • 동물의 사체, 도살 전에 죽은 동물
수생 동물	• 하람을 제외한 일반적인 수생동물은 할랄 • 새우와 조기, 잉어 등 비늘이 있는 생선	• 악어, 거북이, 개구리 등의 양서류
식물	• 유독·중독성이 없고 해롭지 않은 것 • 신선한 채소와 과일, 말린과일 (대추야자, 포도, 올리브, 석류 등) • 땅콩, 캐슈넛, 호두 등의 견과류와 콩류 • 쌀, 밀, 호밀, 보리, 귀리 등 곡류 • 모든 종류의 버섯류와 미생물(세균, 해조류, 곰팡이)	• 독소를 내는 것, 중독성이 있는 것, 건강을 해치는 것

■ 할랄/가축의 전기 기절방법(인도네시아 규정집)

동 물	전 류(Ampere)	시 간(초)
닭(15~25Volt))	0.10~0.30	5.0~10.0
생후 1년 미만의 양	0.50~0.90	0.8~3.0
염소	0.70~1.00	2.0~3.0
양	0.70~1.20	1.0~3.0
송아지	0.50~1.50	1.0~3.0
거세우	1.50~2.50	2.0~3.0
젖소	2.00~3.00	2.5~3.5
들소	2.00~3.00	3.0~4.0
황소	2.50~3.50	3.0~4.0

■ 할랄/가축의 전기 기절방법(태국 규정집)

동 물	전 류(Ampere)	시 간(초)
닭(15~25V)	0.25~0.50	3.0~5.0
생후 1년 미만의 양	0.50~0.90	2.0~3.0
염소	0.70~1.00	2.0~3.0
양	0.70~1.20	2.0~3.0
송아지	0.50~1.50	3.0
거세우	1.50~2.50	2.0~3.0
젖소	2.00~3.00	2.5~3.5
소	2.50~3.50	3.0~4.0
버팔로	2.50~3.50	3.0~4.0
타조	0.75	10.0

■ 할랄/정화 및 세척 방법(태국할랄인증 규정집)

a. 가벼운 '나지스'
물리적인 부분과 특성은 흐르는 물 없이도 물품 위에 물을 살포함으로써 완벽히 제거될 수 있다.

b. 중간 수준의 '나지스'
물리적인 부분과 특성은 색, 맛, 향을 제거하기 위해 흐르는 물에 또는 물품에 물을 부음으로써 완벽히 제거될 수 있다.

c. 심각한 수준의 '나지스'
물로 일곱 차례 씻되, 이 중 한 차례는 이슬람 율법에 따라 물과 흙의 혼합 혹은 백토 충전제로 씻는다. 물과 흙의 혼합은 처음에 사용하기를 권한다.
("흐르는 물 또는 물품에 물을 최소한 한 번 부음"은 모든 '나지스'의 색, 맛, 향이 완벽히 제거됨을 의미한다. "물과 함께 일곱 차례 세척"하는 것은 매 차례 유사하게 행하는 것을 의미한다.)

■ 말레이시아 할랄인증 규정 (Malaysian Standard 2009)

구분		할랄	유기축산물	무항생제 축산물
사료	GMO 농산물	금지	금지	제한 없음
	호르몬 제제	금지	금지	금지
	'나지스' 함유	금지	일부 금지	일부 금지
	항생제	금지	금지	금지
동물약품 사용		치료용 할랄 동물약품만 사용 가능	수의사 처방시 치료목적으로 가능	수의사 처방시 치료목적으로 가능
동물복지		필수요건	충분한 복지 제공	경제성과 생산성을 고려

자료 : 건국대학교 국내산 닭고기 신시장 개척을 위한 할랄인증 매뉴얼(안), 닭고기수출연구사업단,2012)

■ 원재료 데이터베이스 양식(KMF)(예시)

※회사명, 품목, 원료, 제출서류 목록을 빠짐없이 기입해 주시기 바랍니다.

접수번호	검토자	회사명	품목	원료	제출서류목록	특이사항	발급 가/부
예시)	×××	A주식회사	재래김	김, 옥배유, 천일염	사업자등록증 공장등록증 물품제조보고서 성분분석표 방사능시험성적서 Non GMO확인서 원산지 증명서		

■ 사용된 원료 표기방법(예시)

구분	원재료				세부원료				기원	규격	첨부
	원료명	배합비(%)	효소	용도	1차 원료	배합비(%)	2차 원료	배합비(%)			
1	물엿	10.95022	식물성 아밀라제		옥수수 전분	100			식물-옥수수		품목제조보고서
2	복합유화 중점제	0.19909		유화제	글리세린 지방산 에스테르	70			식물-팜		할랄인증서(FANCA), 사용된 모든 원료 각각의 제조공정도, 시험성적서, 수입신고필증
					구아검	2			식물-구아		
					카르복시 메틸셀룰 로오스 나트륨	16			식물-나무펄프		
					로커스트 콩검	11			식물-카로브나무		
					카라기난	1			식물-해초		
					소계	100					

■ 할랄인증신청 제출서류

• 할랄인증 신청서 • 공장등록증 • 생산허가 또는 영업허가서(영업신고증) • HACCP, GMP, GHP, ISO 또는 기타 인증서 사본 • 주정이 제조공정에 0.5% 사용된 경우, 완료 생산품의 잔류 에탄올 분석 확인서 • 할랄 제품생산에 관한 자체규정 자료 • 원재료 표기(예시)-사용된 원료 모두 표기 • 잔류농약 또는 화학물 시험성적서 • 유전자 분석 시험성적서	• 사업자등록증 • 제품 품목제조 보고서 • 시험성적서 • 샘플(생산되는 최소단위) 및 제품 이미지 • 동물성 원료 및 이슬람법에 위배되는 소재 혹은 공정을 이용하지 않았다는 확인서 • 제조공정 중 효소를 사용할 경우-사용된 유래를 확인할 수 있는 서류와 효소의 배양액에 대한 원료 리스트, 각 원료의 제조공정도, 균주기탁시 • KMF 할랄 실무자 교육 수료증 • 수산물-방사능 확인 증명서 • 중금속 시험성적서 • 기타 필요에 따라 요구하는 서류 등

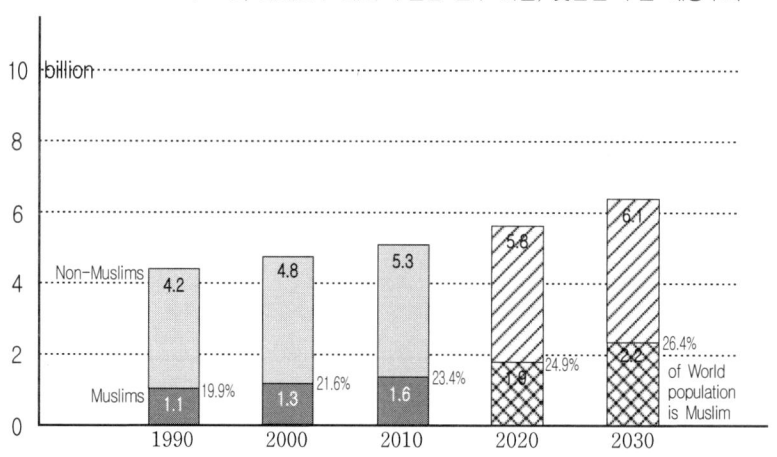

주 : %, 세계인구 대비 무슬림 인구 비율, 빗금친 부분-예상수치

〈무슬림의 인구증가 추이〉

자료 : Pew Research Center's Forum on Religion & Public Life • The Future of the Global Muslim Population, January 2011

말레이시아 (MS 1500 : 2009 – Halal Food)

Scope of standards?	Production, preparation, handling and storage of halal food
What does certify to the standard means?	The organisation has complied with the requirements stipulated in the standards for the production, preparation, handling and storage of halal food and shall be verified through site inspection as deemed necessary by the competent authority. Note: Competent authority is entrusted by the government to carry out specified work according to prescribed requirements.
Who should apply?	Halal certification is open to both local and foreign companies in Malaysia and abroad. Applicants who are eligible to apply for Halal Certification are categorized as follows: 1. manufacturer / producer 2. distributor/ trader 3. sub-contract manufacturer 4. repacking; 5. food premise, and 6. abattoir

Standards used?	**National Standards**
	
	- MS 1500:2009 - Halal Food - Production, Preparation, Handling and Storage – General Guidelines
	  (SECOND REVISION)
	  or
	- MS 1500:2009 – Makanan Halal – Pengeluaran, Penyediaan, Pengendalian dan Penyimpanan – Garis Panduan Umum (SEMAKAN KEDUA)

Relevant Documents	1. Guideline for Food and Beverage 2. Malaysia Protocol For Halal Meat And Poultry Productions 2011 *Both of documents are available in www.halal.gov.my
Certification cycle?	Details are available at Jabatan Kemajuan Islam Malaysia (JAKIM) Halal Hub, as an on-line application through www.halal.gov.my
How to apply?	1. Application for the Halal Confirmation Certificate for national and international markets should be submitted to the Jabatan Kemajuan Islam Malaysia (JAKIM) Halal Hub, as an on-line application through www.halal.gov.my 2. Application for the Halal Confirmation Certificate for the local market must be submitted directly to Jabatan Agama Islam Negeri (JAIN) / Majlis Agama Islam Negeri (MAIN) whichever is relevant.
Benefit of certification	1. Penetration to the largest market share in the food sector as Malaysia's halal logo is highly respected and well accepted by the Muslim countries 2. Malaysia's halal certification systems give the confidence to your business, customer, suppliers and other stakeholder that your product is halal and syariah compliant 3. The standards entails specific technical requirement on halal which will provide your product to be halal and syariah compliant 4. The systems also look into the needs of your human resource which will also increase staff morale and commitment 5. Complying to standards provide you with the accolades for competitive edge 6. All of the above will increase profitability

태국 국가할랄표준규격 (THS 24000 : 2552)

بسم الله الرحمن الرحيم

성스럽고 자비로운 알라의 이름으로

할랄 태국 규격

태국중앙이슬람위원회
할랄제품의 일반지침

THS 24000 : 2553

يَأَيُّهَا ٱلنَّاسُ كُلُوا مِمَّا فِي ٱلْأَرْضِ حَلَـٰلاً طَيِّبًا

"인류! 지구에서 합법적이고 좋은 것을 먹는다"
(알-바카라 2:168)

▶ 태국 국가할랄표준규격(THS 24000:2552) 서문

이슬람은 본래의 인간 본성을 통합시키고 판단에 유기적인 종교이다. 신으로부터 계시를 받은 두드러지고 뛰어난 자로부터 기원된다고 배우므로 문화적, 사회적, 경제적, 도덕적인 인류의 필요를 충족시킬 수 있다고 믿는다. 이슬람은 물질계와 내세에서의 존재를 위한 시스템 및 법, 규정, 방법으로 구성되어 있다.

인간 존재의 주요 요인은 식품이다. 영양실조로 살아남을 수 있는 사람은 없다. 이슬람은 다음과 같은 소비의 법을 명확하게 규정했다. 이슬람교도는 건강에 좋은 이슬람 율법에 따르는 합법적인 식품을 섭취한다. "할랄식품이나 이슬람 율법에 의해 합법적인 식품"은 넓은 의미가 있다.

첫 번째, 식품 원료는 부패나 절도에 의한 것이 아닌 합법적으로 얻어진 것이어야 한다는 의미이다. 이는 도덕적인 할랄이다.

두 번째, 할랄은 유형적인 면에서 다시 말해 이슬람에 의해 승인을 받았거나 안 받은 모든 식품을 포함하는 소비되는 재료나 동물 같은 것의 고찰이다. 이는 물리적으로 허가되었다는 것인가와 게다가 위의 두 가지 조건은 '과정' 혹은 도축, 세척, 정화, 포장, 저장, 수송, 판매 등으로부터 시작되는 제조의 단계에 중점을 두었다. 절차상의 할랄 집중에 관한 것은 소비되는 것들의 할랄 고찰의 면에서 중요하다.

일반적으로 이슬람에서 무슬림의 의무가 있고 그들은 그들의 범주 및 소비를 위한 공정으로 소비되는 것들의 성과를 바탕에 둔 각각의 무슬림의 책임감뿐만 아니라 소비되는 것들의 결정에서 이슬람 율법을 따라야만 한다.

경제와 마케팅 및 소비자 제품 제조의 발전과 함께 과학과 기술이 발전할 때, 이들은 단지 소비자 제품의 복잡한 가공이 중요한 요소일 뿐만 아니라 마케팅 조건 또한 극도로 중요하다. 태국의 이슬람의 기구는 그의 소비자 제품의 제조에 관한 결정을 내리는데 필요한 수단의 제한으로 한정된 지식을 가진 개인에 의해 해결되지 못한 문제를 넘어 깨닫고 예견하는 즉, 세이홀 이슬람과 태국중앙이슬람위원회가 있다. 그러므로 그들은 무슬림 소비자 제품의 선택에 신뢰를 강화하는데 책임이 있다고 여겨진다. 또한 세이홀 이슬람 Tuan Suwannasat, 세이홀 이슬람 Prasert Mahamad, 세이홀 이슬람 Sawat Sumalyasak에 이르기까지 제시된 할랄 승인 절차의 신뢰 강화를 위한 지침을 각각 규정하고 성장시킨다.

그러나 이슬람 종교 기구 행정법, B.E. 2540은 태국중앙이슬람위원회 및 18(9) 및 26(13)절에 따라 이슬람에 관련된 문제를 증명하는데에 능숙한 기관인 지방이슬람위원회로부터 임명되어 동반하는 것을 알린다. 통합을 위해 태국의 중앙이슬람위원회는 다음과 같이 할랄 로고를 디자인 하였다. 아랍어로 마름모 안에 "할랄"이라는 단어를 삽입하고, 아랫부분에 "태국중앙이슬람위원회" 문구를 삽입하였다. 이 로고는 지방이슬람위원회의 관리 감시 및 운영에 따른 법령의 발행을 위해 태국중앙이슬람위원회의 승인을 받은 18(5)절에 따라 발행되었다. 그리고 이슬람 종교 기구의 행정법에 의해 태국중앙이슬람위원회는 이로써 할랄 민원 행정 B.E. 2552에 따라 태국중앙이슬람위원회의 법령이 발행된다.

국가에서 응용된 할랄 기준 지도에 따라 앞서 언급한 법령 또한 할랄 문제 네트워크는 국제적 및 국부적으로 이슬람 형제들에게 소비에 신뢰 강화를 좀 더 보장해야 하지만 소비자의 제품 및 서비스의 판매, 할랄 승인, 제조 부분도 가려야만 한다고 예건한다. 태국중앙이슬람위원회는 태국이슬람위원회, 전문가, 할랄 비즈니스 추진 및 지지의 중요한 규칙을 처리하는 공적이고 개인적인 분야의 대표가 포함된 "할랄위원회"를 설립했다. 임무는 "할랄 부서"의 의무인 승인과 "태국 할랄 규격 기관"의 의무인 할랄 표준화로 이루어졌다.

게다가 태국중앙이슬람위원회는 과학, 기술, 경제의 진보와 국제적인 시장, 특히 세계적인 이슬람 시장의 할랄 제품의 홍보뿐만 아니라 국제적으로 유사한 국가적인 할랄 기준의 발달 의사를 예건한다. 따라서 태국 할랄 기준의 발달은 이슬람 율법 하에 국제적인 기준을 만족시키기 위한 국가적인 기준으로 여긴다. 이 기준은 무슬림 세계의 모든 이슬람 학파(Madhhabs)에서 받아들이는 전세계의 이슬람 국가들의 전문가의 결론과 결합한다. 목적은 다음과 같다.

첫째, 지속가능한 할랄식품 생산을 달성하고 무슬림에게 할랄식품에 대한 신뢰도를 최대화한다.
둘째, 할랄식품을 기초에 둔 이슬람 시장의 확장뿐만 아니라 상업적이고 정치적인 관계를 성장시킨다.
셋째, 인증서와 관련된 할랄식품의 법령과 규칙에 관한 지침을 규정한다.

앞에 언급된 이유에 따라, 태국중앙이슬람위원회는 태국 소비자 제품이 미래에 좀 더 성장하고 확장될 태국의 할랄 제품 홍보와 함께 전 세계적으로 받아들여지기 위해 전 세계적 기준으로써 할랄 기준의 규정을 개시한다.

태국 할랄 기준 기관의 협력과 함께 할랄식품과 농산물의 홍보를 위해서 태국 중앙 이슬람 위원회에 의해 규정된 할랄 기준 B.E. 2550에 의해 농산부 및 협동조합은 식품 기준 및 국가 농산물 위원회를 임명한다. 식품 표준화 및 국가 농산물 제목 : 정부 공보에 게시된 할랄식품 진술서 및 총무 판, 책 No. 124, 추가 부분 78 Ngor., 6월 29일, B.E 2550

그러나 태국중앙이슬람위원회는 전 세계적으로 받아들여질 만한 태국 할랄 기준을 성장시키기 위해 적용하는 OIC 기준의 채택 목표 외에도 태국의 총리인 H.E. Abhisit Vejjajiva가 이끄는 내각은 부총리인 H.E. Korbsak Sabhawasu와 함께 No. 125/2552로 국무총리실의 진술서에 임명된 "태국 할랄 홍보 및 사업 성장 위원회"에 따라 할랄 문제를 지지하는 정책으로 의사를 시작한다. 태국의 할랄 문제를 좀 더 진보적으로 만드는 통합적인 방법임이 명백하다. 정부의 정책과 법에 따라서 태국중앙이슬람위원회는 태국 할랄 홍보 위원회와 태국중앙이슬람위원회 사이에 사인을 지지하는 것이 적절하다고 여기며 할랄 문제가 통합 및 효율성 있게 운영되기 위해 달성한다. 사업부는 미래에 전 세계적으로 태국의 할랄식품 제품의 신뢰를 강화하고 국내외의 이슬람 소비자들에게 신뢰를 강화할 뿐만 아니라 하나의 기준인 "할랄 국가규격"을 발행한다.

할랄 관련용어

● 할랄식품
할랄식품은 더러운 모든 것과 금지된 성분(하람) 뿐만 아니라 이슬람 율법에 따라 합법적이라고 여겨지는 더러운 모든 것들이 없이 청결하고 안전한 식품이다.

● 선행요건 프로그램
- 우수 제조 관리 기준(GMP) : 원료 취득에서 생산 공정, 제품 출하에 이르기까지 전 과정에 걸친 시설 및 인력 관리 기준을 말한다.
- 우수 위생 관리 기준(GHP) : 식품을 위생적으로 제조하기 위해 기본적으로 지켜야하는 시설기준, 위생관리절차 등에 관한 기준을 말한다.

● 푸드 체인
준비, 공정, 제조, 포장, 저장, 수송, 유통 및 시장으로의 배달, 원재료에서 소비까지 이르는 모든 것을 포함하는 식품제조에 관련된 모든 단계를 말한다.

● 식품 첨가물
제조 공정, 검사, 준비, 포장, 수송 및 저장 동안 용해되는데 이용되거나 식품의 풍미, 향 및 조건을 향상시키거나 보존하기 위해 식품에 첨가하는 자연적 또는 인공적인 물질을 말한다. 식이를 위해 첨가하지 않지만 원재료나 아무 영양소도 가지지 않아 보충물로도 사용된다. 그러나 식품 첨가물은 최종제품에 기술적으로 남아 있어야 한다.

● 저온 유통체계
판매를 위해 식품의 제조에서 소비까지 본래의 조건을 원하는 상태로 유지하기 위해서 요구되는 냉장유통 체계를 말한다.

● 유전자 조작 식품
유전자 변형 농산물의 부산물 또는 제품을 포함한 식품 및 음료를 말한다.

● 수생 생물

수생 생물은 물 밖에서는 살지 못하여 물속에 사는 생물을 말한다.

● 양서 생물

물 밖과 물 속 모두에서 살 수 있는 생물을 말한다.

● 효소

효소는 식품에 필요한 화학 작용의 도움을 담당하는 조직에 의해 생산되는 자연적 또는 변형된 단백질이다. 일반적으로 효소는 치즈 제품에 사용되는 우유 응고제인 렌넷과 같이 식품 제조 공정에서 이용된다.

● 박테리아, 효모, 곰팡이와 같은 미생물, 기타

미생물은 현미경 없이는 보기 힘든 아주 작은 생물체이다. 이들은 식품에서 자연적으로 발생하거나 첨가된다. 이들은 식품 제조공정(효모 혹은 발효 물질이 요구르트(yogurt)나 치즈(cheese)의 공정 혹은 맥아가 포함된 음료의 제조에 첨가되는 것 등) 혹은 다음과 같은 소화기 계통에 좋은 생균제품 혹은 맥주의 효모 같은 최종제품에 사용된다.

- 젖산균과는 탄수화물에서 젖산을 생산한다(우유에서 요구르트로 생산하기 위함).
- *Saccharomyces*와 같은 효모는 식초나 알콜 제조 및 빵을 부풀어 오르게 하는 것과 같은 화학작용을 일으킨다.
- 페니실린과 같은 곰팡이는 좋은 향과 함께 치즈를 숙성시킨다.

● 용매

물질은 모든 식품의 발효를 발생시키거나 오염원을 포함하는 음료 및 식품의 재료나 이를 해결하는데 사용된다.

● 매개체 혹은 추출용매

제품의 재료 혹은 구성요소, 소비재, 원재료의 공정 동안의 추출 공정에 사용되는 물질은 제거되지만 무심결에 기술적으로 불가피하여 재료 혹은 소비재가 조금 남겨진다. 식품 속에 향으로 첨가되거나 식품을 위한 용매 및 매개체의 역할을 한다(예를 들어, 프로필렌 글리콜은 착색제로 사용됨). 혹은 식품으로부터 물질을 추출한다(예를 들어, 에틸 아세테이트는 커피에서 카페인을 추출하고 에틸알코올은 바닐라 씨로부터 바닐라를 추출함).

● 식품제조용제

식품제조용제는 기술적으로 공정에서 식품에 첨가하거나 식품에 강화작용을 한다.

- 최종제품에 남아 있지 않고 식품이 포장되기 전에 제거된다.
- 최종제품에 남겨진 소량의 물질은 고의로 첨가한 것이 아니다.
- 일반적인 식품 구성요소의 증가 없이 식품의 성분을 바꿀 수 있다.

● 식이보충제

식이보충제는 비타민, 미네랄, 식품, 허브, 아미노산, 단백질과 다른 효소, 기관의 조직, 분비선 및 대사산물(물질은 몸이 바뀌게 만든다)과 같은 보통 흡수하는 것을 초과하게 도우는 물질에 반대되는 물질이 포함된 제품이며, 정제, 캡슐, 젤라틴, 액체 또는 분말과 같은 다양한 형태로 생산된다.

● 이슬람 용어

[5가지 종교적 칙령]

행위의 정도는 ① 의무적인 것(wajib), ② 금지된 것(haram), ③ 권장하는 것(mustahabb or mandūb), ④ 혐오하는 것(makruh), ⑤ 중립적인 것(mubāh)으로 나뉜다.

> ① wajib(와집) : 이슬람 율법에 따라 이행해야만 하는 규칙과 같은 행동
> ② haram(하람) : 이슬람 율법에 따라 피해야만 하고 금지하는 행동
> ③ mustahabb 또는 mandūb(무스타합 또는 만두브) : 피하지 않고 이행하는 것을 권장하는 행동
> ④ makruh(마꾸르) : 피해야만 하고 이행하는 것을 혐오하는 행동
> ⑤ mubāh(무바흐) : 권장하지도 의무적이지도 않은 행동

이슬람 율법에 따라 정화 및 세척 의식 방법

나지스(najis : 더러운 것)는 다음과 같이 분류할 수 있으며, 이슬람 율법에 따라 Mutahhirat(정화)에 의해 세척 및 제거된다.

- ■ 나지스(najis) : 더러운 것, 불결한 것
- 경미한 나지스(najis)는 모유 외 그 어떠한 식품도 소비한 적이 없는 2세 이하 남자아기의 소변이 유일한 나지스로 꼽힌다.
- 중간 수준의 나지스(najis)는 구토물, 고름, 혈액, 술(카마르), 인체의 구멍에서 배출된 액체 및 물질 등과 같은 심각한 나지스나 경미한 나지스 범주에 해당되지 않는 나지스로 간주된다.
- 심각한 수준의 나지스(najis)는 개와 돼지(khinzir)를 비롯한 후손 및 파생물, 몸체의 구멍에서 배출된 액체/물질을 포함한다.

[나지스(najis) 정화 및 세척 방법]

- 가벼운 나지스 세척 : 물리적인 부분과 특성은 흐르는 물 없이도 물품 위에 물을 살포함으로서 완벽히 제거될 수 있다.
- 중간 수준의 나지스 세척 : 물리적인 부분과 특성은 색, 맛, 향을 제거하기 위해 흐르는 물에 또는 물품에 물을 부음으로써 완벽히 제거될 수 있다. 3번 반복하는 것이 더 좋다.
- 심각한 수준의 나지스 세척 : 일곱 차례 물로 씻되, 이 중 한 차례는 이슬람 율법에 따라 물과 흙의 혼합 혹은 백토 충전제로 씻는다. 물과 흙의 혼합을 처음으로 하기를 권한다(참고 : "흐르는 물 또는 물품에 물을 최소한 한번 부음"은 모든 나지스의 색, 맛, 향이 완벽히 제거됨을 의미한다. "물과 함께 일곱 차례 세척"하는 것은 매 차례 유사하게 행하는 것을 의미한다.).

정화 물질(Mutahhirat : 세척에 사용 되는 것)

이슬람 율법에 따라 본래의 나지스로 간주 되거나 나지스를 세척하는데 사용되는 모든 것.

● 도축의 목적에 의안 알라의 이름 언급
도축을 위하여 알라의 이름을 언급하는 것은 도축의 목적이기 때문이다.

● 자기정화(도축 작업자)
이슬람 율법에 따르는 합법적인 도축 방법이다. 할랄 동물의 경우, 자기정화가 완료 된 후 모든 부분이 할랄로 소비될 수 있다. 반면에 그들의 고기가 할랄이 아닐 경우 모든 부분은 피부와 같이 먹는 것 이외의 것은 할랄로 이용될 수 있다.

- 즉각적인 자기정화 : 정상적으로 도축되지 못하는 경우 몸에 치명적인 부상을 입힘으로써 인간에 의해 도축되는 얽매임 없이 빠져나온 가축의 자기정화를 말한다.

- 대체 자기정화 : 도축 기기가 동물의 목에 놓여진 후 무기력해졌을 때 목구멍을 자르거나 인간의 손으로 도축되는 묶여진 동물의 자기정화를 말한다.

● 이슬람 율법에 따른 정화의 조건
동물의 유형에 따라 나르(날카로운 도구로 동물의 목과 가슴 사이를 찌르는 행위), 낚시, 사냥. 특별한 경우, 자기정화는 다른 방법으로 행하는 것이 허락된다.

● 다비아(도축)
이슬람 율법에 따라 기계 혹은 사람의 손으로 동물의 머리를 자른다.

● 나르(기계로 동물의 머리와 가슴 사이를 찌른다)
4개의 경정맥을 자르는 대신 칼 혹은 날카로운 철로 된 도구로 목과 가슴 사이의 피부를 찌르는 행위를 말한다.

● 사냥
이슬람 율법에 따르는 정화의 유형은 특별한 경우에 화기를 사용하거나 훈련된 개로 수행될 수 있다. 자연 그대로의 자기정화 고기는 할랄이고 그 결과로 고기 및 피부 또한 할랄이다.

반면에 자연 그대로의 자기정화 고기가 하람이어도 피부는 할랄로 이용된다. 기억해야 할 것은 이 경우 자연 상태는 경질 공구로 사냥할 때 합법적이지만 사냥개에 의해 사냥하는 것의 결과에 의한 정화는 받아들여지지 않는다.

- 도구 또는 화기로 사냥 : 동물의 고기는 날카로운 도구나 날카로운 총알의 화기로 사냥될 때 할랄로 여겨진다. 사냥꾼은 이슬람 율법에 관련된 사냥 방법만을 이행하는 무슬림이어야 한다.
- 훈련된 개로 사냥 : 훈련된 개로 사냥하는 것은 다른 요구사항들이 이행되었을 때 허가된다.

● Taba-lat(정화를 위해 : 도축된 동물에 의해 파생되었다)

도축된 할랄 동물의 배아는 이슬람 율법에 따라 도축이 된 것은 아니지만 이슬람 율법에 따라 할랄로 여겨진다.

● 상처

일반적인 이슬람 율법에 따라 도축되지 않고 섭취되기 위해 동물을 찌른 것을 말한다. 죽기 전에 동물의 몸에서 잘라낸 고기는 나지스로 여겨지며 먹는 것을 금지한다.

● 자비아

이슬람 율법에 따른 동물의 도축

● 여성에 의해 도축된 동물

이슬람 학자는 무슬림 여성에 의해 도축되는 동물에 관해 반대하지는 않지만 무슬림 남성에 의해 수행되는 것이 더 낫다.

● 어린이에 의해 도축된 동물

어린이는 도축작업자의 요구사항은 아니다. 하지만 무슬림 어린이가 도축하는 것은 문제되지 않는다.

● 입법자(알라)
본래의 입법자는 알라 예언자이다.

● 이슬람 율법(샤리아 법률)
알라가 인류에게 준 법률을 의미한다.

● 이슬람 학파의 사상(Madhhabs)
이슬람 학파의 사상(Madhhabs)의 이슬람 규정 구성 : 하나피, 함발리, 말리키, 샤피

● 금기 액체
두 가지 특성으로 이루어진 액체는 하람 및 나지스로 여겨진다.
중독 : 취하게 만드는 액체는 나지스 및 술, 맥주 및 와인과 같은 하람으로 여겨진다.

● 이슬람 율법을 준수하는 관리자
할랄 제품의 가축 및 가금류의 도축 방법에 관련된 하람 요구사항, 세척 및 정화 의식방법, 할랄 제품의 원재료 및 포장, 저장, 공정중의 나지스, 할랄의 지식이 폭넓은 전문가인 무슬림은 할랄 승인 권한 당국에 의해 승인된다.

● 할랄 육류
이슬람 율법에 따라 도축된 동물의 고기

● 키블라(qibla)
이슬람교에서 예배 때 신자들이 향하는 방향(사우디아라비아 방향으로 키바를 향함)

● 도난품(Motoeh)
인간에 의해 강탈당한 동물의 고기, 우유 및 파생물은 하람으로 여겨진다.

● 이슬람 경전에 언급된 동물(Masokh)
원숭이, 코끼리, 파충류, 쥐, 돼지와 같은 동물들의 고기는 하디스(마호메트의 언행록)에 따라 하람이다.

[식품 그룹 분류]

- 고기 및 육가공품
- 계란 및 난제품
- 채소 및 동물성 유지
- 설탕 및 과자 제품
- 유전자 조작 식품
- 포장
- 효소
- 식이 보충제
- 기타
- 우유 및 유가공품
- 곡물 및 곡물식품
- 과일 및 채소, 과일 및 채소생산물
- 음료
- 식품 첨가물
- 식품 서비스 및 전제
- 미생물
- 꿀 및 꿀 제품

■ 할랄 동물

다음과 같은 동물은 할랄로 여겨진다.

- 가축 - 소, 양, 염소, 낙타, 닭, 거위, 오리 및 칠면조
- 비 포식 동물 - 사슴, 늙은 사슴, 큰뿔 야생양, 큰 들소 및 얼룩말
- 비 포식 새 - 비둘기, 참새, 자고새 및 타조
- 메뚜기

【 할랄 가공 제품의 유형별, 제조공정별 할랄요소 중점관리점 】

[축산물 도축공정]

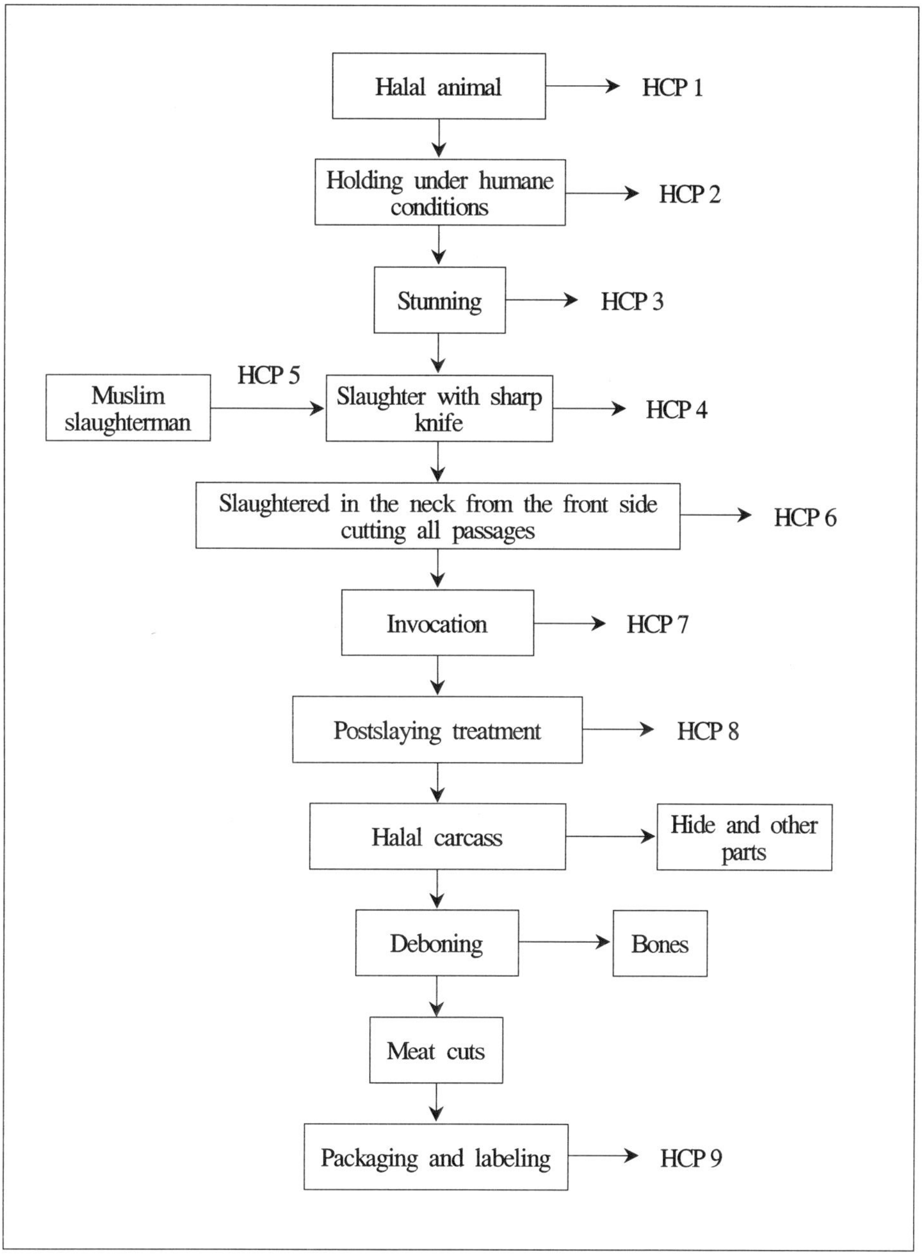

```
Halal animal              → HCP 1
        ↓
Holding under humane      → HCP 2
conditions
        ↓
Stunning                  → HCP 3
        ↓
Muslim        HCP 5   Slaughter with sharp  → HCP 4
slaughterman    →     knife
        ↓
Slaughtered in the neck from the front side   → HCP 6
cutting all passages
        ↓
Invocation                → HCP 7
        ↓
Postslaying treatment     → HCP 8
        ↓
Halal carcass             → Hide and other parts
        ↓
Deboning                  → Bones
        ↓
Meat cuts
        ↓
Packaging and labeling    → HCP 9
```

※ HCP : Halal Control Point - 할랄요소관리점

[수산물가공품]

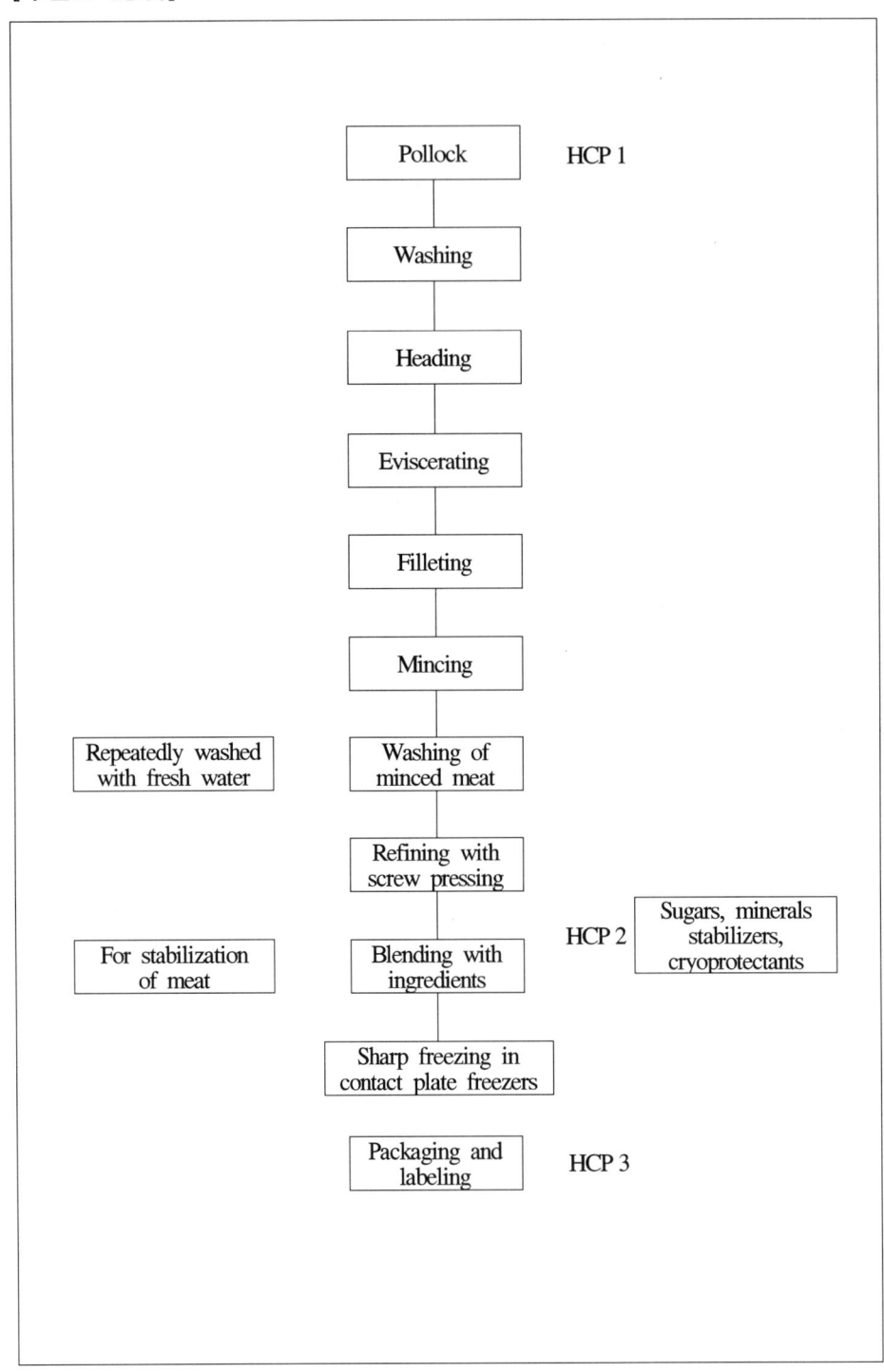

[셀러드 드레싱]

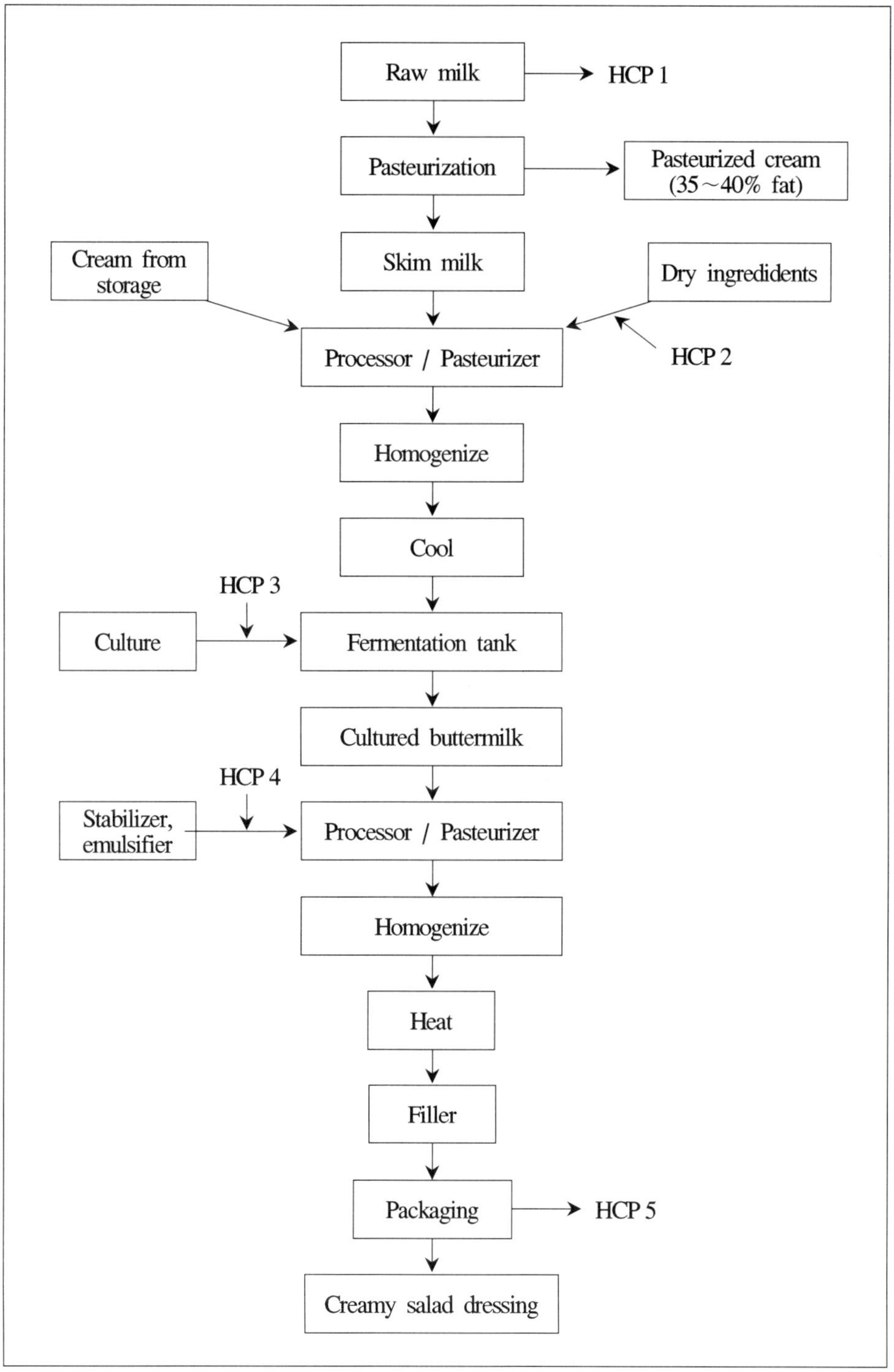

```
                          Raw milk  ──→ HCP 1
                             │
                             ▼
                        Pasteurization ──→ Pasteurized cream
                             │                (35~40% fat)
                             ▼
    Cream from           Skim milk              Dry ingredients
    storage  ──┐            │            ┌──
               └──→ Processor / Pasteurizer ←──
                             ▲
                           HCP 2
                             │
                             ▼
                        Homogenize
                             │
                             ▼
                           Cool
                             │
       HCP 3                 ▼
    Culture ──→         Fermentation tank
                             │
                             ▼
                      Cultured buttermilk
       HCP 4                 │
    Stabilizer, ──→     Processor / Pasteurizer
    emulsifier
                             │
                             ▼
                        Homogenize
                             │
                             ▼
                           Heat
                             │
                             ▼
                          Filler
                             │
                             ▼
                        Packaging ──→ HCP 5
                             │
                             ▼
                   Creamy salad dressing
```

[유청]

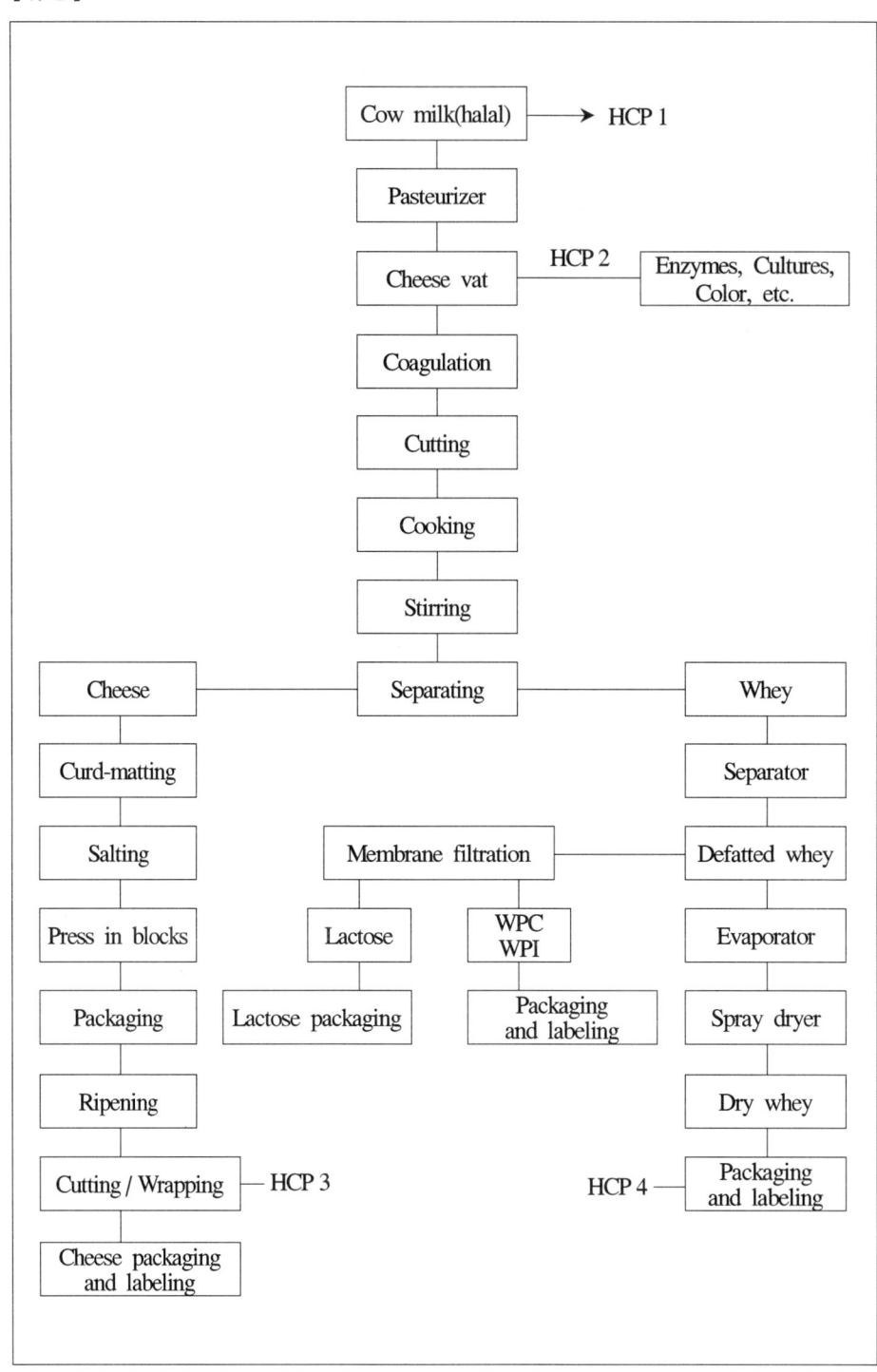

[제빵]

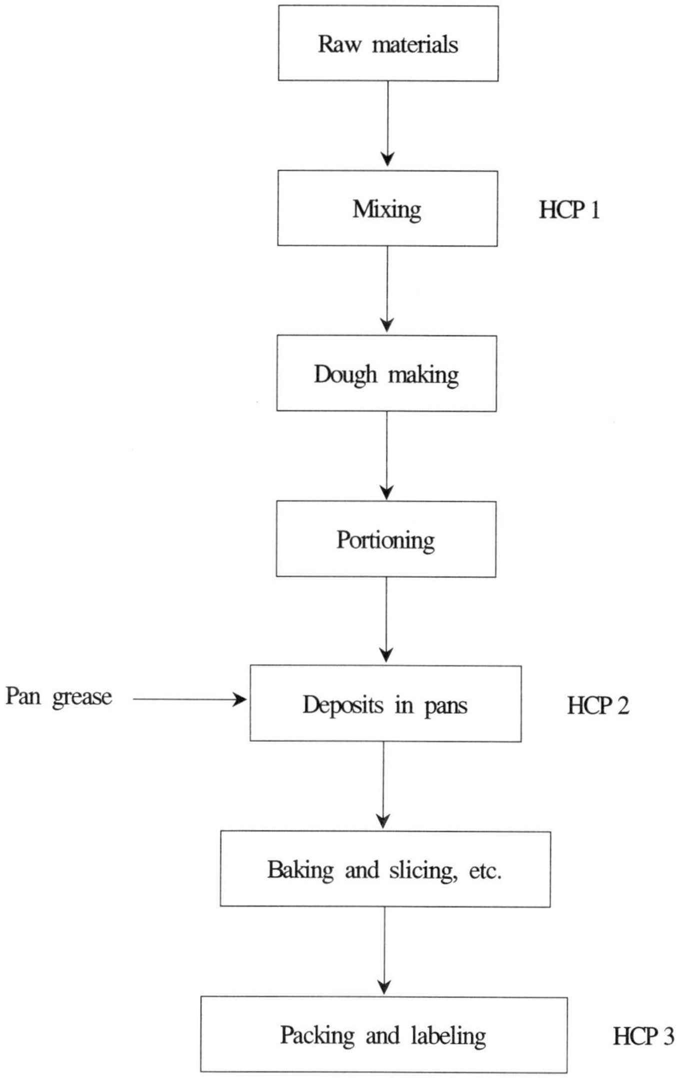

```
                    ┌─────────────────┐
                    │  Raw materials  │
                    └────────┬────────┘
                             ↓
                    ┌─────────────────┐
                    │     Mixing      │    HCP 1
                    └────────┬────────┘
                             ↓
                    ┌─────────────────┐
                    │  Dough making   │
                    └────────┬────────┘
                             ↓
                    ┌─────────────────┐
                    │   Portioning    │
                    └────────┬────────┘
                             ↓
Pan grease ─────→   ┌─────────────────┐
                    │ Deposits in pans│    HCP 2
                    └────────┬────────┘
                             ↓
                    ┌──────────────────────┐
                    │ Baking and slicing, etc.│
                    └────────┬─────────────┘
                             ↓
                    ┌──────────────────────┐
                    │  Packing and labeling│   HCP 3
                    └──────────────────────┘
```

[젤라틴]

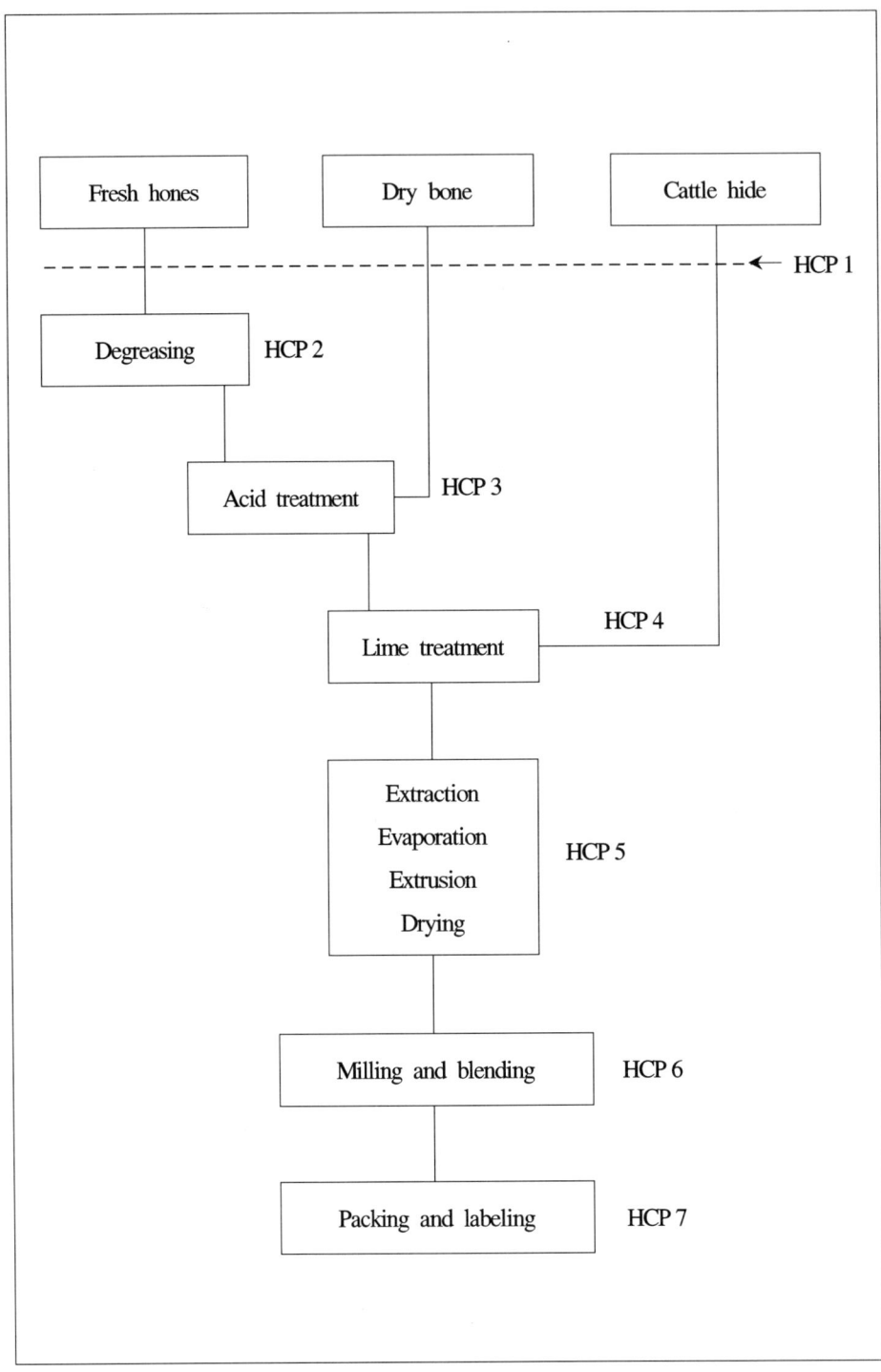

[산업분야별 각종 인증마크]

3-A(유제품가공) | AAMA(건축자재-창문,문) | ABS(선박) | ACMI(미술창작재료) | AENOR | AGA

AHAM(가전기기) | AHRI(냉난방공조) | AITI(유무선통신) | ALI(자동차리프트) | AMCA(공기시스템) | ANATEL(유무선통신)

API(가스기기) | ASME(압력용기) | ASSE(배관인증) | ASTA - BEAB | ASTM International | AU_MEPS(에너지효율)

B-Mark | BHMA(건축자재) | BIFMA(건축자재) | BIS(개인보호장비) | BISSC(제빵기기) | BSMI

BSMI(에너지효율) | BSTI | Bluetooth(블루투스인증) | CCA | CCA·EMC | CCC(건축자재)

CE(ATEX) | CE(CPD / CPR) | CE(EMC) | CE(ErP) | CE(GAD) | CE(IVD)

CE(LIFT) | CE(LVD) | CE(MD) | CE(MDD) | CE(MID) | CE(PED)

CE(PPE) | CE(RoHS) | CE(R&TTE) | CE(능동이식의료기기) | CE(레크리에이션 선박) | CE(민수용 폭약)

CE(불꽃놀이용품) | CE(비자동저울) | CE(옥외장비소음) | CE(온수보일러) | CE(완구) | CE(인명수송케이블카)

CGC 태양광 | CNS | CN_ENERGY LABEL | COFETEL(유무선통신) | CPA(계측기) | CPS

					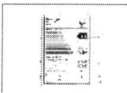
ISC	ISI	JATE	JET PVm	JIS	JO_COC(에너지효율)

JPMA(유아용품)	KE_PVOC(선적전검사)	KITE	Kosher	LA Certification(노동안전인증)	LCIE
			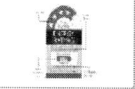		
LFGB	MEEI	MEELS(에너지효율)	MEPSL(에너지효율)	MET	MSHA(광산장비)
				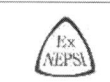	
NAL(유무선통신)	NBBI (보일러압력용기 검사자위원회)	NEA(에너지효율)	NEMKO	NEPSI(방폭)	NF

NFRC(창문효율)	NK	NMMA(보트&요트)	NOC(유무선통신)	NOM(개인보호장비)	NOM(전기안전)
	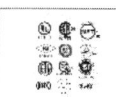				
NOP(유기농)	NRTL	NSF(보건위생)	NTC(무선통신)	OEKO-TEX	OVE
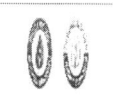 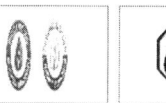					
Organic Content Standard (유기물함양기준)	PBAS	PBE	PDI(배관,배수인증)	PH_DOE(에너지효율)	PH_NTC(유무선통신)

PPL	PS(개인보호장비)	PSC	PSE	PSQCA	PTA(유무선통신)

PV Gap	RATEL(유무선통신)	RCM(유무선통신)	RCM(전기안전)	RU_ENERGY LABEL	S-Mark

= HACCP · HALAL · KOSHER Certification Practice =

SABS	SAI Global	SA_COC(에너지효율)	SDPPI(유무선통신)	SEC(전기안전, 에너지효율)	SEMI(반도체인증)

SEMKO	SGCC(건축자재-유리)	SII	SIQ	SIRIM	SIRIM(유무선통신)

SLS	SLSEA(에너지효율)	SM(유무선통신)	SM(전품목)	SMF(헬멧인증)	SNI

SRCC(태양광)	SSCC(스노우모바일)	STQC(전기안전)	SUTEL(무선통신)	SWCC(풍력터빈)	Scientific Certification Systems - Buildings & Interiors(미국친환경인증-건물과 인테리어 인증)

Serbian Mark	Solar Keymark	TEC(유무선통신)	TELEC	TELEPERMIT(유선통신)	TISI(에너지효율)
		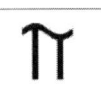			
TISI(완구)	TISI(전기안전)	TPED	TRCSL(유무선통신)	TSE	TUV NORD 풍력

TUV Rheinland 태양광	TUV SUD 태양광	UL	UL 태양광	UL 풍력	UPC(배관인증)
	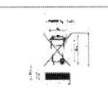				
URSEA(에너지효율)	UTE	UkrSEPRO(전기안전)	UkrSEPRO(전자파)	VDE	VNEEP(에너지효율)

VNTA(유무선통신)	WEEE	WHI(건축자재)	WQA-Gold Seal(음용수인증)	WaterMark(배관)	Woolmark(섬유)

■ 국가별 할랄인증기구

국 가	인증기구명
말레이시아	JAKIM : Jabatan Kemajuan Islam Malaysia 말레이시아 이슬람개발부
인도네시아	MUI : Majelis Ulama Indonesia 인도네시아 율법학자위원회
싱가포르	MUIS : Majlis Ulama Islam Singapura 싱가포르 이슬람교위원회
사우디아라비아	MWL : Muslim World League 무슬림세계연맹
남아프리카공화국	SANHA : South African National Halal Authority 남아공할랄청
미국	IFANCA : Islamic Food and Nutrition Council of America 미국 이슬람식품영양협의회
호주	Halal Australia(할랄 오스트레일리아)
독일	Halal Control(할랄 컨트롤)
영국	MCB : Muslim Council of Britain 영국 무슬림위원회
대한민국	KMF : Korea Muslim Federation 한국이슬람교중앙회
UAE	ESMA : Emirates Authority for Standardization & Metrology UAE 표준측량청

■ 할랄인증 수출식품의 유형

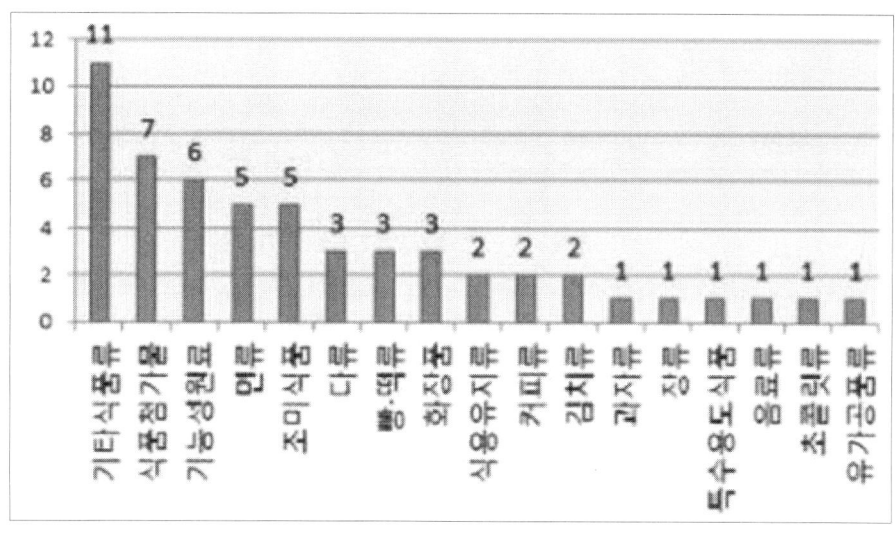

■ 국내 제조업체 할랄인증취득 현황(2018년 현재)

업체유형	할랄인증 여부	업체 수	소계	합계
식품업체	할랄인증 취득업체 수	82	101	111
	무응답 수	19		
비식품업체	할랄인증 취득업체 수	7	10	
	무응답 수	3		
합계	할랄인증 취득업체 수	89	111	
	무응답 수	22		

※비식품업체에는 화장품업체 및 기타 제조업체 포함.

■ 국내 제조업체의 할랄인증기관별 할랄인증 현황(2018년 현재)

인증기관	식품 품목수	비식품 품목수	전체 품목수
KMF	54	3	57
JAKIM	8	0	8
MUI	7	0	7
WAREES	6	0	6
IFANCA	5	1	6
IHC	2	0	2
ESMA	0	1	1
HAK	0	1	1
HDC	1	0	1
IFRC	1	0	1
APHC	0	1	1
복수인증	11	0	11
합계	95	7	102

■ 식품유형별 할랄인증 현황(2018년 현재)

품목군	제품	업체수	총품목수	할랄인증 품목수	인증기관
과자류	과자, 젤리	2	2	1	WA
빵·떡류	떡, 떡볶이	3	3	3	KMF(3)
설탕	설탕	1	1	0	-
포도당	포도당	1	1	0	-
과당	과당	2	2	1	KMF(1)
엿류	물엿	3	3	1	KMF(1)
올리고당	올리고당	1	1	0	
식용유지류	정제팜유, 옥수수유 크리머	3	3	3	KMF(2), MUI(1)
커피	커피	2	2	2	KMF(1), 복수(JK-MUI)
장류	고추장	2	2	1	KMF(1)
다류	유자차, 양파즙 보이차	10	10	9	KMF(10),JK(3),MUI(2),WA(2), IFRC(1) 복수(KMF-JK, KMF-IFRC)
기타 식품류	말랭이, 조미김, 햇멸치, 밀가루, 누룽지, 전분	25	25	21	KMF(4),JK(1),WA(1),IFRC(1) IFA(1),IHC(1), 복수(KMF-MUI(2)
김치류	김치	2	2	2	KMF(2)
면류	라면, 우동	7	7	6	KMF(4),JK(1) 복수(KMF-ESMA-MUI)
젓갈류	젓갈	1	1	0	-
어육가공품	어묵	1	1	1	HDC
특수용도식품	분유	1	1	1	MUI
조미식품	소스, 시즈닝, 고춧가루, 소금, 식초	9	9	8	KMF(6),JK(1),WA(1)
음료류	주스, 두유, 음료	7	7	6	KMF(3),JK(1),IFA(2)
코코아가공품, 초콜릿류	초콜릿, 초콜릿장식	2	2	1	WA(1)
유가공품	치즈, 바나나주스	4	4	4	KMF(1),JK(1),복수(KMF-MUI2)
가공육/포장육	닭고기, 삼계탕	2	2	2	KMF(2)
영양소	비타민C	1	2	1	KMF
기능성원료	유산균, 프로틴, 홍삼농축액	13	13	11	KMF(7),MUI(1),IHC(1), 복수(KMF-MUI,KMF-IFRC)
식품첨가물	향료, 색소, 스테비아, 락타제, 가성칼륨	13	13	10	KMF(5),MUI(2),IFA(2) 복수(WA-IDCP)
식품합계		118	119	95	
비식품	마스크팩, 화장품원료, 생리대	10	10	7	KMF(3),ESMA(1),IFA(1), HAK(1),APHC(1)
총 계		128	129	102	

(범례 : 인증기관 이니셜 중 JK=JAKIM, IFA=IFANCA, WA=WAREES)

■ 할랄인증제품 수출국가

분 류	수출대상국가	품목수	합계
이슬람권	말레이시아	12	25
	인도네시아	6	
	UAE	3	
	사우디아라비아	1	
	이란	1	
	터키	1	
	중동	1	
비이슬람권	싱가포르	6	26
	태국	4	
	미국	3	
	중국	3	
	베트남	2	
	필리핀	2	
	독일	1	
	스페인	1	
	체코	1	
	프랑스	1	
	호주	1	
	홍콩	1	
불특정지역	동남아시아	2	5
	전세계	1	
	5개국	1	
	수출국미기재	1	
합 계			56

< 참고문헌 >

- 공일주(2008), 「'꾸란'의 이해」, 한국외국어대학교 출판부.
- 김종도 외(2014), "신앙과 음식 : 이슬람 음식법에 관한 연구 – '꾸란'을 중심으로", 한국중동학회논총 제34권 제4호.
- 김중관(2011). "이슬람금융자산운용의 시장조건", 한국이슬람학회논총, 제21-1집, 한국이슬람학회.
  (2009). "이슬람 경제사상의 원리와 경제정의의 개념", 한국이슬람학회 논총, 제19-3집, 한국이슬람학회.
  (2009). "이슬람 금융의 발전과 전망: GCC국가를 중심으로", 한국중동학회논총, 29권 1호, 한국중동학회.
  (2000). "이슬람 경제이론과 현실적 적용: 무이자금융 제도의 평가를 중심으로", 한국중동학회논총, 21권 1호, 한국중동학회.
  (1998). "이슬람 상관습,"한국중동학회논총, 18권 1호, 한국중동학회.
- 김중관 외(2010). 중동경제와 이슬람 금융, 세창출판사.
- 김정렬 (2011), "한국과 일본의 이슬람금융 도입에 관한 비교 연구", 『대한경영학지』 제24권 제2호, 1225-1245.
- 무슬림식품 시장진출을 위한 할랄식품시장조사, aT 한국농수산식품유통공사,2011
- 손태우 (2013), "샤리아(이슬람법)의 법원에 관한 연구", 『부산대 법학연구』 제54권 제1호, 143-174. • 식약청(2016), "HACCP 주요 정책방향".
- 식약청(2016), "2016년 HACCP 위생안전시설 개선자금지원사업", 식품의약품안전처 HACCP 교육교재, 2009
- 「식품 및 축산물 안전관리인증기준」 제정고시(식품의약품안전처 고시 제2015-97호) 식품 유형 및 원료관련 질의 응답집, 2011.08.
- 안수현 (2012), "최근 일본의 이슬람금융 활성화를 위한 법제 정비와 국내 시사점", 『충남대 법학연구』 제23권 제1호, 173-228. • 연윤열, FTA를 활용한 할랄식품수출전략, 대한상공회의소, 2015.
- 엄익란(2011). 「할랄, 신이 허락한 음식만 먹는다」, 도서출판 한울.
- 엄익란(2011), "이슬람 형법에 관한 연구", 명지대학교대학원 아랍지역학과.
- 연윤열, 할랄인증절차와 활용전략, 한국무역협회, 2015.
- 연윤열, 할랄식품인증, 2015 제9회 전국기술사대회, 한국기술사회, 2015.
- 제 1차 한-UAE할랄식품 전문가포럼, 농림축산식품부, 2015.
- 최영길(1989). 「이슬람문화사」, 송산출판사.
- 최태영 (2008), "이슬람 무이자 은행의 이윤과 손실공유에 관한 연구", 『무역학회지』 제33권 제5호, 139-158.
- 최창모 외(2008). 「유대교와 이슬람 금기에서 법으로」, 한울 아카데미.
- 한동훈, 이원삼, 안수현 (2009), 『이슬람법이론 및 금융법제』, 한국법제연구원.
- 할랄식품 생산기술안내서, 농촌진흥청, 2016.

- 할랄인증 황금열쇠인가, 황중서, 한국문화사, 2015.
- 할랄산업 시장현황 및 참여업체동향, 임팩트, 2015.
- 할랄 태국규격, THS 24000 : 2552.
- 홍성민, 김종원, 홍순재, 이선호 (2010), 『이슬람 금융의 이해와 실무』, 한국금융연수원.
- 해외규격 인증관련 정부지원사업현황, http://www.certinfo.or.kr.
- aT 한국농수산식품유통공사 미국, 중국, 인도네시아, 말레이시아, 도쿄무역관.
- 할랄제품 생산,유통실태 및 할랄물류 수요조사, 한국식품연구원, 2018
- Food in Canada, CBC News.
- KOTRA & globalwindow.org
- http://www.certinfo.or.kr
- HAS 23000, 23001, 23101, 23103, LPPOM MUI, 2012.
- Hakim, 인도네시아 진출기업을 위한 LPPOM MUI 및 BPOM 기업설명회, 2015.
- HACCP KOREA, 2015.(정책포럼)
- HACCP 질의응답 사례집, 2009.06.
- *Adbus Samad, Norman D. Gadner & Bradley J. Cook (2005), "Islamic Banking and Finance in Theory and Practice: The Experience of Malaysia and Bahrain", AMERICAN JOURNAL OF ISLAMIC SOCIAL SCIENCES Vol.22 No.2, 69-86.*
- *Afzal-ur-Rahman M.(1988). Islam, Ideology and the Way of Life. London : Seerah Foundation.*
- *Ahmad K.(1988), ed. Islam, its meaning and message. Leicester: The Islamic Foundation.*
- *Ahmed Abdelkareem Saif(2004). Arab Gulf Judicial Structures, Dubai: Gulf Al-Rasheed, Madawi(2010). A History of Saudi Arabia, Cambridge univ.*
- *Beranek, Ondrej(2009). Divided We Survive: A Landscape of Fragmentation in Saudi Arabia, Crown Center for Middle East Studies, Brandes University. USA.*
- *Blanchard, Christopher(2009). Saudi Arabia: Background and U.S. Relations,Congressional Research Service Report for Congress.*
- *Bronson, Rachel(2006). Thicker than Oil: America's Uneasy Partnership with Saudi Arabia, Oxford University Press.*
- *Carver, Tom(2012). "Diary: Philby in Beirut", London Review of Books. Vol. 34 No. 19 Cinti, Veronica(2011). The GCC Countries' Growth Beyond Oil: The Special Case Of Saudi Arabia, Department of Economics, Vienna University of Economics and Business, Austria.*
- *Halliday, Fred. (1979). Iran: Dictatorship and Development. Middlesex, Penguin Books Ltd.*
- *Keddie, Nikkei R. (1966). Religion and Rebellion in Iran: The Tobacco Protest of 1891-1892. London, Frank Cass Ltd.*
- *Lambton, Ann S. (1988). Qajar Persia. Austin, University of Texas Press.*

- Parsa, Misagh (1989). Social Origins of the Iranian Revolution. New Brunswick, Rutgers University Press.
- Ratanamaneichat, C., Rakkarn S.(2013) "Quality Assurance Development of Halal Food Products for Export to Indonesia." Journal of Social and Behavioral Sciences, 88(10), 134-141.
- Pinault, David (1992). The Shiites, Ritual and Popular Piety in a Muslim Community. London, I.B. Tauris & Co. Ltd.
- Tabataba`i, Muhammad Husayn (1971). Shi`ite Islam. Albanyn, State University of New York Press.
- Yusofa, S. M., Shuttob, N.(2014) "The Development of Halal Food Market in Japan", Journal of Social and Behavioral Sciences, 121(19), 253-261.
- Zulfakar, M.H., Anuar, M.M., Talib, M.S.A.(2014) "Conceptual Framework on Halal Food Supply Chain Integrity Enhancement." Journal of Social and Behavioral Sciences, 121(19), 58-67
- Zubaida, Sami (1993). Islam, the People and the State. London, I.B. Tauris & Co. Ltd.

■ 김 종 승
- 동국대학교 식품공학과 졸업 / 동국대학교 대학원 식품공학과 졸업(석사) / 동국대학교 대학원 식품공학과 졸업(박사) / 현)의료제품 표준 전문가(식품의약품안전처) / 현)계명대학교 할랄식품산업발전협의회 주관교수 / 현)계명대학교 식품보건학부 공중보건학전공 교수

경력
- 한국인삼연초연구소 기술원 / 한국인삼검사소 연구원 / 한국식품연구소 책임연구원 / 한국식품위생연구원 책임연구원 / 한국보건산업진흥원 수석연구원

저서 및 논문
- 보리와 麥芽의 脂肪質 成分에 관한 比較 연구(第 2報 : 極性脂質의 組成), 한국식품과학회지, 1981 / 식품기술사 예상문제집, 홍익기술출판사, 1997 / OXIDATIVE EFFECTS OF ANIMAL-ORIGINATED PORPHYRINS AND RIBOFLABIN ON CHOLESTEROL OXIDATION IN AN AQUEOUS MODEL SYSTEM, JAOCS, 2001 / '08~'09년 특허권 만료예정 물질특허정보 분석, 특허청 정책연구과제, 2007 / 존속기간 만료예정 물질특허의 정보 분석 및 활용 전략 연구, 특허청 정책연구과제, 2008 / 보육시설 유아 사용 칫솔의 식중독 미생물 분포 및 독소 유전자, 식품위생안전성학회, 2015

■ 최 경 주
- 한국외국어대학교 아랍어과 졸업 / 한국외국어대학교 대학원 정보관리학과 졸업(석사) / 중앙대학교 대학원 무역학과 졸업(박사) / 현)국가기술표준원 ISO TC 154 전문위원 / 현)통상정보학회 부회장 / 현)계명대학교 경제통상학부 전자무역전공 교수

경력
- ㈜영원무역 / 한국무역정보통신(KTNET) 과장 역임 / ㈜신세계 I&C 부장 역임

저서 및 논문
- e-Business 기업 포탈 시스템 구축방안, 사회과학연구, 2013 / 글로벌 e-commerce, 에이드북, 2014 / 전자무역 창업, 계명대 출판부, 2013 / 전자무역 활용 실무, 도서출판 두남, 2015 / 대구경북 온라인 마케팅 활성화 방안, 무역유통학회, 2014 / 중소기업의 uTradeHub 활용 실증 연구, 전자무역연구, 2015

■ 연 윤 열
- 동국대학교 식품공학과 졸업 / 고려대학교 대학원 식품공학학과 졸업(석사) / 충북대학교 대학원 식품공학과 박사수료 / 식품기술사 / 현)(사)코리아할랄센터 전무 / 현)할랄코리아협동조합 고문 / 현)대한민국산업현장 교수 / 현)ISO 인증심사관 / 현)할랄산업아카데미 원장 현)한남대학교 생명·나노과학대학 식품영양학과 교수

경력
- 할랄식품 및 화장품 강의(무역협회, 코트라, 대한상의, 농식품유통교육원 등)

저서 및 논문
- ISO 22000의 모든 것, 기술사인증원, 2005/2016년 할랄화장품산업동향, 코스인, 2015/NCS 학습모듈(식품가공, 건강기능식품, 수산유통, 외식경영분야). 직업능력개발원, 2015~2016. 할랄인증실무용어.

국제식품인증실무
HACCP·HALAL·KOSHER Certification Practice

1쇄발행 : 2020년 2월 22일
2쇄발행 : 2021년 3월 12일
저 자 : 김종승·최경주·연윤열
발행자 : 양 준 석
발행처 : 에이드북
전 화 : 02)596-0981
팩 스 : 02)595-1394
신 고 : 제2016-000001호
연락처 : 서울 동작구 사당로 9가길 6
e-mail : aidbook@naver.com
정 가 : **24,000**원

ISBN : 978-89-93692-54-9   13320